生态文明
典型案例100例

本书编写组◎编著

中共中央党校出版社

图书在版编目（CIP）数据

生态文明典型案例 100 例/本书编写组编著 . --北京：中共中央党校出版社，2022.3

ISBN 978-7-5035-7208-1

Ⅰ.①生…　Ⅱ.①本…　Ⅲ.①生态环境建设-案例-湖南　Ⅳ.①X321.264

中国版本图书馆 CIP 数据核字（2021）第 231436 号

生态文明典型案例 100 例

策划统筹	冯　研	
责任编辑	李俊可	
责任印制	陈梦楠	
责任校对	马　晶	
出版发行	中共中央党校出版社	
地　　址	北京市海淀区长春桥路 6 号	
电　　话	（010）68922815（总编室）	（010）68922233（发行部）
传　　真	（010）68922814	
经　　销	全国新华书店	
印　　刷	北京中科印刷有限公司	
开　　本	710 毫米×1000 毫米　1/16	
字　　数	315 千字	
印　　张	22.5	
版　　次	2022 年 3 月第 1 版　2022 年 3 月第 1 次印刷	
定　　价	68.00 元	

微 信 ID：中共中央党校出版社　　　邮　　箱：zydxcbs2018@163.com

序一

　　生态环境是人类生存和发展的根基，生态兴则文明兴，生态衰则文明衰。生态文明是人类文明的一种形式，是以人与自然、人与人、人与社会和谐共生、良性循环、全面发展、持续繁荣为基本宗旨的社会形态，是人类为保护和建设美好生态环境而取得的物质成果、精神成果和制度成果的总和。党的十八大把生态文明建设提高到与经济建设、政治建设、文化建设、社会建设并列的战略高度，形成了中国特色社会主义"五位一体"的总体布局。党的十九大进一步要求，到2035年全国基本实现社会主义现代化，生态环境根本好转，美丽中国目标基本实现；到本世纪中叶，建成富强民主文明和谐美丽的社会主义现代化强国，生态文明全面提升。建设生态文明，是党中央作出的重大决策部署，是中华民族永续发展的千年大计，关系人民福祉，关乎民族未来，功在当代，利在千秋。

　　习近平总书记对生态环境工作历来看得很重，在正定、厦门、宁德、福建、浙江、上海等地工作期间，都把这项工作作为一项重大工作来抓，亲自谋划和部署福建生态省和浙江生态省建设。党的十八大以来，习近平总书记更加重视生态文明建设，提出了一系列新理念新思想新战略，大力推动生态文明理论创新、实践创新、制度创新，形成了习近平生态文明思想，引领我国生态文明建设和生态环境保护从认识到实践发生了历史性、转折性、全局性变化。习近平生态文明思想内涵丰富、博大精深，为推进美丽中国建设、实现人与自然和谐共生的现代化提供了方向指引和根本遵循，具有重要的理论价值、时代价值和实践意义。特别是加快建立健全以生态价值观念为准则的生态文化体系，以产业生态化和生态产业化为主体的生态经济体系，以改善生态环境质量为核心的目标责任体系，以治理体系和治理能力现代化为保障的生态文明制度体系，以生态系统良性循环和环境风险有效防控为重点的生态安全体系构成了生态文明体系的基本框架，明确了构建生态文明体系的思想保证、物质基础、制度保障以及责任和底线。生态文明"五大体系"不但是建设美丽中国的行动指南，也为构建人类命运共同体贡献了"中国方案"。

党的十八大以来，在以习近平同志为核心的党中央坚强领导下，在习近平生态文明思想指引下，我国生态文明建设取得显著成效，生态环境质量明显改善，美丽中国建设迈出坚实步伐。各地区、各部门以及全社会在工作实践中探索和创造了不少成功的经验和做法，值得认真的总结和推广。与此同时，也还有个别的地方和部门对于如何实现高质量发展思路不清、路子不明，"先污染、后治理"的老路子走不通，协同推进经济高质量发展与生态环境高水平保护的新路子不会走，迫切需要加强学习借鉴典型案例和良好实践。

远山碧同志长期从事生态环境管理工作，善于思考，勤于总结，无论是在省市县宣传习近平生态文明思想的专题讲座中，还是在基层一线工作调研中，大家普遍向他反映希望能有一套全面、系统的生态文明案例提供给大家学习借鉴。为此，远山碧同志结合自己的思考和实践，组织有关同志共同撰写和编写了这本鲜活的案例书。本书以生态文化、生态经济、目标责任、生态文明制度、生态安全等生态文明五大体系为主线，精选了100个国内典型案例。这些典型案例，是地方党委政府、企业、人民群众改革创新、积极探索的成果，是集体智慧的结晶；这些典型案例以人与自然和谐共生为根本目标，突出了党建引领作用，注重平衡经济社会与生态环境的关系，依靠科技进步，绿色低碳高质量发展，实现了生产发展、生活富裕、生态美好的目标；这些案例分布在许多领域，覆盖内地所有省份，其成效经历了一定时间的检验，探索的路径可借鉴，形成的模式可复制，创造的经验可推广。入选的案例分析透彻，点评重点突出，文字通俗易懂，相信对于加深读者对国家生态文明战略的理解，启迪读者生态文明建设路径的认识，推动生态文明建设实践，帮助各级各部门领导和企业家们提高高质量发展和生态环境管理能力和水平将产生一定的促进作用，可以起到"点燃一盏灯、照亮一大片"的效果。

是为序。

中国工程院院士
生态环境部环境规划院院长
中国环境科学学会理事长

序二

党的十八大以来，以习近平同志为核心的党中央站在全局和战略的高度，对生态文明建设提出一系列新思想、新论断、新要求，形成了习近平生态文明思想。习近平生态文明思想是习近平新时代中国特色社会主义思想的重要组成部分，为我国社会主义生态文明建设指明了科学方向。

随着生态文明建设融入在经济建设、政治建设、文化建设和社会建设的各方面和全过程，习近平总书记于2018年5月18日在全国生态环境保护大会上的讲话指出："近年来我国生态环境质量持续好转，出现了稳中向好趋势，但成效并不稳固。生态文明建设正处于压力叠加、负重前行的关键期，已进入提供更多优质生态产品以满足人民日益增长的优美生态环境需要的攻坚期，也到了有条件有能力解决生态环境突出问题的窗口期。"

在"三期叠加"的关键时期，生态文明建设任重道远，我们亟须理论的指引和来自实践的参考。

该书的编者对习近平生态文明思想的理论来源和实践成果把握准确，为帮助干部群众更为深刻地领悟习近平生态文明思想的核心要义，他们对全国各地生态文明建设的实践进行深入挖掘，精选了100个典型案例。该书体例设计好，案例既有对五大体系的理论阐释，又有案例的分析和点评。文字表述兼具理论的透彻性和事实的生动性，编排方式易为读者接受。

　　该书覆盖面广，系统性强。100个案例选自生态文化、生态经济、目标责任、生态制度、生态安全五大领域，涉及生态文明五大体系。该书整体呈现了较强的逻辑性。该书问题意识突出，案例极具典型性。所选的多数案例可复制、可借鉴、可操作，对地方推进生态文明建设具有很强的参考价值。

　　远山碧同志是中央党校中青班的老学员，他长期从事生态环境管理工作，理论素养高，对地方生态文明实践和经验都颇为熟悉。在校交流时就感到他对习近平生态文明思想学得深，悟得透。他探讨现实问题总是能说到点子上，善于从现象出发，深入剖析问题的实质。他对环保事业具有大情怀，得知近一年来他悉心指导团队理论联系实际，从全国各地丰富的案例中筛选出宝贵的珍珠，并进行画龙点睛的点评，由衷佩服！

　　读此书爱不释手，想着编者们辛勤的工作对我们生态文明教学和研究带来的惠益，不胜感激。

李宏伟

中共中央党校（国家行政学院）

社会和生态文明教研部教授

2021 年 12 月 9 日

目录
CONTENTS

绪论

从先秦到明清，中国古人很早就认识到，要按照大自然规律活动，取之有时，用之有度，而且历朝历代都成立了包含生态环境管理职能的机构，对生态资源的有效开发和可持续利用发挥了重要作用。比如：先秦时期的司工、司徒及其下的山虞、泽虞和林衡等；秦汉时期的少府、大司农和水衡都尉等；明清时期的户部及工部的营缮、虞衡、都水和屯田清吏等四司。

有着5000多年悠久历史的中华民族，在与自然的相处中，孕育了丰富的生态文化，很早就形成了人与自然和谐共生的理念。比如："人法地，地法天，天法道，道法自然。"（《老子》）"不违农时，谷不可胜食也；数罟不入洿池，鱼鳖不可胜食也；斧斤以时入山林，材木不可胜用也。"（《孟子》）"顺天时，量地利，则用力少而成功多。"（《齐民要术》）

生态兴则文明兴，生态衰则文明衰。尼罗河孕育了古埃及文明；恒河，特别是古印度河孕育了古印度文明；黄河和长江两条"母亲河"孕育了我们中华文明。而曾经雄壮辉煌的古巴比伦，因高原地区的积雪融化，底格里斯河与幼发拉底河两条河流在美索不达米亚地区泛滥成灾以及森林遭到破坏，不合理的灌溉，土地的荒芜等原因，在经历了1500年的沧桑历程后，于公元前4世纪彻底坍塌，留下了大片的荒漠和盐碱地。在我国古代丝绸之路上曾经辉煌了近500年的楼兰古国，也是由于违背自然规律——改道注滨河，导致楼兰古城因断水而被废弃，最后无声无息地消失在历史的舞台中。

新中国成立以来，党的历代中央领导集体立足基本国情，把握发展规律，着眼主要矛盾发展变化，深刻总结我国发展实践，充分借鉴国外发展经验，在发展经济、建设现代化的同时，都时刻关注并高度重视着人与自然的关系。

1956 年 3 月，毛泽东发出"绿化祖国"的号召，并指出"在一切可能的地方，均要按规格种起树来""要做出森林覆盖面积规划""真正绿化，要在飞机上看见一片绿""用二百年绿化了，就是马克思主义"。1958 年 8 月，毛泽东再次强调，"要使我们祖国的河山全部绿化起来，要达到园林化，到处都很美丽，自然面貌要改变过来"。

20 世纪 70 年代初期，周恩来曾多次强调说："我们一定要重视环境保护问题，我国的工业化刚刚起步，我们不能走西方发达国家的老路，要避免出现环境污染的情况。""环境污染是全人类面临的共同问题，必须认真对待，这个问题不能再等了，从现在起就应该抓紧进行这方面的工作。"

1972 年 6 月，周恩来指示我国派出代表团参加了第一次人类环境会议并指出，"维护和改善人类环境，是关系到世界各国人民生活和经济发展的一个重要问题"。

1983 年植树节，邓小平对参加植树的中直机关干部说："植树造林，绿化祖国，是建设社会主义、造福子孙后代的伟大事业，要坚持二十年，坚持一百年，坚持一千年，要一代一代永远干下去。"1983 年 12 月 31 日，国务院召开了第二次全国环境保护会议。会议将保护环境作为我国必须长期坚持的一项基本国策，制定了我国环境保护的总方针、总政策。

1996 年 7 月 15 日至 17 日，国务院召开第四次全国环境保护会议。江泽民在会议上指出，"经济发展必须与人口、资源环境统筹考虑，不仅要安排好当前发展，还要为子孙后代着想，为未来的发展创造更良好的条件，决不能走浪费资源和先污染后治理的路子，更不能吃祖宗饭断子孙路"。

2006 年植树节，胡锦涛在参加首都北京义务植树活动时强调，"各级党委、政府要从全面落实科学发展观的高度，持之以恒地抓好生态环境保护和建设工作，着力解决生态环境保护和建设方面存在的突出问题，切实为人民群众创造良好的生产生活环境。要通过全社会长期不懈的努力，使我们的祖国天更蓝、地更绿、水更清、空气更洁净，人与自然的关系更和谐。"

2012 年，党的十八大报告提出，"建设生态文明，是关系人民福祉、关乎民族未来的长远大计。面对资源约束趋紧、环境污染严重、生态系统退化的严峻形势，必须树立尊重自然、顺应自然、保护自然的生态文明理念，把生态文明建设放在突出地位，融入经济建设、政治建设、文化建设、社会建设各方面和全过程，努力建设美丽中国，实现中华民族永续发展。"生态文明建设纳入了中国特色社会主义"五位一体"总体布局被提高到一个新高度。

党的十八大以来，以习近平同志为核心的党中央加强党对生态文明建设的全面领导，把生态文明建设摆在全局工作的突出位置，全面加强生态文明建设，一体治理山水林田湖草沙，开展了一系列根本性、开创性、长远性的工作，决心之大、力度之大、成效之大前所未有，生态文明建设从认识到实践都发生了历史性、转折性、全局性的变化。

党的十九大明确了到 21 世纪中叶把我国建设成为富强民主文明和谐美丽的社会主义现代化强国的目标，十三届全国人大一次会议通过的宪法修正案，将这一目标载入国家根本法，进一步凸显了建设美丽中国的重大现实意义和深远历史意义，进一步深化了我们党对社会主义建设规律的认识，为建设美丽中国、实现中华民族永续发展提供了根本遵循和保障。

2018 年 5 月 18 日至 19 日，党中央、国务院召开全国生态环境保护大会，习近平总书记发表重要讲话，对全面加强生态环境保护、坚决打好污染防治攻坚战作出再部署，提出新要求。这一系列决策部署不仅充分体现了党中央、国务院解决突出生态环境问题、提供更多优质生态产品、满足人民日益增长的优美生态环境需要的坚定决心和坚强意志，也标志着习近平生态文明思想的正式确立。

习近平生态文明思想传承中华文明"天人合一"精髓，吸收中外生态文明研究最新成果，站在坚持和发展中国特色社会主义、实现中华民族伟大复兴中国梦的战略高度，深刻回答了为什么建设生态文明、建设什么样的生态文明、怎样建设生态文明等重大理论和实践问题，其核心要义是"八个坚持"。

坚持生态兴则文明兴。建设生态文明是关系中华民族永续发展的根本大计，功在当代、利在千秋，关系人民福祉，关乎民族未来。无论从世界还是从中华民族的文明历史看，生态环境的变化直接影响文明的兴衰演替。必须坚持节约资源和保护环境的基本国策，坚定走生产发展、生活富裕、生态良好的文明发展道路，为中华民族永续发展留下根基，为子孙后代留下天蓝、地绿、水净的美好家园。

坚持人与自然和谐共生。人因自然而生，人与自然是一种共生关系，对自然的伤害最终会伤及人类自身。只有尊重自然规律，才能有效防止在开发利用自然上走弯路。保护自然就是保护人类，建设生态文明就是造福人类。尊重自然、顺应自然、保护自然，像保护眼睛一样保护生态环境，像对待生命一样对待生态环境，推动形成人与自然和谐发展现代化建设新格局，还自然以宁静、和谐、美丽。

坚持绿水青山就是金山银山。绿水青山既是自然财富、生态财富，又是社会财富、经济财富。保护生态环境就是保护生产力，改善生态环境就是发展生产力。良好生态本身蕴含着无穷的经济价值，能够源源不断创造综合效益，实现经济社会可持续发展。必须坚持和贯彻绿色发展理念，平衡和处理好发展与保护的关系，推动形成绿色发展方式和生活方式。

坚持良好生态环境是最普惠的民生福祉。发展经济是为了民生，保护生态环境同样也是为了民生。金山银山固然重要，但绿水青山是金钱不能代替的。环境就是民生，青山就是美丽，蓝天也是幸福。随着物质文化生活水平不断提高，人民群众在关注"吃饱穿暖"问题的同时，更增加了对良好生态环境的诉求。生态文明建设，不仅可以改善民生，增进群众福祉，还可以让人民群众公平享受发展成果。

坚持山水林田湖草是生命共同体。生态是统一的自然系统，是相互依存、紧密联系的有机链条。人的命脉在田，田的命脉在水，水的命脉在山，山的命脉在土，土的命脉在林和草，这个生命共同体是人类生存发展的物质基础。只有遵循自然规律，生态系统才能始终保持在稳定、和谐、前进的状态，才能持续焕发生机活力。要统筹兼顾、整体施策，多措并举，对自然空间用途进行统一管制，使生态系统功能和居民健康得到最大限度的保护，全方位、全地域、全过程建设生态文明，使经济、社会、文化和自然得到协调、持续发展。

坚持用最严格制度保护生态环境。对破坏生态环境的行为，不能手软，不能下不为例。保护生态环境必须依靠制度、依靠法治。必须构建产权清晰、多元参与、激励约束并重、系统完整的生态文明制度体系，让制度成为刚性约束和不可触碰的高压线。生态文明建设处于压力叠加、负重前行的关键期，必须加快制度创新，不断完善环境保护法规和标准体系并加以严格执行，让制度成为刚性的约束和不可触碰的高压线。

坚持建设美丽中国全民行动。每个人都是生态环境的保护者、建设者、受益者，没有哪个人是旁观者、局外人、批评家，谁也不能只说不做、置身事外。生态文明是人民群众共同的事业，要牢固树立生态文明价值观念和行为准则，加强生态文明宣传教育，增强全民节约意识、环保意识、生态意识，推动全社会形成简约适度、绿色低碳、文明健康的生活方式和消费模式，促使人们从意识向意愿转变，从抱怨向行动转变，以行动促进认识提升，知行合一。

坚持共谋全球生态文明建设。地球是全人类赖以生存的唯一家园。生态文明建设是构建人类命运共同体的重要内容，必须同舟共济、共同努力，构筑尊崇自然、绿色发展的生态体系，推动全球生态环境治理，建设清洁美丽世界。保护生态环境，应对气候变化，是人类面临的共同挑战。中国将继续承担应尽的国际义务，同世界各国深入开展生态文明领域的交流合作，推动成果共享，携手共建生态良好的地球美好家园。

2018 年全国生态环境保护大会之后，习近平总书记在不同场合就生态文明建设又发表了一系列重要论述，进一步丰富了习近平生态文明思想。

坚持生态优先、绿色发展。2019 年 9 月 18 日，习近平总书记在黄河流域生态环境保护与高质量发展座谈会上指出："要坚持绿水青山就是金山银山的理念，坚持生态优先、绿色发展，以水而定、量水而行，因地制宜、分类施策，上下游、干支流、左右岸统筹谋划，共同抓好大保护，协同推进大治理，着力加强生态保护治理、保障黄河长治久安、促进全流域高质量发展、改善人民群众生活、保护传承弘扬黄河文化，让黄河成为造福人民的幸福河。"2020 年 3 月至 5 月，国内新冠肺炎疫情防控进入常态化，全球疫情形势严峻，外方输入和经济下行压力增大。习近平总书记在考察调研浙江、陕西和山西时，"生态优先、绿色发展"理念贯穿全程。在浙江，习近平总书记希望"在保护好生态前提下，积极发展多种经营，把生态效益更好转化为经济效益、社会效益"；在陕西，总书记告诫"要当好秦岭生态卫士，决不能重蹈覆辙，决不能在历史上留下骂名"；在山西，总书记强调"久久为功，不要反复、不要折腾"。

保持加强生态文明建设的战略定力。2019 年全国两会期间，习近平总书记参加内蒙古代表团审议时指出："党的十八大以来，我们党关于生态文明建设的思想不断丰富和完善。在'五位一体'总体布局中生态文明建设是其中一位，在新时代坚持和发展中国特色社会主义基本方略中坚持人与自然和谐共生是其中一条基本方略，在新发展理念中绿色是其中一大理念，在三大攻坚战中污染防治是其中一大攻坚战。这'四个一'体现了我们党对生态文明建设规律的把握，体现了生态文明建设在新时代党和国家事业发展中的地位，体现了党对建设生态文明的部署和要求。各地区各部门要认真贯彻落实，努力推动我国生态文明建设迈上新台阶。"2020年在参加十三届全国人大三次会议内蒙古代表团审议时，总书记强调，"要保持加强生态文明建设的战略定力，牢固树立生态优先、绿色发展的导向，持续打好蓝天、碧水、净土保卫战，把祖国北疆这道万里绿色长城构筑得更加牢固。""加强生态环境保护，能对产业结构优化升级和发展方式绿色转型起到倒逼作用，以生态环境高水平保护推动经济高质量发展。要坚持方向不变、力度不减、标准不降，不能因为遇到困难和挑战，就动摇、松劲、开口子，放松对环境监管和环境准入的要求，确保实现污染防治攻坚战阶段性目标，擦亮全面建成小康社会的绿色底色。"2021年4月30日，习近平总书记在主持十九届中共中央政治局第二十九次集体学习时强调："要深入打好污染防治攻坚战，集中攻克老百姓身边的突出生态环境问题，让老百姓实实在在感受到生态环境质量改善。要坚持精准治污、科学治污、依法治污，保持力度、延伸深度、拓宽广度，持续打好蓝天、碧水、净土保卫战。"

统筹山水林田湖草沙冰一体化保护和系统治理。2021年全国两会期间，习近平总书记在参加内蒙古代表团审议时指出，"要统筹山水林田湖草沙系统治理，这里要加一个'沙'字。实施好生态保护修复工程，加大生态系统保护力度，提升生态系统稳定性和可持续性。"2021年4月30日，习近平总书记在主持十九届中共中央政治局第二十九次集体学习时强调："要提升生态系统质量和稳定性，坚持系统观念，从生态系统整体性出发，推进山水林田湖草沙一体化保护和修复，更加注重综合治理、系统治理、源头治理。"2021年7月21日，习近平总书记在西藏尼洋河大桥听取雅鲁藏布江及尼洋河流域生态环境保护和自然保护区建设等情况时强调，要坚持保护优先，坚持山水林田湖草沙冰一体化保护和系统治理，加强重要江河流域生态环境保护和修复，统筹水资源合理开发利用和保护，守护好这里的生灵草木、万水千山。

共建万物和谐的美丽家园。2020年9月30日，习近平主席在联合国生物多样性峰会上发表重要讲话时指出，"当前，全球物种灭绝速度不断加快，生物多样性丧失和生态系统退化对人类生存和发展构成重大风险。新冠肺炎疫情告诉我们，人与自然是命运共同体。我们要同心协力，抓紧行动，在发展中保护，在保护中发展，共建万物和谐的美丽家园。"2021年10月12日，习近平主席在《生物多样性公约》第十五次缔约方大会领导人峰会上指出，"国际社会要加强合作，心往一处想、劲往一处使，共建地球生命共同体"。

党的十八大以来，全国各地区、各部门认真学习贯彻习近平生态文明思想，围绕生态文化、生态经济、目标责任、生态文明制度、生态安全等生态文明五大体系建设，大胆探索、积极实践，创造了不少成功的经验和做法，后续章节总结了100个国内这方面的典型案例，期望对进一步深化我国生态文明建设起到积极的推动作用。

第一章

以生态价值观念为准则的生态文化体系

一 概述

生态文化就是用生态学的基本观点去观察现实事物，解释现实社会，处理现实问题，建立科学的生态思维理论，其本质是人与自然和谐相处的文化。这是人类价值观念根本的转变，必须从人类中心主义价值取向转变到人与自然和谐发展的价值取向。

生态文化是新的、先进的文化，需要广泛宣传，提高人们对生态文化的认识和关注。通过传统文化和生态文化的对比，提高人们对生态文化的认知和认同，有利于合理开发资源，维护生态环境的良性循环，促进经济发展，造福社会和子孙。生态文化是人类从古到今认识和探索自然界的一种高级形式体现，人类从出生到死亡都要与自然界的万事万物发生关系，在长期的发展和实践活动中，人类逐步认识到，只有处理好人与自然的关系才能长期和谐地生存和发展，生态文化就是在这个过程把经济发展与文化伦理相结合逐步形成和发展起来的。

习近平总书记高度重视文化建设，党的十八大以来把文化自信与道路自信、理论自信、制度自信一起，列为"四个自信"，深刻指出，文化自信是一个国家、一个民族发展中更基本、更深沉、更持久的力量；文化自信是更基础、更广泛、更深厚的自信；并把文化自信列为"四个自信"的基础。生态文化是习近平生态文明思想的重要组成部分，强调要以生态文化体系为基础，加快建立健全以生态价值观念为准则的生态文化体系。2018 年 5 月，在全国生态环境保护大会上，习近平总书记在阐述生态文明建设五大体系建设时，把生态文化体系建设列为生态文明建设五大体系建设的基础。2020 年 11 月，习近平总书记在主持召开全面推动长江经济带发展座谈会上进一步指出：要保护传承弘扬长江文化。

党的十八大以来，我国在生态文化建设方面开展了许多卓有成效的工作，在继续加大生态环境领域新闻报道、扩大生态文明宣传的同时，环境文化建设发生了一系列可喜的变化：一是全社会共同参与环境文化建设的氛围逐渐形成，产生了多部门共同参与的"美丽中国·我是行动者"等一批具有广泛号召力的文化品牌；二是生态文化的形式多种多样，文学、戏剧、电影、电视、音乐、舞蹈、美术、摄影、书法、曲艺等多种艺术形式运用于生态文化建设，并涌现出一些优秀的生态文化作品；三是采用现代融媒体手段积极传播生态文化，已经深刻影响着最广大的人民大众。

我们遴选了生态文化建设的 9 个典型案例，它们在生态文明建设中发挥了重要的基础性作用，贡献了更基本、更深沉、更持久的文化力量。

二　案例分析

（一）生态文化活动

1. "美丽中国，我是行动者"主题活动：从国家气场到年度人物——最广泛的参与

三江之源，"中华水塔"，2021 年 6 月 5 日，环境日国家主场活动在大美青海如约而至。生态环境部部长黄润秋、中宣部副部长傅华、青海省委书记王建军、青海省长信长星出席活动并讲话。活动现场播放了 2021 年六五世界环境日主题宣传片、国家主场宣传片，揭晓了 2021 年 "美丽中国，我是行动者"提升公民生态文明意识行动计划先进典型宣传推选活动百名最美生态环保志愿者、十佳公众参与案例、十佳环保设施开放单位名单，并向 10 名 2021 年生态环境特邀观察员颁授聘书。本次国家主场活动还同期举办了"坚定不移走高质量发展之路""生态文明、志愿同行"和"繁荣生态文学、共建美丽中国"三个专题论坛。这也是这个全国性生态文明宣传活动在长沙、杭州和北京连续举办三届后,首次从我国东部地区移师广袤的西域高原。

2018年6月1日,生态环境部、中央文明办、教育部、共青团中央、全国妇联等五部门联合印发《关于开展"美丽中国,我是行动者"主题实践活动的通知》,部署在全国范围内开展"美丽中国,我是行动者"主题实践活动。四天后,六五世界环境日首次国家主场活动在湖南长沙举办。时任生态环境部部长李干杰、中共中央宣传部副秘书长赵奇、湖南省委书记杜家毫、湖南省省长许达哲等出席活动。李干杰就全社会关心、参与和支持生态环境保护提出四点希望:一是人人都成为环境保护的关注者,二是人人都成为环境问题的监督者,三是人人都成为生态文明的推动者,四是人人都成为绿色生活的践行者;这次国家主场活动还颁授了"2016—2017年绿色中国年度人物",发布《公民生态环境行为规范(试行)》。

2019年,六五世界环境日国家主场活动移师杭州,中共中央政治局常委、国务院副总理韩正同志出席并宣读了习近平总书记的贺信。习近平总书记在贺信中指出:人类只有一个地球,保护生态环境、推动可持续发展是各国的共同责任。当前,国际社会正积极落实2030年可持续发展议程,同时各国仍面临环境污染、气候变化、生物多样性减少等严峻挑战。建设全球生态文明,需要各国齐心协力,共同促进绿色、低碳、可持续发展。韩正同志在主旨讲话中提出四点倡议:一是加强环境污染治理实践经验共享,共同改善区域和全球环境质量;二是坚持共同但有区别的责任原则,共同应对全球气候变化;三是积极开展全球生物多样性保护合作,共同遏制生物多样性减少的趋势;四是共商共建共享绿色"一带一路",共同推进全球可持续发展。来自国内外政府部门、企业、社会组织和公众代表共1100多人参加活动。

2020年6月5日,生态环境部、中央文明办在北京联合举办六五世界环境日国家主场活动。生态环境部黄润秋部长出席活动并强调指出,生态文明你我共享,也需要你我共建。希望社会各界积极投身生态环境保护，为建设美丽中国贡献智慧和力量。牢固树立新发展理念，积极探索绿水青山转化为金山银山的路径，推动形成人与自然和谐发展现代化建设新格局。大力培育弘扬生态文化，积极参与生态文化理论研究、作品创作和传播推广，构建以生态价值观念为准则的生态文化体系。做到知行合一，自觉践行文明健康、绿色环保的生活方式，汇聚形成共建美丽中国的强大合力。活动上揭晓了2020年"美丽中国，我是行动者"主题系列活动十佳公众参与案例，百名最美生态环保志愿者，生态环保主题摄影、书法、国画大赛获奖名单，并向9名2020年度生态环境特邀观察员颁授聘书。活动唱响主题曲《让中国更美丽》，推出了代表中国环境保护工作的吉祥物"小山"和"小水"。

值得一提的是，"绿色中国年度人物奖"作为中国政府在环保领域设立的最高奖项，由全国人大环境与资源保护委员会、全国政协人口资源环境委员会、生态环境部、文化部、国家新闻出版广播电影电视总局、共青团中央、中国人民解放军环保绿化委员会等七部委联合主办，联合国环境规划署特别支持，该活动自2005年首次举办以来，每两年组织一次评选并单独举办颁奖仪式。2018年以后，"绿色中国年度人物奖"也纳入"美丽中国，我是行动者"国家主场重要内容。

在"美丽中国，我是行动者"国家主场日示范和带动下，各省市县三级纷纷举办了丰富多彩的宣传活动，各地充分利用六五世界环境日、生物多样性日、全国低碳日等重要节日，针对学校、企业、社区、农村等不同群体，组织开展形式多样、内容丰富的宣传和实践活动，4年内累计2万场，线上线下参与约15亿人次，新浪微博"美丽中国，我是行动者"话题阅读量达到8.5亿次，抖音平台相关话题视频播放量达30.8亿次。北京市组织市级活动222项，制作宣传产品61个，线上参与人数7.7亿人次，线下参与人数18万人次，区级活动186项，制作宣传产品352项，线上人数1.5亿人次，线下66万人次，还创作了市主题日歌曲《天地人和》，打造了"生态环境文化周"等区域性宣传文化品牌。湖南省相继在株洲市、常德市和湘潭市主办主题日宣传活动，形成了反映湘江保护与治理，尤其是清水塘重工业区污染治理的舞台剧《蝶变》，以及反映洞庭湖区广大人民群众认真落实习近平总书记"守护好一江碧水"重要指示的环保情景剧《大湖之子》。西藏自治区制作了《公民生态环境行为规范》《公民生态环境行为指南》藏汉双语短视频，《让中国更美丽》《一方净土》等环保主题歌微视频。2018年青海省联合全国17家城市动物园，举办的"美丽中国，我是行动者——守护斑头雁2018"项目活动，这是全国动物爱好者们规模最大的一次护鸟集结行动。2019年河北省首趟"生态文明号"地铁专列在石家庄上线运行，入选生态环境部2019年度优秀生态环境宣传产品。各级各部门也积极投身到"美丽中国，我是行动者"主题日宣传活动中来，全国妇联及各级妇联组织立足职能，以绿色家庭创建行动为抓手，面向全国城乡家庭广泛开展丰富多彩的宣传展示和主题实践活动，取得了良好成效。重庆市妇联以"绿色家庭"创建为载体，组织开展"巴渝巾帼·美丽我家"和"大手牵小手共建绿色家庭"等系列活动，推进家庭低碳生活，倡导绿色文明新风。

点评

通过四年持续开展"美丽中国，我是行动者"主题活动，推进了全社会牢固树立"绿水青山就是金山银山"理念，公众生态文明素养显著提升，形成了尊重自然、顺应自然、保护自然生态的共识。站在新的历史起点，国家五部委正在启动实施"美丽中国，我是行动者"主题宣传活动五年行动计划，努力实现习近平生态文明思想更加深入人心，基本形成"人与自然和谐共生"的社会共识，并将把对美好生态环境的向往进一步转化为行动自觉，为实现高质量发展、高品质生活，深入打好污染防治攻坚战、建设美丽中国营造更加良好的社会氛围。

执笔：黄亮斌

2. 河小青，最广泛的河流保护集结

2020 年 9 月，重庆志愿服务工作指导中心与该市两江地区检察院签订合作机制，约定双方不定期组成巡查组，对管辖内的河流是否存在污水乱排、岸线乱占、河道乱建等问题和情况开展重点巡查。这是目前已经拥有 2 万多名"河小青"青年志愿者的重庆市开展的一项新的环保志愿活动，也是全国范围内"河小青"蓬勃发展的一个缩影。

"河小青"是全国范围内参与保护母亲河行动、助力河长制的广大青年的总称，是河长的助手和落实河长制工作的参与者、支持者，由水利部、共青团中央为主要发起单位。2016 年 12 月，中共中央办公厅、国务院办公厅发布《关于全面推行河长制的意见》和《关于在湖泊实施湖长制的指导意见》，这是落实绿色发展理念、推进生态文明建设的内在要求，是解决我国复杂水问题、维护河湖健康生命的有效举措，也是完善水治理体系、保障国家水安全的制度创新。为进一步加强河湖管理保护工作，落实属地责任，健全长效机制，我国自此设立乡、村级河长湖长和巡河员、护河员 120 万名。与此同时，一大批以青年人主体、以守护好一江碧水为己任的"河小青"也应运而生。"河小青"的主要职责是加大对基层河长湖长、河湖管理保护干部职工和社会志愿者先进事迹的宣传，唱响主旋律、传播正能量，推动河湖管理保护意识深入人心，营造全社会关爱河湖、珍惜河湖、保护河湖的浓厚氛围。

我国"河小青"在多年的活动中坚持"五大主题"和做好"四员"，"五大主题"即守望河道、发现问题、先进宣传、分享经验、记录故事；而"四员"则是宣传员、巡查员、监督员和联络员。"五大主题"的工作定位和"四员"的角色定位相互交融，使得"河小青"们成为官方"河长"的重要帮手。

"四员"中的宣传员，主要负责在责任区内开展绿色环保方面的宣传工作。围绕"河小青"活动，全国范围内设计开发了无以数计的动画、漫画、公益广告、微电影等文化产品，利用网站、App、微信、微博等平台向青少年及社会公众广泛传播绿色生态理念，形成了一大批生

态文明文化宣传作品。

"四员"中的巡查员，充分利用世界环境日、世界水日以及五四青年节、六一儿童节等重要时间节点，围绕水质监测、垃圾清理、文明劝导、环境美化等开展集中性的巡河护河活动，组织"随手拍、随手捡、随手护"等"微行动"，动员青少年开展日常性的巡河护河。

"四员"中的监督员，则是积极参与河库管理保护效果监督和评价，及时将发现的"侵占河道、围垦湖泊、非法采砂、破坏航道、环境污染、电镀炸鱼"等情况以及周边老百姓的意见与建议进行信息收集，通过微信公众号平台等途径有序反馈至当地河长或河长办。

"四员"中的联络员，则是坚持"河小青"的角色定位，做好各级河长助手，积极向各级河长及相关部门汇报，争取在工作上的指导和政策、资金、技术等方面的支持。

各地在"河小青"活动推进过程中，注意结合青年群体特点开展环保活动。如湖南省，紧紧围绕长江干流、洞庭湖及湘、资、沅、澧四水保护，不仅由共青团湖南省委、省河长办、省委网信办等六家单位共同发起了官方的"河小青"项目，当地活跃的民间环保组织——绿色潇湘环保组织，也在官方"河小青"的支持下，以自主开发的"河小青巡河宝"小程序为载体，支持和引导志愿者通过简单易行的方式开展日常巡河护河，参与"随手拍、随手捡、随手护、随手报"等"微行动"，充分对接河长制及相关职能部门，力促河流污染问题的解决。同时，结合"趣河边，进校园"等宣传教育活动，让水生态文明相关知识进校园，广泛动员青少年争当"河小青"，协助河长开展水资源保护、水污染防治、水环境治理、水生态修复等工作，维护河湖健康生命、实现河湖功能永续利用，取得了明显的成效，"河小青巡河宝"小程序还被共青团中央采用。

点评

该活动聚焦青年群体，使得"河小青"成为了全国范围内集结人数最多、活动影响最大、工作成效显著的环保行动；同时"河小青"的成功还得益于它强有力的组织和亲民的艺术形象构思，为生态文化传播提供了可复制、可推广的经验。

执笔：黄亮斌

3. 环保设施向公众开放的"黄埔一期"

2017 年 11 月底，渤海之滨的大连组织召开了一次别开生面的现场会，来自全国各地环保和住建部门从事宣传教育的同行，实地观摩学习了大连环保设施向公众开放情况。大连寺儿沟污水处理厂、泰达垃圾焚烧发电厂、夏家河污泥处理厂等 10 多家平时只向本市市民开放的企业，首次向国内同行展示了各自实施环保设施向公众开放的典型做法。

环保设施是重要的民生工程，推动相关设施向公众开放，是提高全社会生态环境保护意识、形成环境共建共享局面的有效措施。主动邀请市民实地体验城市污水、垃圾等环保设施的建设、运行情况，能够凝聚共识、建立互信。大连市将环保设施向公众开放最早开始于 2006 年，最初的动机很简单，就是随着环保事业的不断深入，环保投入增加，环保设施不断完善，环保设施本身带来的环境问题成为困扰政府和市民的新问题，譬如建在城市社区的垃圾站的臭气，以及分布在城市各处的污水处理厂产生的噪声和大气污染，都成为市民投诉的热点，这就是大家所熟知的"邻避效应"。很多居民因担心环保设施建设对身体健康、环境质量和资产价值等带来负面影响，激发嫌恶情结，甚至产生强烈情绪化的反对和抗争行为。这一问题如若不能及时妥善解决，很多工作就无法深入推进。对此，大连市最先在与居民生活关系最为密切的城市污水处理厂、垃圾填埋场以及监测站推进环保工作，光大集团所属的大连寺儿沟水务有限公司成为这批企业中"最先吃螃蟹的人"。

大连寺儿沟污水处理厂位于城市中心区东港商务区内，区位十分敏感，主要处理城市中心的中山区东北部城市污水，占地 3.3 万平方米，最早设计日处理污水能力 10 万吨，服务面积覆盖 11 平方公里，服务人口20万。不仅周边人口稠密，而且居民住宅楼普遍高于污水处理设施，外溢的臭气很容易污染周边环境，厂群关系一度十分紧张。对此，寺儿沟污水处理厂积极强化污染设施建设，2006年建厂之初，就决定采取"曝气生物滤池工艺＋紫外线消毒系统＋污泥机械浓缩脱水"的污水、污泥处理工艺，不仅出水水质达到"城污排放标准"中一级A标准的要求，而且在国内率先实施了污泥无害化处置。此外，该企业对污水处理系统加盖厂房全封闭，防止臭气外溢；将处理设备泵房采取半地埋布局设计，减少泵站和处理过程产生的噪音。后来东港商务区又建成了一座占地近20万平方米的音乐喷泉广场，其喷泉用水主要为经处理后的生活污水，而让污水"变废为宝"的正是寺儿沟污水处理厂。寺儿沟污水处理厂在不断完善污水处理厂设施运行的同时，向社会公众打开大门，由最初零星的居民参观互动，慢慢地变成有计划的示范。他们将向公众进行环保科普宣传视为企业自身责任与义务，安排了负责专门讲解的员工，设置规范合理的游览路线和醒目的指示牌，制作了科普讲座的图书和视频。随着参观人数的增多，不仅过去厂群之间的疑忌与戒备不断消除，自身社会形象也大幅度得到改善。家住寺儿沟污水厂的居民过去一直担心距离污水处理厂太近会有异味，但污水处理厂定期对公众开放后，居民可以随时电话预约参观时间，非常方便，他们参观了污水处理厂后，顾虑也就彻底消除了。

在寺儿沟污水处理厂尝到环保设施向公众开放的"甜头"后，大连市的其他企业纷纷效仿，接着上实环境泉水河污水处理有限公司、大连东达环境集团马栏河污水处理有限公司和大连东达水务有限公司（泉水河污水处理厂一期）3家污水处理厂又向公众敞开大门。2017年，大连市组织开展"爱我家园、爱我碧水蓝天——环保公众开放日"活动，一次开放了10家单位，建立了"私人订制、线上线下、双向互动"的开放模式。2018年，大连印发《关于向公众开放城市污水处理厂的通知》，当年实现主城区所有污水处理厂向公众开放的目标。随后又印发《关于进一步做好大连市环保设施和城市污水垃圾处理设施向公众开放工作的通知》，将主城区外县（市、区）四类设施纳入开放范围。2019年10月，大连恒基水务集团等20家单位，获得由大连市生态环境局和大连市城市管理局联合授予的"大连市环保开放设施"牌匾，其中大连市环境监测中心等7家单位同时获得由生态环境部和住建部联合授予的"环保设施和城市污水垃圾处理设施向公众开放单位"牌匾，这也是大连满足公众的知情权、参与权、监督权的一次集体成果行动。

大连市在全国率先推进环保设施向公众开放，不仅形成了"政府引领、专家指导、公众参与、动态调整"的开放方式，而且建立"行政组织、平台公示"的双向互动机制，效果良好。为此，受原环保部委托，大连市牵头编制了四类设施开放工作指南，并由环保部、住建部联合印发实施，为环保设施开放工作在全国全面铺开打下了基础，2017年11月还承担了全国环保设施向公众开放现场会。

点评

2017年底在大连组织全国首次环保设施向公众开放现场会后，全国环保设施向公众开放企业数量如雨后春笋般增长，全国所有地级以上城市实现四类环保设施全部向公众开放，成为我国推进生态文明建设示范和环保科普的重要窗口与基地，大连无愧于环保设施向公众开放的"黄埔一期"这个称号。

执笔：黄亮斌

4. 光盘行动——摒弃中国式"剩宴"

2020年，中国餐饮业头号招牌"全聚德"实施了建店150多年历史上的一次重大变革：推出了"一人食烤鸭""两人食烤鸭"套餐。这可不是这家视诚实、信用为企业生命的百年老店"短斤少两"的消费欺诈，而是适应中国消费观念变化、方便多样性消费者群体的一次经营创新，这次创新的背景就是光盘行动。

"光盘行动"倡导厉行节约，反对铺张浪费，带动大家珍惜粮食、吃光盘子中的食物。光盘行动最初由一群热心公益的人们发起，光盘行动的宗旨：餐厅不多点、食堂不多打、厨房不多做。养成生活中珍惜粮食、厉行节约反对浪费的习惯，而不要只是一场行动。不只是在餐厅吃饭打包，而是按需点菜，在食堂按需打饭，在家按需做饭。正在发起的"光盘行动"，提醒与告诫人们：饥饿距离我们并不遥远，而即便时至今日，珍惜粮食，节约粮食仍是需要遵守的古老美德之一，我国古代有很多关于节约粮食的格言佳句如："一粥一饭，当思来之不易，半丝半缕，恒念物力维艰""谁知盘中餐，粒粒皆辛苦"。

中国是人口大国，同时也是礼仪之邦，更有循环往复的饥荒史，粮食消耗量极大，浪费也很多，尤其是"穷讲究"和"好面子"观念加剧了中国式"剩宴"——吃个饭、会个餐，不剩下一大堆食物，甚至是很多菜品连筷子都未动一下，仿佛就是吝啬小气，对不住客人，而改革开放带来的繁荣富裕，也给饮食消费带来了一定的物质条件。国家统计局重庆调查总队课题组 2015 年撰文《我国粮食供求及"十三五"时期趋势预测》指出：在消费环节，全国每年浪费食物总量折合粮食约 1000 亿斤，可供养约 3.5 亿人一年的需要。2018 年，中国科学院地理科学与资源研究所和世界自然基金会曾联合发布《中国城市餐饮食物浪费报告》指出：2015 年中国城市餐饮业仅餐桌食物浪费量就在 1700 万至 1800 万吨之间，相当于 3000 万至 5000 万人一年的食物量。中国餐食上的过度消费，不仅造成很大的食材浪费，也形成很大的环境污染，因为污染就是放错了地方的资源，饮食浪费甚至催生了餐厨垃圾处理这个新的环保产业，长沙市这样一个国内人口中等城市 2020 年收集处置餐厨垃圾就超过 30 万吨。

面对中国式的"剩宴"，人们自觉行动起来，改变铺张浪费的饮食习惯，拒绝"舌尖上的浪费"。2012 年中央作出从严治党的"八项规定"和部署反"四风"活动，从日常饮食中开始，成为反对享乐主义和奢靡之风最便捷、最有效的途径。与此同时，从机关、企业、学校，到每一个家庭，拒绝饮食行业铺张浪费的"光盘行动"从悄然兴起到日益声势浩大。

2012年的世界粮食日，国家粮食局首次向全国粮食干部职工发起倡议，倡导自愿参加24小时饥饿体验活动，以更好地警醒世人"丰年不忘灾年，增产不忘节约，消费不能浪费"。2013年1月初，三个北京市民率先提出"从我做起，今天不剩饭"的想法并提议设"光盘节"，1月16日，北京市举行"光盘节"启动仪式，号召广大市民在饭店就餐打包剩饭，"光盘"离开。这场由市民倡议和发动的"光盘行动"很快得到国家政府层面支持：2014年，中共中央办公厅、国务院办公厅印发了《关于厉行节约反对食品浪费的意见》，明确提出要杜绝公务活动用餐浪费、推进单位食堂节俭用餐等；2016年，环境保护部印发《关于加快推动生活方式绿色化的实施意见》，提出"推进衣、食、住、行等领域绿色化"。

2017年，商务部、中央文明办联合发出通知，推动餐饮行业厉行勤俭节约，引导全社会大力倡导绿色生活、反对铺张浪费；2019年，共青团中央印发《"美丽中国·青春行动"实施方案（2019—2023年)》提出："深化光盘行动，开展光盘打卡等线上网络公益活动"；2020年，中国商业联合会、中国连锁经营协会、中国烹饪协会、中国饭店协会以及美团点评联合向全国餐饮行业发起了《关于制止餐饮浪费行为　培养节约习惯的倡议书》，建议餐饮企业建立惩戒机制，在点餐环节，要对顾客履行提醒义务，对于明显超量的需求应及时劝止。

习近平总书记始终高度重视和支持"光盘行动"。2013年1月，习近平总书记就作出重要指示，要求厉行节约、反对浪费。此后，他又多次指示，要求以刚性的制度约束、严格的制度执行、强有力的监督检查、严厉的惩戒机制，切实遏制公款消费中的各种违规违纪违法现象，并针对部分学校存在食物浪费和学生节俭意识缺乏的问题，对切实加强引导和管理，培养学生勤俭节约良好美德等提出明确要求。2020 年 8 月 11 日，习近平总书记再次作出重要指示强调，坚决制止餐饮浪费行为切实培养节约习惯，在全社会营造浪费可耻节约为荣的氛围。2021 年 4 月 29 日，十三届全国人大常委会第二十八次会议表决通过《中华人民共和国反食品浪费法》。

自 2013 年全国开展"光盘行动"以来，"舌尖上的浪费"明显好转，人们餐饮消费理念发生了很大变化，过去那种"暴饮暴食""讲排场"的饮食习惯在逐步改变，与此同时，人们更加推崇和遵行"吃多吃少，光盘正好""吃好吃多是美意，不剩不扔是美德""有一种节约叫光盘，有一种公益叫光盘，有一种习惯叫光盘"等新消费理念。新的消费理念与消费需求，最终也推动了包括全聚德在内的中国餐饮业的经营创新，与过去的饕餮大餐相比，如今餐饮行业，"半份菜""小份菜"的菜品反而更受到年轻消费者特别是学生群体的青睐。

点 评

饮食文化是如此固执地影响着我们的饮食习惯，来自饮食的浪费终于有了"光盘行动"来消解和改变，但我们需要时刻谨记这绝非一场可以"毕其功于一役"的战争。

执笔：黄亮斌

（二）生态文化产品

1.《绿水青山看中国》：全国首档大型生态文化节目

中央广播电视总台以其央视台的无可替代的政治地位和强烈的责任意识，制作和播出了大量生态文化宣传产品，《动物世界》《人与自然》无疑是其中长盛不衰的精品，还有像《中国诗词大会》和《经典咏流传》这些文化节目，在宣传中国传统文化的同时也在积极宣传生态文明思想，特别是《绿水青山看中国》栏目，广泛传播绿水青山就是金山银山的生态价值观，成为全国首档"大型生态文化节目"。

《绿水青山看中国》由国家林业与草原局联合央视制作的，2017—2020年三年间，每年播出一季，旨在传播人与自然和谐共生的生态文化理念，以"山、水、林、田、湖、草、保护地、海洋、美丽中国"等内容为主体，全方位、多角度阐释绿水青山就是金山银山的绿色发展理念，全方位展现新时代美丽中国。

《绿水青山看中国》第一季于2017年10月在央视播出，由著名节目主持人撒贝宁主持，邀请王立群、郦波、蒙曼等国内一流国学大师以及环境地理学专家张婕担任点评嘉宾。节目结合地理学，紧扣国家可持续发展的战略大计，设计了山、水、林、田、湖、草、保护地等七个主题，涉及作为绿水青山基础的自然地理景观的主要元素和承载着国民乡愁、传统文化的人文地理景观，并且通过丝路专题将"一带一路"紧密结合起来。该节目紧扣"绿水青山就是金山银山"的时代主题，展现美丽中国、生态中国、文化中国，助推绿色发展理念，引领生态文明建设。节目以山水林田湖生命共同体为载体，展现人地关系，感念乡土、乡情、乡愁，融知识性趣味性于一身，以震撼视听的视觉效果、妙趣横生的竞赛形式、视角独特的解读评说，打造独具魅力、雅俗共赏的文化盛宴。

《绿水青山看中国》第二季于2019年春节期间在央视播出，由李思思、任鲁豫担任节目主持人，郦波、蒙曼、张捷等继续担任文化嘉宾。第二季同样分九场节目，主题为绿水、青山、林草、湿地、沙土、生物、海洋、自然保护区和家园，全方位解读和宣讲生态文明思想，既突出重点，又兼顾生态系统的整体性。节目组通过哈尼梯田、海草房、桑基鱼塘等传统农耕和海洋文化代表，传递出人与自然和谐共生的核心理念。清水绿岸、鱼翔浅底、鸟语花香、田园风光、海绵城市、蓝天保卫战、生态屏障、长江经济带、国家公园、美丽乡村等近年来的生态热词也通过镜头语言被生动解读。此外，该节目引入VR虚拟互动产品，使演播室小场景的虚拟动画和大屏幕影像相互配合，同步呈现美丽中国的自然风光和人文景象。

《绿水青山看中国》第三季于 2020 年春节期间在央视播出，节目以山、水、林、田、湖、保护地和海洋为主题，带领观众观山水、知中国。如首集《山》，带领观众走进丽江、乐山、黄山、铜仁等山城，感受山的魅力，还将讲述北京、西安这些古城与山的故事；第二集《水》，探访高黎贡山脚下独龙江畔的独龙族百姓如何实现绿色脱贫，还解开了江南水乡古镇密集的奥秘，同时感受"塞上江南"银川的独特"水"韵。

已经播出的《绿水青山看中国》每一季的节目，以美丽中国、生态保护、地理文化为主轴，深入解析山水林田湖草生命共同体的构成要素，虚拟再现了大美中国，赢得了良好口碑，堪称生态文明文化宣传的优秀作品。尤其难得的是，通过主持人和点评嘉宾深入浅出的解读，在呈现美丽中国的同时，把原本属于地理科学的等高线、时区、背斜向斜等各种专业知识传递给公众，普及了地理知识，也完成了旅游知识的宣传，看图猜地方、看影片猜城市更是拉近了旅游热点与观众的距离，增进了对美丽中国的热爱与守护。

点 评

自电视发明以来，就一直是文化传播最直观、最有影响力的载体，在 14 亿人口泱泱大国，我们在从事生态文化宣传时需要经常思考电视受众，以最有效的方式，提升生态文明宣传的传播力、引导力、影响力和公信力。

执笔：黄亮斌

2. 不要让地球上最后一滴水成为人们的眼泪——电影《美人鱼》

2016 年春节，人们纷纷走进电影院，只为一部名叫《美人鱼》的电影，这部叫好又叫座的电影取得了 33.91 亿元票房收入的骄人纪录，成为当年的全国电影票房冠军。

向海洋要地是世界各国的共同做法。20世纪六七十年代，日本经济步入高速发展时期，各种工厂大量涌现，日本开始大规模填海造陆。1945—1975年间，共计填海造地11.8万公顷，相当于两个新加坡的国土面积。从此日本海岸线上聚集着一大批炼油、石油化工和造船等消耗资源、污染环境的企业。我国在1949—2000年间，每年填海面积210～220平方公里。随着连续多年填海造陆，我国天然滩涂面积减少55%，红树林成片消失。进入21世纪，我国填海造陆规模超过前50年总和，在总长度1.8万公里的海岸线上，港口码头已经超过3500公里，近7成的海岸线被人工化。海洋污染致使很多靠近陆地的水域已经没有生物活动，海水自净能力下降，赤潮泛滥。出生在香港的周星驰，对填海造陆一定不陌生，因为位于港岛和九龙之间的维多利亚湾就是一个典型的填海造陆工程。原本拥有7000公顷水域的维多利亚湾在损失了4成的水域后，港湾内的波浪和流速变化进一步加剧了淤积，不能再作为航道使用的淤积反而为新的填海创造了条件，使香港陷入了填海——淤积——继续填海的恶性循环。今天的港九海峡，狭窄的水域让船只航行条件急剧恶化，尽管当地海事管理部门不断提高作业效率，每年的海上事故依然以30%的速率迅速增加。

喜剧片《美人鱼》通过讲述富豪与美人鱼围绕填海造陆的房地产工程演绎的一系列故事，诠释了跨种族的爱情，尤其是通过"如果这世上连一滴干净的水、一口干净的空气都没有，挣再多的钱又有什么意思？"以及"不要让地球上最后一滴水成为人们的眼泪"等经典对话，将人与鱼群之间斗争的思考，映射出当下人与自然和谐相处的环保话题。更重要的是，它借助电影这种表达形式，将"人与自然"的这种严肃课题呈现出来，起到了寓教于乐、深入人心的效果。

点评

《美人鱼》39.91亿元的票房纪录既代表着影片的商业上的成功，更说明了生态环境教育方式方法的成功。它对所有艺术家的重要启示是，即使是生态环保这样严肃的题材，也完全可以取得商业上的成功。

执笔：黄亮斌

3. 活跃在山城的"渝小环"：最有名的环保卡通形象

2018 年 4 月 20 日，为迎接第 49 个世界地球日，以"发现重庆之美，传递环保力量"为主题的纪念"4·22"世界地球日暨重庆环保形象"渝小环"首发活动在重庆自然博物馆举行。活动发布了我国最早的环保形象"渝小环"——用卡通形象宣传环保理念，传播环保知识，激发公众共情，推动全民行动。

"渝小环"是一个头上长出绿叶的美少年，这片树叶特别像重庆市树黄桷树的树叶。黄桷树又名黄葛树，为桑科树属高大落叶乔木，茎干奇特粗壮，树形奇特，悬根露爪，蜿蜒交错，古态盎然；枝杈密集，大枝横伸，小枝斜出虬曲，树叶茂密，叶片油绿发亮；寿命很长，在古城重庆，百年以上的黄桷树比比皆是，被列为重庆市树理所当然。"渝小环"的设计灵感就来源于黄桷树。它长得像一个绿色小精灵，额头上的山体形象征着重庆山城，水纹则象征着重庆的江城文化和丰富的水资源特色，整体的绿色则象征着重庆的"绿水青山"，剩余的蓝色部分代表着"蓝天白云"。"渝小环"这一环保形象脱颖而出，得益于全民参与的集体智慧。从 2017 年 12 月起，重庆市就在全国范围内进行"重庆环保网络卡通形象——渝小环"的征集，经过层层筛选，最终，这个从黄桷树获得灵感，且爱卖萌、爱搞怪、爱耍帅，同时又深爱着蓝天白云、绿水青山、重庆这座城的"渝小环"诞生了。

重庆市充分利用"渝小环"这一卡通形象，开展了一系列深入人心的环保宣传活动。"渝小环"刚一推出，就制作了"将环保进行到底""我为环保疯狂打 call""节能降耗""绿色消费""绿色出行"等一系列表情包供公众收藏与传播，为重庆市"实施环保五大行动，共建美丽山水城市"营造良好的舆论氛围。随后，又相继推出"渝小环讲科普"
"渝小环说天气""渝小环官方抖音"和"渝小环动画片"等产品。

《渝小环讲科普》利用"渝小环"这一公众普遍认可的卡通形象，
将精深复杂的环保知识用通俗易懂、生动活泼的语言文字表达出来，如
《渝小环讲科普·无废城市》，告诉人们应该如何抑制"双11"这样的
消费冲动，从源头减少物质消耗，因为这些"买买买"的背后，是随意
丢弃的快递箱、塑料袋和外卖盒，是主城区每天1.1万吨的城市垃圾和
固体废物，是堆积起来高为2.2万米、相当于64座重庆来福士广场扬
帆大厦!《渝小环讲科普·冬天》，讲述山城重庆进入冬季以来，受到逆
温等不利气象因素影响，大气扩散条件持续转差，大气污染攻坚面临严
峻形势时，作为普通市民能为"蓝天"奉献的力量。

相比于《渝小环讲科普·冬天》这一季节性的节目，《渝小环说天
气》则是一个常年性的普及大气污染防治知识的科普性栏目。它每周与
公众见面一次，公布每周的大气环境质量，一方面满足山城人民对环境
质量的知情权、监督权；另一方面也把政府正在采取的污染防控措施告
诉民众，引导大家的广泛参与，真正做到"同呼吸"，共享一片蓝天。

"渝小环"顺应新媒体发展趋势，不断丰富自己的宣传形式和自身
人物形象，在抖音和快手平台迅速发展成为主流宣传手段的背景下，重
庆市于2019年开通了"渝小环"官方抖音，邀请重庆籍的明星大咖强
力助阵，用60秒钟的视频制作，讲述有趣又好玩的环保精品故事，在
潜移默化中领悟环保真谛。

在积累了两年"渝小环"人物形象塑造经验的基础上，2020年，
"渝小环"再添人物新形象，在2020年6月1日儿童节当天，推出六集
电视动画片《环环特工队》，大气、噪声、土壤、水、辐射和能源各一
集，一集一个冒险故事。在动画片中，治污的主角变身为《西游记》中
赴西天取经的唐僧师徒，在各种污染缠身的神魔界里，环环、小志、静
静、皮皮等4个小勇士集结出发，它们相信不管是神仙还是凡人，伙伴
还是对头，单枪匹马都不是他们的出场配置，团队作战才能所向无敌，

面对污染，4个小伙伴组成的环环特工队总是齐心协力、风雨同行，将一路上遇到的污染妖怪打个不停，一次次拆穿破坏生态环境的疯狂阴谋，从而化解环境危机。人们跟着环环特工队一起冒险的同时，还可以了解很多环保基础常识。

"渝小环"环保卡通形象，从一个一个独立的表情包，到《环环特工队》中的四人团队，自始至终得到重庆人民的喜爱，它既引起过孩子们的阵阵尖叫，也引发了山城人民深刻的思考。它以灵动的形象、鲜明的个性，引导人民从自身做起，从身边小事做起，珍惜资源，低碳生活，做生态文明和环境保护的践行者和传播者。

■ 渝小环环保卡通形象

"渝小环"作为一个成功的生态文明宣传形式，带动和催生了其他省市环保卡通形象，形成了一种新的文化宣传形式，也早于2020年中国生态环境保护吉祥物"小山"和"小水"首次亮相，不能不说这是重庆人对中国生态文化的特殊贡献。

执笔：黄亮斌

（三）企业环境文化

1."光大国际"改名背后的文化深意

2020年是"十三五"收官之年，创办于1993年、国际年收入超过200亿港元、拥有近9000名员工的中国光大国际有限公司正式更名为"光大环境"。作为一家中国上市公司500强榜单中位列78位的一家大型央企这次更名，可以说是我国生态环境保护行业的一件大事，这一动作不仅重新定义了它的核心业务，更加彰显其公司文化的深意。

"光大环境"后来阐述了这一动作的意义：将一家带有"国际"两个字的知名企业更名为环境公司，意在以公司所承载的巨大品牌价值和社会影响力为依托，变过去"国际"性的模糊猜想为今天"环境"化的清晰界定，用无歧义的公司名称融入中国和全球环境企业大家庭，更直观地反映公司的业务范畴和未来发展的主要方向。同时通过"光大环境"这一新名称，更好地配合公司下一步的业务和品牌发展策略，提升品牌价值，坚定聚焦生态环境和绿色发展的初心和使命，支撑公司可持续发展，努力实现打造全球领先生态环境集团的奋斗目标。貌似简单的一次更名，其背后是深刻的公司文化支撑着。

"光大环境"文化也即其核心价值观是：企业不仅是物质财富的创造者，更应该成为环境与责任的承担者；公司发展愿景是，致力于发展成为全球领先的生态环境集团；公司的使命是，情系生态环境，筑梦美丽中国。作为一家心怀高远、致力于壮大发展为国际最大环境治理供应商的企业，"光大环境"实施"三五八七"战略，坚持"三"，即聚焦"环境、资源、能源"三位一体的发展格局；"五"，即夯实"市场拓展、工程建设、项目运营、装备制造、科技创新"五大发展能力，助力高质量发展；"八"，即做精做强"环保能源、绿色环保、光大水务、生态资源、装备制造、光大照明、绿色科创、环境规划"八大板块；"七"，即强化"财务、招采、预算、安环、人才、效能、企业文化"七大保障能力。在公司不断壮大的同时，实现了三个"走出去"的转变：从过多依靠重资产的增长方式中走出去，从单向聚焦内地市场的发展路径中走出去，从单一"政品"市场和"以大为美"的产业中走出去，在巩固提升"政品"市场龙头地位的同时，加快构建在"民品"市场的影响和号召力，实现"光大环保，家喻户晓"。

同时公司秉承上述企业绿色文化，2013年成立"光大环保爱心基金"和"光大环保教育公益基金"，通过基金推广普及环保知识和理念，以增强全社会的环保意识，自2014年起，连续多年支持世界自然基金会香港分会"地球一小时"大型环保行动。于2017年1月，早于全国宣布将旗下所有投入运营的垃圾发电项目实现按小时披露烟气在线监测指标值，实施信息透明化、公开化。2018年率先以企业整体名义向社会开放所有环保运营设施，并于2019年获得生态环境部、中央文明办授予的"美丽中国，我是行动者""十佳公众参与案例"；生态环境部和科技部对外发布了总共103家国家生态环境科普基地名单中，中国光大环境（集团）有限公司旗下的光大环保能源（苏州）有限公司、光大环保能源（南京）有限公司、光大水务（济南）有限公司、光大环保能源（杭州）有限公司4家公司都榜上有名，对于如此骄人的成绩，"光大环境"解释了自己的成功之道：一是需要企业自身的高标准建设、高品质运营，光大环境所有旗下每一个项目做到了"四个经得起"：经得起看，花园式环境；经得起闻，没有异味；经得起听，没有噪音；经得起测，严格检测达标排放。二是要提升硬件设施建设，广泛吸取现代网络技术和智能化手段，丰富科普呈现形式。光大环境的许多项目都建有环保科普馆，内设图文展览、视频播放、趣味答题、全息投影、实验室等多种区域，除接受各类团体组织和个人现场参观外，也可进行线上"云开放"。三是要培养优秀科普人才，提高环保科普工作者的专业知识和科普技能水平，并借此拉近企业、科普与公众的距离。光大环境培养了一批优秀的环保志愿者和解说员，在2020年9月举办的"2020我是生态环境讲解员"的大赛上，来自光大环境苏州垃圾发电项目的解说员荣获一等奖，充分展现了光大环境员工的良好精神面貌。

"光大环境"作为一家央企、一家环保企业，正是以高标准的企业建设与运营，高水平的科普宣传，不断传递着其自身的公司文化：企业不仅是物质财富的创造者，更应该成为环境与责任的承担者。

企业在生态环境保护中承担主体责任，现代成功的企业不是单纯地给自己贴上绿色的标签，而是让绿色的文化浸润在整个企业，并植根于每个员工的心中。

执笔：黄亮斌

2. 热带雨林的守护神——裴盛基

裴盛基，1938年出生，四川人，1955年成都农业学校毕业分配到中国科学院植物研究所昆明工作站，从业植物学研究，迄今已有65年的工作经历。1960年跟随我国植物学泰斗蔡希陶进入西双版纳热带植物园，在祖国边疆扎根27年。西双版纳热带植物园，被称为中国热带植物的天堂，原来不过是澜沧江畔密林深处的一个叫"葫芦岛"的偏僻之所，山高路远，瘟疫横行，蔡希陶、裴盛基这一代开荒者们不畏烈日瘴疬、毒虫猛兽，筚路蓝缕，靠着"十八把砍刀"披荆斩棘，开辟出一个面积近两万亩的热带植物园。步入西园，上万种树木植物种植其中，但由于对植物进行了科学的分区管理，规划了国树国花园、百果园、荫生植物园、棕榈园、藤本园、南药园、百香园、百竹园、藤本园、龙脑香园、能源植物园，非常方便游客学习鉴赏。

偌大的版纳植物园，深深地打上了第一代植物学家们的工作印记，如核心园区的棕榈园，就与《中国植物志·棕榈科》的编纂相关。担任这项编纂工作的裴盛基一方面积极利用国内野外考察的成果；另一方面积极向国际同行学习，终于完成28属100余种《棕榈科》的编纂。与此同时，占据西园核心位置的棕榈园应运而生。

西双版纳植物园的树木也时刻与国家命运和历史大事相联系。例如1969年，从傣族熟悉的一种叫"埋央亮"的树木中提取碳十四脂肪酸，作为坦克飞机在高寒地区"抗凝增黏"添加剂，为赢得"珍宝岛保卫战"发挥了至关重要的作用，这种原本默默无闻的边地树木从此有了一个响当当的名字"争光树"——为国争光。1975年发现的望天树，高达70多米，否定了国际上关于"中国是没有热带雨林分布的国家"的主流认识。同一年，利用国产美登木提取的抗癌用药，送进了彼时正备受疾病煎熬的周恩来总理的病房，寄托了国人对总理的敬爱。1981年，裴盛基发表《西双版纳民族植物学的初步研究》，标志着我国民族植物学的正式诞生。民族植物学发端于19世纪，1954年，美国耶鲁大学植物学家康克林发表博士论文《哈努诺文化与植物世界的关系》，可谓全球民族植物学经典著作。我国民族植物学虽然起步较晚，但因为有几十年热带雨林野外考察的基础打底，使得裴盛基与他的合作者们一出手就非同凡响。他们重视人与自然关系的研究，尤其是在密林深处，通过对少数民族同胞尊重自然、依托自然、守护自然的长期观察，对传统植物学的爬罗剔抉、刮垢磨光的梳理，推动了现代人类学、考古学、经济植物学、药物学、生态学综合发展。当然，民族植物学并没有成为拯救我国热带雨林的"最后一根救命稻草"。当单一成片的橡胶林拔地而起、郁郁葱葱时，倒下的是具有丰富生物多样性的片片热带雨林，20世纪80年代还有5510万亩热带雨林的云南省，受气候变化和经济作物种植的双重影响，目前热带雨林呈现"孤岛"式的存在。这也使得裴盛基即使80多岁高龄，不得不依然活跃在热带雨林保护第一线，为生物保护奔走。新近的一个保护地是勐罕镇曼远村，这个传统的傣族村有着与热带雨林和谐相处的良好习俗：每一个村寨有两片森林，一是人死后采取传统火化，骨灰撒入山林；而另一处垄山林严禁砍伐；每村建有佛寺，寺庙树木谁也不能动。尽管有着自然保护的优良传统，甚至有着神佛的加持，曾经的曼远村，还是受到经济作物种植的强大冲击，橡胶林不仅种满了村口的田地，连寺庙周边的土地也在一点一点地蚕食。这种背景下，裴盛基会同有关部门发起了"曼远傣族垄山自然圣境保护示范点"项目，传统垄山依旧保存着高耸入云的芒果树，林中橡胶林退出后建起了面积2000平方米的佛寺药园，种植有铁力木、竹叶兰、石斛、贝叶棕、鸡蛋花、缅茄、铁力木及望天树等120余种3000多株药物和国家一级保护物种。如今的曼远村，村口瓜果飘香，芒果在树上挂着，缅茄压满枝头，村民满含笑容，用汉语和傣语与"老熟人"裴盛基老师热情地打着招呼。为感谢他为保护传统文化和生物多样性作出的贡献，村委会授予他荣誉村民证书，而村头"有林才有水，有水才有田，有田才有粮，有粮才有人"的标语以及"中国最美十大乡村"的铭牌，彰显出这个傣族村寨传统的生存智慧，并在现代生态文明下焕发出勃勃生机。

活跃在祖国南疆的裴盛基，虽然身体健康，精力旺盛，但在全球经济发展的狂潮下，这个依然健硕的老科学家，看起来还像是那个滚石上坡的弗弗西斯，虽然逆势而为，有着几分无力感，但是始终坚定有力。然而正是一代又一代的裴盛基们的不懈努力，推动了人与自然关系的重新思考，并终将在世界生物多样性这样的国际盛会上得到全世界的认同，这就是从莽莽森林中形成的中国智慧。

点　评

　　裴盛基老人，作为传统的中国科学家，不只是六十年如一日对科学的执著精神感染着我们，而且从中国传统文化中吮吸现代生态文化的营养、发现其恒久绵长的魅力，为我们提升生态文明提供了极好的视觉和途径。

执笔：黄亮斌

第二章

以产业生态化和生态产业化为主体的生态经济体系

一 概述

　　生态产业化与产业生态化都是基于生态系统承载能力，按照生态经济原理和经济发展规律，具有完整生命周期、高效代谢过程及和谐生态功能的生态经济。产业生态化是产业发展到一定阶段提质增效的必然要求，是通过先进的技术工艺和严格的污染治理对传统产业的清洁化、循环化、绿色化改造。生态产业化重点在于盘活生态资源，连接一、二、三产业，通过市场化的手段实现生态资源保值增值。

　　产业生态化和生态产业化既有区别，又互为联系。产业生态化是对自然规律的服从和尊重，立足于产业、企业融合发展，在供给产品和服务的同时为自然资源的恢复和再利用留下空间，通过绿色循环生产管理技术的开发使用，模仿自然生态自循环和自净化的过程，将生产对环境的干扰降到尽可能的低值，实现生态效益和经济效益、社会效益的高度统一。生态产业化立足区域生态资源优势，基于自然生态系统承载能力，强调生态资源的转化与应用，把生态优势转化为产业优势。生态产业化和产业生态化都是生态特性和产业特性的优化组合，其基本要求都是在遵循生态规律的同时，遵循产业规律。生态产业化和产业生态化的过程，也就是生态林业、生态农业、生态旅游、生态康养、生态工业、生态建筑、生态交通等生态产业形成和发展的过程。

　　在工业产业生态化方面。习近平总书记认为关键在于产业的转型。而产业的转型可分为两个方面，一方面为传统产业的改造；另一方面为新兴产业的发展。对于传统产业，要积极推行清洁生产，大力发展循环经济，提高资源综合利用水平，而进行清洁生产和节约发展的重要一步是淘汰落后产能。在他看来，产能过剩会引起资源消耗、恶性竞争、效益下滑，甚至加剧失业以及资金拖欠等问题，为了促进经济健康持续发展，必须对其及早处理。

在农业产业生态化方面。习近平早在主政浙江期间，就提出要提高生态农业的生产效率，运用先进技术和产业化经营来提高劳动生产率和土地产出率；要发挥地方优势，大力发展特色种养业、农产品加工营销业，推动优势产业向优势区域集中，形成各具特色的效益农业带；推动农业龙头企业发展，不断提高外向型农业的发展水平；以保持和改善农业系统内的生态平衡为主导思想，运用现代科学技术成果、现代管理手段和系统工程方法，合理组织农业生产，获得较高的经济效益、生态效益和社会效益的现代农业新模式。在参与国际国内分工中进一步做大做强特色优势产业。

在生态林业方面。习近平总书记2013年9月在哈萨克斯坦出访大学演讲的时候最早谈到这个理念，第一句话是"既要金山银山，也要绿水青山"，第二句话是"宁要绿水青山，不要金山银山"，第三句话是"绿水青山就是金山银山"。而绿水青山的建设中生态林业的建设是一个非常重要的方面。生态林业包括森林保育、林下经济和森林康养、森林旅游等。这是遵循生态学和经济学的基本原理，应用多种技术组合，实现最少化的废弃物输出以及尽可能大的经济输出，保护、合理利用和开发森林资源，实现森林的多效益的永续利用的一项林业公益事业，也是一项重要的基础产业。

在生态旅游方面。习近平总书记指出，"旅游业资源消耗少、投资效益高、发展前景好，国民经济发展中具有十分重要的地位，对拉动经济增长，调整产业结构，增加社会就业，扩大市场需求，改善投资环境，丰富文化生活，推动社会事业进步都具有独特的作用"。发展旅游业总的原则是要注重创新和继承，弘扬优秀的民族文化和民族精神，要把历史文化和现代文明融入旅游经济发展之中，努力打造旅游精品，包括森林生态游、湿地观光游、风景名胜游、沙漠公园游、冰天雪地游等。

本章从工业产业生态化、农业产业生态化、生态林业和生态旅游四个方面选取了27个案例对构建以产业生态化和生态产业化为主的生态经济体系进行了述评分析。

二 案例分析

（一）工业产业生态化

1. 江苏打造"高颜值"生态园区——苏州工业园区

虽是工业园区，却看不到烟囱林立、烟尘锁城的场景。无论是金鸡湖畔的水光潋滟，还是阳澄湖畔的白鹭齐飞，又或是独墅湖畔水天一色的风雅书香，苏州工业园区用 25 年时间，在一片水田洼地上书写了一部"颜值"与经济协同发展的精彩篇章。

（1）高水平规划推进生态文明建设。

苏州工业园区始终坚持"生态立区、环境立区"理念，大力践行"绿水青山就是金山银山"要求，高起点、高标准、高水平谋划推进生态文明建设，大力发展新兴产业，加快淘汰落后产能，坚决打好污染防治攻坚战。在经济快速发展的同时，园区生态环境质量稳步提升，环境保护与生态建设评价指标在国家级经济开发区综合考评中连续多年位列第一，实现了经济发展与环境保护的相得益彰。

作为全国首批"国家生态工业示范园区"，园区更加重视经济发展与生态环境保护之间的平衡，着力科技创新驱动，加快产业转型提升，探索以生态优先、绿色发展为导向的高质量发展园区路径。

"引进一个人才、培育一家企业、带动一个产业"，围绕这一链式结构，园区加快高层次人才和科技载体建设，累计建成各类科技载体超800 万平方米，平均每天产生 18 件发明专利，76 家众创空间孵化创新创业项目 2000 多个。2018 年，三大新兴产业产值同比分别增长 27%、30% 和 38%。随着电子信息、精密机械、生物医药以及新材料产业为主体的高新技术产业集群优势的不断巩固，园区用成功跻身建设世界一流高科技产业园区行列的成绩，回应了绿色发展的时代主题。

（2）着力提升园区整体生态环境水平。

园区坚持以督促改，持续升级传统产业。以推进落实中央、省环保督察整改为契机，对交办的各类信访问题实行"一案一策"和"领导包案"制度，目前中央环保督察交办16件、省环保督察交办55件以及中央环保督察"回头看"交办16件信访件已办结。涌现出一批以督促改的示范项目，比如金螳螂金浦九号苏州设计小镇项目，这个既具有苏州特色、又在国内领先的艺术设计创意小镇，原址是被中央环保督察组"点名"督办的家具厂，在如今完成了"制造"到"智造"的蝶变。

在强化整改的基础上，举一反三，针对督察中反映的重点行业环境问题，组织开展化工行业专项整治、涉重金属行业专项整治、危险废物规范化管理等专项执法工作，企业环境管理水平持续提升。

在调整优化产业结构的同时，坚决治理"散乱污"企业。不断建立完善"散乱污"企业（作坊）的长效管理机制，针对2018年排摸出来的879家"散乱污"企业（作坊）制定工作方案，按期全面完成整治。持续推进"四个一批"整治和低端低效产能淘汰工作，2018年关停2家化工生产企业和41家低端低效产能企业，腾出土地面积400余亩，涉及电子、纺织、机械等多个行业领域。

污染防治是生态环境保护中的重要一环。园区认真落实水、气、土三个"十条"，深入推进"两减六治三提升"专项行动，着力解决群众身边的环境问题，让环境质量改善"看得见、摸得着"。

着力打赢蓝天保卫战。印发了《苏州工业园区环境空气质量攻坚方案》《苏州工业园区空气质量监测站点"点位长"工作职责》《苏州工业园区臭氧管控工作方案》，成立湖西重点区域空气质量提升专班，并严格落实"点位长"制度，加强摸排、加大整治，推动实施清单化污染治理和挂图作战，实行网格化巡查和闭环管理。2018年，园区实际消费原煤90.21万吨，较2016年减少10.69万吨，超额完成序时进度。

着力打好碧水保卫战。加强饮用水源地环境安全保障，制定《苏州工业园区阳澄湖饮用水源地保护区管理办法》，设立阳澄湖水源地保护办公室，建立阳澄湖饮用水源保护长效管理机制。建立园区三级"河长制"，明确262位"河长"，全面消除区内黑臭水体。

高水平建设环境基础设施，生活污水处理率达到100%，采用"产业协同、循环利用"的模式，推进循环产业园建设。形成了以"污水处理——污泥处置/餐厨及园林绿化垃圾处理——热电联产/沼气利用"为核心的循环产业链，实现了集污水处理、污泥处置、有机废弃物处理等多环节的协同处置和资源再生利用。

着力推进净土保卫战。严控土壤风险，率先开展"地块全扫"，对所有拟回购及拟出让地块开展土壤环境调查，确保"净地流转"，实现场地的安全利用。

2018年园区共完成95个地块的调查，发布了第一批疑似污染地块名单，基本完成工业用地土壤本底调查工作（一期）、完成农用地详查和90家重点行业企业的信息采集和质控工作。

（3）升华理念体制机制持续创新。

从理念升华到制度建设，再到实践检验，园区对照各项工作要求，自觉进行再审视、再对照，建立13项针对性创新性工作机制，推出9项创新做法，加快优化环境治理体系，提升环境治理能力。

组织机构更加完善。园区区级和各功能区、各街道、各社工委分别成立相应的打好污染防治攻坚战指挥部，率先建立环境执法力量下沉和综合执法机制，成立4个功能区安全与环境执法大队，实现重心下移、力量下沉、责任压实，进一步夯实环境执法基础。

社会力量不断引入。针对自身产城融合程度较高的特点，成立全省第一家社区环境管理自治机构"汀兰家园环境理事会"，推动环境管理由政府主导向"社区—企业—公众"三方共管模式转变，被生态环境部（原环保部）誉为环境社会治理的"苏州模式"。

园区企业环境健康安全（EHS）协会、低碳产业联盟协会等一批社会组织也相继成立，发挥在节能环保领域的带头作用。人民大学苏州校区与太阳星辰花园四区垃圾分类示范案例荣获"2018年度生活垃圾分类入选案例""厨余变沃土"月亮湾七彩社区花园项目等作为垃圾处置的创新做法受到上级主管部门一致肯定。

站在开发建设25周年的新起点上，苏州工业园区将始终以习近平生态文明思想为根本遵循，坚决打赢污染防治攻坚战，向人民交出一份生态文明建设的优异答卷，为建设世界一流高科技产业园区作出新的贡献！

点评

苏州工业园大力践行"绿水青山就是金山银山"要求，高起点、高标准、高水平谋划推进生态文明建设，大力发展新兴产业，加快淘汰落后产能，创新机制优化治理体系，坚决打好污染防治攻坚战，推动园区高质量发展。

执笔：刘勇刚

主要参考文献

[1] 惠玉兰、袁璇：《苏州工业园区：打造"高颜值"生态园区》，《苏州日报》2019年6月10日。

[2] 孙宝平、吉恩乐：《苏州工业园区树生态环境发展标杆》，《国际商报》2019年8月27日。

2. 两个80%背后的故事——上海化学工业区

上海化学工业区是我国第一个以开发区机制和模式建设的大型石油化工产业基地，同时也是上海六大产业基地之一的南块中心，被誉为"上海工业腾飞的新翅膀"。

以炼化一体化项目为龙头，打造"1+4"产业组合，发展以烯烃和

───■ 上海化学工业区（图片来源：齐鲁网）

芳烃为原料的中下游石油化工装置以及精细化工深加工系列，形成乙烯、丙烯、碳四、芳烃为原料的产品链。

2005 年被国家发改委列为第一批国家循环经济试点单位，2013 年被生态环境部（原环保部）正式命名为国家生态工业示范园区。

它创造性地提出并实践"五个一体化"开发建设理念，20 多年来，形成了以乙烯为龙头、以精细化工和合成材料为终端的循环经济产业链，目前入驻的 59 家企业，外资企业占据 80%，并且全都是世界 500 强和化工 200 强企业，产业和产品关联度也高达 80%，2018 年园区产值突破 1300 多亿元。成为集聚国际知名跨企最多、产业能级和产品关联度最高、资源循环利用水平最先进的国家级化工专业开发区。

相较于 2013 年，单位工业增加值能耗下降 45.8%；单位工业增加值 SO_2 排放量下降 59.9%，单位工业增加值 COD 排放量下降 45.7%，单位工业增加值新鲜水耗下降 31.5%。

（1）科学规划，大力推进"五个一体化"。

上海化工区在全国率先以开发区机制和模式建设大型石油化工产业基地，对标美国休斯敦、比利时安特卫普和新加坡裕廊等世界级石化产业基地，根据国情和自己的特点，引进消化先进的"一体化"理念，通过推进产品项目、公用辅助、物流传输、生态保护和管理服务五个"一体化"，打造综合配套成本最具竞争力的园区环境。

产品项目一体化是物质属性的，按照石化产品链的上下游关系，合理规划项目布局，形成企业之间物料、中间体、产品和废弃物的互供共享关系，实现原材料利用的最大化。

公用辅助一体化是体现园区属性的，集中规划建设热电联供、工业水厂、工业气体、污水处理厂、工业废弃物焚烧炉等公共工程设施，实现园区资源能源的统一供给。

物流传输一体化是体现产品属性的，建设管廊、码头、储罐、仓库、铁路等专业物流设施，形成连通园区内外的物流集散和交换系统，使以气体和液体为主的化工物料实现经济、安全、快捷的传递和输送。

生态保护一体化是体现行业属性的，建成集中化的生态防护林带，构建可封闭可交换的内河水系，建设实验性人工生态湿地，放养测物敏感度高的动物形成生物监测系统，构成园区美丽的生态环境，为候鸟等迁徙和栖息提供生态走廊。

管理服务一体化是体现国情属性的，将安全生产、环境保护、职业健康、应急响应和责任关怀作为管理服务的重要内容，实现"一口受理"和"一门办结"，为入驻企业集中办理海关、海事、边检、防疫等业务，提高行政服务效率。

"五个一体化"，是上海化学工业区2001年提出来的，2003年就被中国石油化工联合会和工信部纳入今后建设石油化工生产基地必须遵循。

（2）围绕产品链开展招商引资。

与一般开发区不同，上海化工区开发伊始，就高标准制定了总体和专项规划，围绕产品链开展招商引资，提升综合竞争力。引导园区的化工项目和企业符合化工产业自身发展的规律和产业规划所要求的标准看齐，做到资源集中，效益集聚。在开发过程中，不断加强对下游（精细化工、新材料）项目的招商引资力度，持续做好产业的补链、强链工作，促进园区加快向价值链高端不断迈进，有效避免了投资焦虑，防止了"装到篮子里都是菜"。

入驻的 59 家企业，外资企业占据 80%，并且全都是世界 500 强和化工 200 强企业，产业和产品关联度也高达 80%，产业的产品链规划十几年前就规划了，招商也是从产品链产业链的关联角度招商。

（3）打造上中下游一体化的石油化工产业链。

以"乙烯"项目为上游产品，异氰酸酯、聚碳酸酯等为中游产品，通过补链招商，完善下游精细化工、合成材料等产业，形成上中下游一体化的石油化工产业链。通过引入电子化学品、表面活性剂、助剂、催化剂等高端精细化工产业和高性能树脂、纤维、特种合成橡胶等新材料产业，提升园区高端先进制造业占比，建设具有园区特色的低消耗、高产出、高效率的产业链。

近年来，园区紧紧围绕产业链高端化与循环经济发展两大核心主题进行招商引资，以优化"一体化"为重点，不断赋予园区物联网、"互联网＋"等智慧要素。

近几年，园区在原有产业链的基础上，进行了工艺方法等的创新，通过企业重点项目的新建或扩建，重点实施了氢气利用、氯气三次循环、C4 综合利用等绿色工业链项目，促进了产业集聚度与能级梯级利用，成为上海化学工业区持续深化循环经济发展的重要工作。

集聚一批以升达废料处理公司、集惠瑞曼迪斯公司为核心的专门以上游企业产生的废弃物为原料的企业，实现资源共享和副产品互换，促进企业废弃物的综合利用。以中法水务、漕泾热电、工业气体公司、华林工业气体公司为主建设公用工程"岛"，实现水、电、热和气的集中供应，实现物质闭路循环、能量多级利用的模式。

（4）打造国际一流园区管理水平。

良好的营商环境就像阳光、水和空气，须臾不能缺少。园区积极营造一个国际化、法治化的营商环境，既为园区的企业提供便利化的服务，同时又严格按照行业规范的标准进行管理。

启动智慧园区建设，加快智慧商务、智慧政务、智慧服务应用，实施安全环保监管、监测的智能化改造，做好预测、预警、预报和信息公开工作，确保日常监控更加精准、权威、到位。

园区始终认为，对某一个领域，某一个企业管理的松懈，就是对整个其他遵章守纪这些企业的否定，或者说是不尊重。因此，不管企业规模有多大，不管影响力有多大，不管原来的管理绩效有多好，一旦有这方面的苗头，一视同仁，坚决管、彻底管，把企业管服了。

点 评

上海化工园始终坚持把安全作为化工区转型升级的底线，把绿色作为化工区转型升级的重要导向。它创造性地提出并实践"五个一体化"开发建设理念，打造循环经济产业链，外资企业占据80%，产业和产品关联度也高达80%，成为集聚国际知名跨企最多、产业能级和产品关联度最高、资源循环利用水平最先进的国家级化工专业开发区。

执笔：刘勇刚

主要参考文献

［1］廖亮、庞峰等：《上海化学工业区："两个80%"背后的故事》，齐鲁网，2019年7月24日。

［2］陈鸿应：《上海化工区：优化营商环境凤自来，外企占比高达80%》，《中国化工报》2019年2月26日。

3. 绿色制造、美不胜收——河北唐山钢铁集团有限责任公司

游走在河北唐钢厂区里，参观者均能深切感受到什么叫"厂在林中，林在厂中，景美人和，产业兴旺"，俨然一派工业与自然和谐相处的美好画面。

——■ 唐钢厂区绿化外景（图片来源：河钢集团唐钢公司官方公众平台）

党的十八大以来，河北唐钢积极承担社会责任，全力打造绿色发展、低碳发展、循环发展的生态绿色型钢铁企业，全面践行节能减排、绿色发展理念，深入开展绿色转型实践，取得了丰硕成果。它的转型升级之路全面贯彻了习近平总书记关于扎实推进经济发展方式转变、经济结构调整的重大决策部署，深入理解了我国发展环境面临的深刻复杂变化，清晰展望了到 2035 年基本实现社会主义现代化的远景目标，形成了可复制可推广的生态唐钢工业发展经验。

（1）生态文明建设高歌猛进，倒逼高污染高能耗企业减排升级。

唐钢是一家老钢铁企业，始建于 1943 年，2005 年跨入了千万吨级

的大型钢铁企业行列。2008 年 6 月，唐钢集团与邯钢集团联合组建成河北钢铁集团，现有在岗职工 3 万余人。但行业的高速发展和钢材市场的火爆，也掩盖了企业重外延式发展、粗放式增长和高耗能、高排放、高污染等问题。当生态文明建设在全国铺展开时，唐钢面临了建厂以来最大的一次转型压力，生态环境越来越成为制约唐钢生存发展的瓶颈。

面对生态文明建设的新要求，河北省委、省政府不断深化供给侧结构性改革，运用环保倒逼机制，不断推动去除无效供给，淘汰落后产能，增加有效供给，降低企业成本。在认清严峻形势后，唐钢果断做出了抉择：实施绿色转型、实现绿色制造。一是以建设"绿色唐钢、生态唐钢"为目标，加快改变"高耗能、高排放、高污染"的传统形象；二是立足于转方式、调结构、提质量、求创新，从根本上转变企业发展方式。唐钢新区执行最严格环保标准，所有排放指标比目前行业最严的"唐山市超低排放标准"再降 10%。首次实现能源、环保、动力远程集控，通过全区域覆盖，实现全流程的超低排放。

（2）狠抓清洁生产，发展低碳循环经济。

唐钢紧紧围绕钢铁行业能源综合利用、降低能源成本、削减污染物排放，通过持续加大资金投入、强化技术和管理举措、再造生产工艺流程、更新环保设备、全面建设余热余能回收利用工程等，建立健全了焦化、炼铁、炼钢、轧钢等全部工序的环保设备和循环利用设施，实现了环保设备、循环利用设施全天候高效率运行，达到了能源资源的科学管理和高效集约循环利用，使二氧化硫、烟粉尘、COD 排放量大幅度降低，节能环保各项指标达到国内领先水平。

针对京津冀地区环保工作的特殊要求，在达到较高环保管理水平的基础上，为进一步降低污染物排放，为城市和社会作出更大贡献，唐钢努力克服企业资金紧张、制造成本大幅升高等诸多困难，多方筹贷资金，先后投入 27 亿多元，进行了烧结机脱硫脱硝工程、锅炉脱硫脱硝工程、炼铁料场建设、除尘设备升级改造，以及高炉冲渣水消白工程等一大批大型环保减排项目。通过不懈努力，全部工序达到超低排放水平。

与此同时，唐钢主动作为，率先在钢铁行业内实施一氧化碳减排项目，先后完成了转炉常伴燃、加热炉烟气回收利用、高炉炉顶均压均放改造等一系列一氧化碳减排项目，产生了立竿见影的良好成效，成为钢铁企业自我加压、主动减排、自觉承担社会责任的典范，在唐山市乃至河北省钢铁企业中发挥了示范引领作用。

（3）全面实施循环利用，打造生态和谐的绿色钢城。

唐钢瞄准行业一流水准，实施系统全面、规模空前的环境治理工程，建成了花园式工厂。在全面淘汰、拆除一大批相对落后的工艺装备基础上，在厂内建设了钢铁花园、水系生态园、防护林带和文化广场，使厂区绿化覆盖率达到50%。

在能源高效利用方面，河钢唐钢新区建设了高效智慧能源环保管理系统，在行业内首次实现了能源、环保、动力远程集控，实现吨钢可比能耗511.42千克标煤，达到行业先进水平。在循环利用方面，河钢唐钢新区通过煤气发电、余热发电、余压发电等工艺，自发电比例超过90%，二次能源利用率达到70%，并实现普通固废综合处置率、可回收固废资源化处置率、危废合法处置率3个100%。同时在资源回收利用方面产值已突破200亿元。

在治理过程中，唐钢投资3.3亿元建设了我国华北地区最大的城市中水与工业废水处理工程，每天能够处理城市中水与工业废水各7.2万吨，相当于一个中小城市污水处理厂的处理量。自此，唐钢南区在全国钢铁行业内率先实现了工业水源全部采用城市中水，停用深井水，钢铁生产不再与城市争夺地下水，实现废水零排放。按照循环经济构建全流程能源转换体系，实现了余热、余压的高效能源转换，构成了循环经济产业链。废水实现零排放，固废危废全部做无害化处理，每年利用钢厂余热余能，还可满足建筑面积500万平米的居民采暖需求。回转窑建成后，不仅实现内部尘泥的资源化利用，也将面向附近区、县及钢铁企业开放，承担起固废资源化的社会责任，赢得了"世界最清洁钢厂"的美誉。

—■ 唐钢的冷轧厂成品库成品摆放整齐，现场干净整洁（图片来源：新钢新闻中心）

（4）坚持建设与管理并重，实现企业可持续发展。

公司从能源环保部，到主体生产厂，再到生产线，进行垂直化管理。企业按需用能，避免了"小马拉大车"或"大马拉小车"等能源不合理配置现象。运用信息化的手段，把各主要用能单元的各种参数实时统计并显示在调度大厅，实现能源的自动化管理和运行，节省了不少人力成本。

为使节能减排长效化制度化，唐钢制定下发了《严格控制烟粉尘排放管理办法》《违章用能管理办法》等一系列规章制度；同时还制定了严于国家排放标准的企业内部排放标准，并建立了24小时现场检查制度、每两周一次的环保例会和环境保护季度联查制度；管理措施上，采用加强现场管理，实行六大现场界面分工，确立责任人进行阶段性考核排名模式，以作业区为单元实施 5S 管理；队伍建设上，在全员范围内将精细化的门禁制度和信息化考勤制度全面融合。为加强厂容和绿化管理，唐钢建立健全了公司厂容绿化工作的管理机构，并相继制定下发了《唐钢厂容卫生管理办法》《唐钢绿化管理办法》等文件，组建了一支精干高效的厂容绿化监察队伍。

点 评

生态改善行稳致远，绿色转型释放动能。唐钢推进超低排放改造，推进企业退城搬迁，瞄准新兴产业推进转型……以前所未有的力度，打出一套标本兼治的组合拳。唐钢，从根本上实现了由传统型企业向生态型企业的转变，昔日唐山环境污染的重点，而今变成了唐山市的环境亮点。公司正进一步深入贯彻落实习近平生态文明思想，以奋斗创造历史，用实干成就未来，相信唐钢一定能继续为唐山、河北乃至国家"十四五"时期的高质量发展作出新的更大的贡献。

执笔：刘洁

主要参考文献

[1] 张卫华、王福生、张琴：《40 年，钢城跨越巨变》，河钢集团唐钢公司官方公众平台，2018 年 12 月 14 日。

[2] 温明：《河钢唐钢：擎绿色发展大旗向海图强》，《中国冶金报》2021 年 6 月 21 日。

4. 环保搬迁带来"双城"蝶变——重庆钢铁集团

重庆钢铁集团（以下简称重钢）是一个有着百年历史的大型钢铁联合企业，是我国重要的军工钢、品种钢研制生产基地。很长一段时间，重钢被视作重庆工业的旗帜、符号和寄托，在重庆经济发展中扮演着重要的角色。然而，到 20 世纪 90 年代后，尽管每年投入上亿资金进行环保技术升级改造，但是集重工业、重化工于一身的重钢始终无法摆脱污染大户的帽子，污染排放总量一度占重庆主城区污染排放总量的 60%。

2007 年，为实现城市环境保护目标，适应重庆经济社会发展总体战略，重庆市调查和论证后，决定将重钢主业整体搬迁至长寿区。这是继北京首钢之后，中国钢铁行业实施环保搬迁的第二家大型企业，被列为重庆市工业投资"一号工程"。2011 年 9 月 22 日，历经近 120 年的重钢即将熄灭最后一锅"炉火"，重钢大渡口厂区的钢铁生产全面停产。重钢环保搬迁启动时的 2006 年到完成后的 2012 年，重庆主城区空气质量优良天数从 287 天增加到 340 天、优良率从 78.6% 提升至 93.15%。

新钢城发展迎来了新机遇。重钢搬迁并不是简单复制，更不是污染搬家。长寿区重钢新厂区全面采用新技术、新装备和新工艺，完全淘汰老区能耗高、装备水平低、污染严重的落后工艺设备，取消了全厂蒸汽管网和厂区铁路，大规模使用循环能源与清洁能源，实现了工业用水 100% 循环使用，废水零排放，废渣全量回收利用，二次能源全部实现高效回收利用，自发电率近 80%、绿化率达 32%。

同时，长寿区以引进重钢为契机，引进钢铁冶金企业 16 户，基本建成以重钢热轧、冷轧带钢产品延伸加工为主导的钢铁冶金生产基地，形成了涵盖矿山采选、冶炼及深加工的钢铁产业链，重点发展汽车薄板、高端船板和特殊钢等，并向具有特殊磁、电、光等性能的特种功能材料和高端结构材料领域发展，提高高附加值产品比例。搬迁后第二年 (2013 年)，在国内钢铁行业普遍走低的情况下，长寿区钢铁冶金产业就交出了产值 285 亿元、税收 1.78 亿元的优秀答卷。

截至 2020 年，长寿区五大主导产业产值突破千亿，4 家企业集团迈入"百亿俱乐部"，6 家企业税收过亿，新升规企业 85 家，建成了国内最大的天然气化工生产基地、聚乙烯醇出口基地、全国第二大玻璃纤维生产基地。长寿经开区连获 6 项"国字号"殊荣，长寿高新区连创市级工业园区、市级高新区。两大园区开发面积拓展至 45 平方公里，入

——■ 长寿区经开区全景图（图片来源：重庆市长寿区经开区官网）

驻世界 500 强企业 27 家、跨国公司 56 家、上市公司 57 家。产业结构
迭代升级，战略性新兴产业产值突破 200 亿元，工业亩均投资、产出强
度分别达 400 万元、500 万元，税收贡献提高 12 个百分点；技改投资
占工业投资 35%，新建智能工厂 4 个、数字化车间 19 个。

老钢城发展带来新气象。重钢搬迁对于长寿区迎来了新的机遇，但
对于大渡口区，更是带来了新的气象。重钢搬迁后，大渡口区重新定位
城市功能，积极探索"后钢铁工业时代"的发展，在多项经济指标下行
的压力下，克服重重困难，从生态空间、工业空间和发展空间长远谋
划，调整战略规划和产业布局，改善生态环境，提升区域价值，聚集和
吸引了更多的企业前往投资兴业。

7500 余亩的整片沿江土地，34 公里长江江岸线，之前受制于老重
钢的污染和地理阻断，被誉为重庆继朝天门、江北嘴之外的第三大江城
半岛——钓鱼嘴半岛列入重庆十大重点开发片区之一，该片区大力发展
现代服务业，建设生态型的商贸圈、居住群，吸引商业地产、旅游地产

等产业群集聚。通过发展创意产业、商圈经济、休闲文化产业、高端房地产实现了片区内的产业转型。同时，重钢部分老厂区被改建为重庆工业博物馆，效仿德国、英国等老旧工业区，打造"后工业时代"的创意产业。

————■ 重庆工业博物馆（图片来源：重庆大渡口区融媒体中心）

"十三五"规划发展以来，大渡口区地区生产总值年均增长6%，大数据智能化、生态环保、大健康生物医药、文化休闲旅游"四大支柱产业"发展成效明显。规模以上工业总产值、服务业增加值年均分别增长9.7%、6.3%。高新技术企业产值、战略性新兴制造业产值占工业总产值比重分别达到33.4%、52.5%。累计新增国家高新技术企业45家、培育市级科技型企业300家，全社会研发经费支出占地区生产总值比重达到4%。成功创建国家环保产业发展重庆基地、国家"双创"示范基地、国家基因检测应用示范中心、重庆台湾中小企业产业园等创新创业平台。

点 评

生态优先、绿色发展。从重钢新厂区和老厂区的发展来看，环保搬迁无疑是正确的选择。老厂区克服搬迁带来的"阵痛"和压力，科学规划生态、工业和发展空间，合理布局产业结构，迎来了可持续和高质量的发展。新城区以引进重钢为契机，发展特种功能和高端结构材料，建成了新的钢铁冶金生产基地，在保护好生态环境的同时，带动了就业，发展了经济，改善了民生。

执笔：令狐兴兵

主要参考文献

［1］《重庆最大环保搬迁三周年回访：一石三鸟的重钢战略》，中国新闻网，2014 年 11 月 26 日。

［2］《大渡口：过气"钢城"的涅槃重生》，新浪重庆，2019 年 7 月 2 日。

［3］《重庆市长寿区人民政府工作报告（2021 年 1 月 13 日）》，重庆市长寿区人民政府网，2021 年 4 月 21 日。

［4］《2021 年重庆市大渡口区人民政府工作报告（会后修订版）》，重庆市大渡口区人民政府网，2021 年 4 月 9 日。

5. "退"不犹豫，再添新绿——湖南株洲清水塘工业区再建生态科技产业新城

株洲市作为湖南省环境综合整治的重点区域和长株潭城市群的上游城市，因为历史遗留问题导致的重金属污染而备受关注，一度成为湘江流域重金属污染的"代名词"。清水塘老工业区位于锦绣石峰山下、美丽湘江之滨的，曾是国家"一五""二五"期间的老工业基地，在这片

15.15平方公里的土地上创造了全国工业230多个第一，因工业"三废"排放量大、污染十分严重，被列为湖南省湘江流域重金属污染重点治理五大区域之一，随着湖南省"一号重点工程"——湘江保护与治理的实施，这个曾经的环境污染"重灾区"正坚定地走向绿色产业新城的发展之路。

（1）清水塘而今迈步从头越。

清水塘老工业区以冶炼、化工、建材、能源为支柱产业，是湖南省湘江流域重金属污染重点治理五大区域之一，已列入国家老工业基地搬迁改造试点区。2013年，清水塘老工业区排放工业废水1840万吨，占全市的28.7%；固废167.1万吨，占全市的46.6%；二氧化硫为2.95万吨，占全市的73.6%；氮氧化物2.98万吨，占全市的71.7%。

随着湖南省"一号重点工程"——湘江保护与治理的实施，至2018年底，这里以冶炼、化工等为主的261家企业全部关停退出，湘江流域污染治理最难啃的一块"硬骨头"被啃下了。"三年腾出空间（到2018年）、六年大见成效（到2021年）、十年建成新城（到2025年）。"这是清水塘老工业区搬迁改造与新城建设总体推进目标。

（2）石峰区擦亮绿色发展新底色。

绿水青山就是金山银山。石峰区认真学习领会习近平生态文明思想，以清水塘核心区污染治理为重点，擦亮绿色发展新底色。

石峰区坚持防治并举、标本兼治，突出系统治理、源头治理、精准治理，区域生态环境明显改善：

堵住污染源头，2017年以来，在一口气全面关停清水塘153家污染企业的同时，同步实现绿心地区57家工业企业和92家生猪养殖场全部关停退出，取缔白石港、下河街等污水直排口20个，从根子上堵截了污染源头。

削减污染存量，对霞湾港等9个重金属污染治理项目，按照用地性质分类精准实施金盆岭、清水、铜霞3个片区土壤污染整治，完成39家关停搬迁企业厂区场地修复。同时，对老旧小区进行雨污分流改造，推进黑臭水体治理，污染存量大幅削减。

加强生态修复。在截污治污的同时，注重复绿增绿。2017年以来，实施九郎山绿心地区生态修复7471多亩，昔日裸露的角落已被碧绿的树林遮掩。

霞湾港是反映清水塘片区生态环境的一面镜子，这条长约4.3千米的河流，曾因污染成了牛奶河、黑水河，经历重金属污染综合治理工程后，重回碧水潺潺。湘氮的棚户区改造而成的清水塘广场，休闲的居民成群结队。头顶上，是一片碧蓝的天。站在九郎山顶俯瞰，荒废的山岭重新披上绿装，生态绿心郁郁葱葱。山脚下，田野里的鲜花姹紫嫣红，生态农业吸引四方游客。清水塘老工业区污染防治步步攻坚，从天到地，从水到陆，全面发力，重现"石峰绿"。

曾经的清水塘，已然卸下旧妆容，整装再扬帆。"'破旧'是为了更好的'立新'，'筑巢'是为了更好的'引凤'。"摒弃"老瓶装新酒""新瓶装旧酒"，告别以污染环境代价支撑粗放发展的老路，不搞碎片化开发，走一条以生态优先绿色发展的高质量发展新路，打造产业转型的样板、生态新城的典范，形成全国城市老工业区转型发展的示范效应。"用好政策、发挥优势、挖掘潜力，迈出转型升级新步伐。"高标准建设新城、高质量导入产业、高效率推进项目，壮大培育发展新动能。

腾笼换鸟、破旧立新不是简单填空，而是盯紧主线。主线是什么？是"生态优先、绿色发展"。目前，清水塘生态科技产业新城规划已基本成形，一幅崭新的画卷在"开局""起步"中次第铺开。

（3）企业搬迁异地获新生。

"从清水塘退出，不是关停、死亡，而是迎来了企业新的机遇，壮士断腕换来了脱胎换骨"。

企业搬迁"伤筋动骨"，如何让这些企业搬得快、早投产、早收益，株洲市出台了转移转型六条政策，督促各县市区出台优惠引进政策，帮助搬迁企业落户各园区，并引导这些企业抓住搬迁契机实现转型升级。

企业和职工为株洲送回了蓝天，株洲也关心他们的明天。对关停退出企业，株洲市着力优化服务，引导企业转移转型。对有搬迁转型意向的企业，采用"一对一"对接服务的方式，积极帮助其更新工艺技术和产品，在省内、市内各园区进行实地选址重建，尽快开工建设投产。

株冶集团响应清水塘企业搬迁改造、环境综合治理，将铜铅锌产业基地搬迁至距离株洲200公里的衡阳常宁市水口山，这无异于一次涅槃，但更是新生。基地总投资超100亿元，达到年产30万吨锌、30万吨铜和10万吨铅总共70万吨铜铅锌的生产能力，年销售收入约250亿元。

随着企业的关停退出，3万多名职工很多成了失业者。株洲市出台政策，对他们提供技能培训补贴、创业培训补贴、社保缴费补贴、自主创业补贴、创业担保贷款、岗位补贴以及失业保险待遇等个性化帮扶，举办再就业订单式培训和招聘会。

历史车轮滚滚向前，时代潮流浩浩荡荡。一座生态科技产业新城，正大步踏走来。清水塘生态科技新城正迎来崭新的明天！

点评

节约资源和保护环境是我国的基本国策，我们要坚定走生产发展、生活富裕、生态良好的文明发展道路，建设美丽中国。株洲清水塘作为我国早期的重工业基地，曾经创造过很多辉煌的业绩，在新时代的号召下，果断摒弃以污染环境代价支撑粗放发展的老路，不搞碎片化开发，选择走一条以生态优先绿色发展的高质量发展新路，打造产业转型的样板、生态新城的典范，将成为全国城市老工业区转型发展的楷模。

执笔：刘晶晶

主要参考文献

[1] 刘姝琪：《清水塘生态科技产业新城大步踏来》，《株洲日报》2020 年 6 月 17 日。

[2] 张莉：《别了，株洲冶炼厂！湖南清水塘老工业区 261 家企业全面关停》，红网，2018 年 12 月 3 日。

[3] 邱浩：《年底株冶生产线告别清水塘　衡阳水口山基地正式点火》，新浪新闻，2018 年 7 月 30 日。

[4] 贺佳：《省政府"一号重点工程"　株洲清水塘是块"硬骨头"》，《湖南日报》2013 年 10 月 22 日。

6. 江南生态美，绿意最动人——浙江湖州长兴县铅蓄电池产业整合升级

作为曾经的中国铅蓄电池基地，浙江省湖州市长兴县粗放式的发展方式给环境带来巨大压力，污染也随之而来，以手工劳作为主的铅蓄电池作坊，技术能力薄弱，能耗居高不下，生产中也容易产生铅烟、酸液、废弃物等污染物，粗放式的处理让长兴县背上了高耗能、高污染的包袱，血铅超标导致老百姓冲击政府的事件，在生态环境保护的强大压力之下，长兴县委、县政府以壮士断腕的决心强力推进企业关停淘汰、整合提升，拉开了绿色发展的序幕。

举生态旗、打生态牌、走生态路，党的十八大以来，长兴县深入贯彻落实习近平生态文明思想，始终坚持用绿色发展的理念建设蓄电池产业，在有限的环境容量下重新整合企业，进而转型升级，扶大扶强，由原先高耗能、高排放的重点监控对象，转变为如今的国家新型工业化产业示范。

（1）整合发展，推动产业持续转型。

蓄电池产业是长兴县的重要支柱产业，为实现产业的持续、健康发展，近年来，长兴县以绿色智造为主线大刀阔斧地进行了转型升级。2005 年、2011 年，先后两次进行行业专项整治，共淘汰企业 159 家和

———■ 全国首个"全电运输、全电仓储、全电装卸、全电泊船"的"全电物流"
（图片来源：《浙江日报》）

生产线 320 条，全市铅蓄电池企业从 225 家减少到现在的 16 家，总产值从原来的 17 亿元提升到 250 亿元。天能、超威 2 家企业的年销售成功突破千亿元，并全面实施了严于国家和浙江省的环保要求和行业准入标准，全面推行清洁生产和绿色发展，产业绿色发展水平全国领先。

近十多年来，长兴县蓄电池产业一直在"瘦身"，目前实际在产企业仅有 16 家。但企业数量的减少并不意味着产业的萎缩，反而是产业发展壮大的另一条路子。如今，长兴蓄电池品牌占据了全国动力电池的半壁江山，包括国内电动助力车蓄电池 65% 的极板企业、75% 的组装企业。与此同时，启动了全国首个"生态＋电力"示范城市建设，在能源供给、电网发展、能源消费、生产生活等方面正进一步实现低碳环保、智能高效，将形成一批可推广可复制的"生态＋电力"构建模式。

（2）严格环保标准，继往开来扶强电池行业。

2005 年，全县共有 175 家铅蓄电池生产企业，但仅有一家符合环保标准，长兴县委、县政府按照"淘汰一批、规范一批、提升一批"的总体思路，全面开始了整治。走进位于长兴县小浦镇的郎山新能源产业园，这个集聚了超半数长兴铅蓄电池生产企业的产业园，正是 2011 年全市启动铅蓄电池行业整治提升后新建的产业集聚区。以绿色发展为导向，如今这里的众多电池生产企业已经成为全国的行业代表，2019 年园区实现产值达 11.45 亿元。

以规划措施为基础，科学规划建设。发布《长兴县蓄电池产业转型升级实施意见》，专门出台了一系列专项扶持政策，在税收、土地、规费、设备投入等方面扶持和鼓励保留企业原地提升或搬迁入园。以装备提升为重点，严格要求装备准入。实施"四减两提高"（减员增效、减能增效、减污增效、减耗增效、提高劳动生产率、提高工业增加值率）专项技改行动，大力推广自动化的生产制造、智能化的系统控制、零排放的循环处理为特征的现代制造模式。

（3）严格治理，倒逼产业转型升级。

以产业整治为契机，倒逼产业转型升级。2005 年，该县开展了第一次专项整治，改用能减少排放的机械化、自动化装备，并实施废气、废水治理设施改造，提升铅蓄电池的回收能力。2011 年，根据全国重金属污染防治专项行动方案，该县开展了以"关停淘汰一批、搬迁入园一批、原地提升一批"为总体思路的第二次根本性的专项整治，通过兼并、重组减少到 16 家，并全部集中到新能源高新园区，做到布局园区化、企业规模化、工艺自动化、厂区生态化、产品多样化、用途多元化。

长兴县经过顶层设计规划，以 1180 个全科网格为基础，以信息资源整合为手段，以大数据治理为核心，以大数据平台为支撑，建立了36 个委办局联动管理、多元共治的覆盖全县以及 17 个乡镇（街道、园区）的县乡两级基层社会治理体系，并已在雉城街道、太湖街道和李家巷镇上线运行，初步实现了"党政主导、公众参与、社会协同、上下联动、统建共享"的基层社会治理新格局。

（4）培育企业壮大，同心砥砺优化产业格局。

培育了天能集团、超威集团两个超 500 亿元的企业，建立起以企业为主体、以市场为导向、产学研用相结合的技术创新体系。由政府出台政策，让企业成为提升科技创新能力的主体，加大新型锂电池、镍氢电池、电动汽车用动力电池、储能电池及相关正负极材料的研发及产业化支持力度。

进一步延长新能源产业链，建立以超威集团为主体的纯电动汽车产业技术创新体系，天能、超威都被评为国家级技术中心，着力突破关键瓶颈技术，助推汽车动力电池的研发与产业化，做大做强特色优势的纯电动汽车产业。同时优化公共平台服务，充分发挥"浙江省绿色动力能源集成创新公共服务平台"这一国家级检测中心的作用，成为全国蓄电池行业的一个企业技术创新、提供完善检测、应对贸易技术壁垒、参与国家和行业标准制定、提供技术咨询、人才培训、理论研究的公共服务平台，为全县蓄电池企业科技创新提供技术支持。

点评

关闭部分高污染、高能耗企业，并不意味着产业的萎缩，反而是产业发展壮大的另一条路子。如今，长兴蓄电池品牌占据了全国动力电池的半壁江山，污染下降了、产能规模提升了、产值和税收也提高了。长兴县结合自身产业实际，发挥产业优势，推进传统制造业改造提升，加大新兴产业培育发展，强化工业主平台和小微企业园建设，构建"1＋X"产业平台体系。对标先进，吸收先进地区行之有效的经验和做法，进一步思考谋划，通过形成合力，长兴县从传统铅蓄电池"黑色产业"转型为新能源这一"黄金产业"，初步形成了以新型电池为核心，涵盖新能源汽车及关键零部件、新能源装备、新型能源材料等的较为完整的新能源全产业链，成为绿色转型发展典范。

执笔：刘洁

主要参考文献

［1］陆辉：《长兴探索铅酸蓄电池产业整治转型升级》，湖州在线，2015 年 11 月 27 日。

［2］陈锐海：《在"瘦身"中生长：长兴县铅蓄电池产业的绿色转型路》，央广网，2018 年 11 月 25 日。

［3］《大美湖州　生态之城：铅蓄电池产业启动全面整治》，湖州环保公众号，2020 年 8 月 14 日。

7. 水泥行业绿色转型的"先行者"——安徽铜陵海螺水泥有限公司

安徽铜陵海螺水泥有限公司（以下简称"铜陵海螺"）位于安徽省铜陵市南郊，是由海螺集团控股、目前世界上单厂规模最大的熟料生产基地之一。近年来，铜陵海螺始终坚持"资源节约型、环境友好型"大型水泥企业路线，着力加强绿色技术、绿色管理工作，积极采用新技术、新材料，在矿山资源综合利用、主要污染物减排和城市生活垃圾协同处置等方面走在了全国前列。公司连续四年取得了国家低碳产品与环境标志产品双重认证，并获评"国家级绿色工厂"。2020 年 11 月 20 日，被授予"第六届全国文明单位"荣誉称号。铜陵海螺为国内水泥企业绿色、可持续发展提供有益的探索，具有显著的示范效应。

矿山资源综合利用率百分之百。石灰石矿用途多样，先进的开采方法和工艺流程可实现矿产资源的最大化利用。铜陵海螺结合自身实际和生产经验，在矿山开采过程中采用水平台段式开采，严格按照开采进度剥离地表，保留所有未开采地段的植被，实现了矿山生产过程无弃土弃石、零排废。

为做到石灰石矿山资源最大化利用，在开采过程中，对夹层废石处理，根据夹层走向调整开采方向，坚持夹层横断面纵向掘进，就近与高品位矿石搭配，确保了高效低耗的完全消化利用废石；对于覆盖层剥离物处理，坚持向内侧采掘，杜绝物料滚落浪费，遇到含土或有害成分较

铜陵海螺全景（图片来源：铜陵海螺集团官网）

高且相对集中、难以搭配的情况，暂存工作面，留待与高品质矿石搭配使用；对于开采最终的边坡废石，质量影响不大，就近生产线下料，质量过低难以单下，运输至多条生产下搭配使用，分散消化。

通过以上措施，保证了矿山的所有资源按高低品位矿石8∶2的比例配比，达到了既可以满足品质要求，又能完全消化夹石和剥离物的目标，最终实现石灰石资源的高效综合利用。

主要污染物达到超低排放标准。2018年至今，铜陵海螺累计投资约2.4亿元，在粉尘治理、氮氧化物治理和二氧化硫治理等方面实施一系列环保升级改造工作，使主要污染物排放达到超低排放标准。

粉尘治理方面，对熟料生产线窑头、窑尾电收尘改造为袋收尘，粉尘排放浓度控制在10毫克/立方米以内。对中转站袋式收尘器，将原有的涤纶易清灰针刺毡滤袋替换成聚四氟乙烯薄膜贴合聚酯滤袋，颗粒物排放浓度在10毫克/立方米以内。

氮氧化物治理方面，2019年1月依托自主研发的高效精准SNCR技术对生产线实施技术改造，氮氧化物排放浓度均可以控制在200毫克/立方米，部分生产线可达到100毫克/立方米左右，同时氨水用量大幅度下降，改造后的氮氧化物排放浓度远远低于水泥行业污染物排放特别排放限值（≤320 毫克/立方米），基本达到水泥行业超低排放标准。

二氧化硫治理方面，源头上严控物料中三氧化硫含量的同时，针对石灰石开采过程中三氧化硫含量逐年升高的特点，改造升级石灰石湿法脱硫工艺，窑尾废气中二氧化硫排放浓度控制 40 毫克/立方米以内，远远低于水泥行业污染物排放特别排放限值二氧化硫排放要求（≤100 毫克/立方米）。

水泥窑协同处置城市生活垃圾。2010 年，铜陵海螺依托世界首创的水泥窑协同处置生活垃圾系统和与铜陵市政府合作建设了日处理 600 吨（300t/d×2 系列）城市生活垃圾处理线，年处理铜陵市城市生活垃圾 19.8 万吨，节约标煤 1.3 万吨，减排二氧化碳约 3 万吨，彻底解决了铜陵市垃圾填埋、大量占用土地、污染环境等难题。

铜陵海螺生活垃圾焚烧厂第二条日处理 300 吨生产线（图片来源：铜陵文明网）

该处理工艺采用的气化焚烧炉技术能有效燃烧、气化低热值生活垃圾，焚烧时产生的可燃性气体及有害物质利用水泥窑、炉系统进行了合理回收，无须建设尾气净化系统，处理程序简洁，且该工艺具有城市生活垃圾无需分类，可有效分解二噁英，能有效控制垃圾臭气扩散和垃圾中污水实现了无害化处理等显著特点。每年综合利用当地"三废"资源约130万吨，其厂区配套建设的窑系统纯低温余热发电机组，年发电量达4.8亿度，节约标煤16万吨，减少排放二氧化碳43万吨。

点评

良好的生态环境是最普惠的民生福祉。作为传统高耗能企业，铜陵海螺摒弃过去粗放式发展模式，践行"创新、协调、绿色、开放、共享"五大发展理念，坚持"资源节约型、环境友好型"企业发展路线，开拓创新、锐意进取，采用新技术、利用新材料，在矿山资源综合利用、城市生活垃圾处理和主要污染物超低排放改造等方面想出了新办法，走出了新路子，解决了当地垃圾围城和环境污染等突出问题，充分体现了企业的社会担当。

执笔：令狐兴兵

主要参考文献

[1]《做绿色发展的先行者——安徽铜陵海螺水泥有限公司发展纪实》，海螺集团官网，2020年6月30日。

[2]《安徽铜陵海螺水泥公司伞形石灰石矿》，中国矿业网，2017年3月10日。

8. 生态优先，镁锂"钾"园——青海盐湖工业股份有限公司

"盐湖资源是青海的第一大资源，也是全国的战略性资源。合理开发利用这一宝贵资源，对青海经济发展、全国盐化工业发展都具有重要

意义。"2016 年 8 月 22 日，习近平总书记视察青海首站走进察尔汗盐湖。

青海盐湖工业股份有限公司是伴随新中国工业的发展而成长起来的一家企业。从 60 年前土法上马、人拉肩扛，到钾肥挖潜增产 150 万吨，形成"资源—产品—再生资源"的循环利用模式，再到明确"百年盐湖，生态镁锂钾园"的发展战略，盐湖股份正向建设世界级镁工业基地、中国锂新能源材料基地、中国最大钾工业基地迈进。

"盐湖是青海最重要的资源。要制定正确的资源战略，加强顶层设计，搞好开发利用。"习近平总书记的亲切话语和深情期望，已在盐湖人心里深深扎根，是盐湖资源开发的行动指南，是盐湖人建设好"生态镁锂钾园"的基本原则，也是盐湖人进一步以新发展理念催发"盐树新芽"的生动实践。

(1) 将盐湖资源综合利用上升为国家战略。

"贯彻习近平总书记的重要指示精神，推动盐湖高质量发展是我们肩负的重大责任。"青海盐湖工业股份有限公司党委书记、董事长王兴富说，公司正以盐湖资源综合利用上升为国家战略为目标，提高盐湖资源综合利用效率，推进盐湖产业向新材料领域拓展，以做大做强锂电产业为重点，向系列化、高质化、多样化发展，提升全产业链竞争力，加快建设中国乃至世界最具影响力的盐湖资源综合利用集群。

60 年的发展历程中，盐湖人通过利用太阳能、人造湿地实现生态环境改造，使昔日"天上无飞鸟，地上不长草，风吹盐块跑"的盐漠荒地，变成了"水草丰茂、鱼儿繁多、鸟儿云集"生态生产生活融合发展的美丽景点。

同时，盐湖股份严守生态空间保护红线，加大环境监控及风险防范力度，落实矿山地质环境保护及河长湖长制，推行绿色矿山建设。公司提前谋划超低排放及化肥行业提标技改工作，持续研究推行"四废一余"价值链延伸，治理"跑冒滴漏"，建设清洁文明工厂，开启绿色认证，巩固提升百里水景线和人造湿地成果，推动盐湖生态旅游项目。在进一步保护生态环境的同时，不断创造提升盐湖的绿色经济价值。

（2）重视和发挥科技创新的引领作用。

一滴卤水现沧海桑田。从盐湖中的卤水开始，青海用科技创新驱动盐湖资源绿色、梯级开发，逐步搭建起从单一钾肥开发到盐湖化工、能源化工、有色金属、新能源、新材料等多产业耦合发展的循环产业模式。盐湖股份也实现了青海省国家级循环经济标准化试点示范单位零的突破。

盐湖股份公司的低品位矿溶解转化技术攻克了世界性难题，颠覆了我国钾资源供给格局和世界钾肥供应格局，显著增加了国家紧缺钾资源储量，钾资源综合回收率由不足40%提升至75%以上，钾肥规模由国家规划的年产100万吨服务30多年变为年产500万吨可服务50年。

企业创新、技改技措，盐湖人始终将绿色发展、创新驱动融入实际工作当中去。公司研发的变频器防盐尘冷却系统，获得首届中国创新方法大赛一等奖。相比过去，设备故障率由每年400万元的成本下降到了现在的220万元。意味着，使用变频器防盐尘冷却系统后，节省了故障成本近200万元。

近3年，公司年均研发与技改投入近3亿元，组织盐湖循环经济重大科技攻关项目；3年累计获科技成果18项，科技奖励11项，申报专利超过220项；启动"822"科技行动计划，在盐湖资源低品位钾矿固转液、电解法提镁消化吸收、汽车用镁构件应用制造等领域取得新突破。

同时，盐湖股份先后建成别勒滩、达布逊矿区两个固体钾矿溶解转化示范区，新增250万吨钾肥年产能，使钾肥年产量达到500万吨，国产钾肥自给率再提升近10个百分点。

（3）大力提高资源循环利用水平。

随着循环经济发展的大幕开启，金属镁、碳酸锂等相继在盐湖投产，钾、镁、锂三项主打产业互相促进，相得益彰。三年来，盐湖股份致力推动盐湖企业战略向国家战略跃升，在钾盐已经开花结果的基础上，让镁和锂在 3—5 年的时间内结出更加丰硕的成果，打造"百年盐湖生态镁锂钾园"。

以镁为例。在金属镁工业园，14 套先进的金属镁工艺流程装置有序布局，蔚为壮观。工艺流程严格按照循环经济理念，金属镁电解产生的氯气，直接被 PVC 项目消化；期间产生的电石渣、石灰石和钾肥生产基地尾矿中的氯化钠，结合起来生产纯碱。同时，大幅度降低大气污染物的排放量，生产废水绝大部分实现综合利用。

盐湖股份对未来有着清晰设想——那就是坚持新发展理念，围绕"走出钾、抓住镁、发展锂、整合碱、优化氯"的总体思路，规划布局盐湖资源综合开发，探索出"与光伏光热风电新能源融合发展、与天然气化工、煤化工碳—化工耦合发展"的经典循环经济发展模式。具体包括稳定钾肥生产，丰富钾产品，推进尾盐综合利用；大力开发锂资源，助力新能源发展；合理利用镁资源，延伸产业链创造新效益；创新研发模式，提升镁锂钾盐综合利用水平；坚持与时俱进，推进循环经济发展。

（4）全面实施盐湖"三生"战略。

盐湖股份公司全面实施盐湖"三生"战略，以建成"盐湖生态镁锂钾园"为目标，深入实施创新驱动战略，投资建设循环经济项目。

行走在以盐筑起的察尔汗盐湖湖堤上，眼前一碧万顷，景色宜人。近处厂房机器声轰鸣，远处现代化采盐船以平均每分钟 5 米的速度缓慢前行，湖面上黑白相间的输送管道如巨龙般蜿蜒盘旋，湖面上倒映出一幅自然美景与工业文明和谐交融的画面。

成功建成 200 多平方公里的盐田和百里生态水景线，使过去"天上无飞鸟、地上不长草、风吹盐块跑"的盐漠地变成如今的"水草茂密、鱼类聚集、鸟类成群、蓝天白云碧水"共存的生态大盐湖，创造了新的盐湖生态和生物多样群，组建了察尔汗野生动物保护站，提升了盐湖自然风光和工业旅游价值。

"生态镁锂钾园"已见雏形。有望打造成世界镁工业基地，中国锂新能源材料基地，中国最大钾工业基地，新能源＋新材料融合发展的循环经济园区，"世界知名，中国一流"生态式循环经济区。

 大盐田系统（图片来源：新华网）

点评

从 60 年前土法上马、人拉肩扛，到钾肥挖潜增产 150 万吨，形成"资源—产品—再生资源"的循环利用模式，再到明确"百年盐湖，生态镁锂钾园"的发展战略，盐湖股份正向建设世界级镁工业基地、中国锂新能源材料基地、中国最大钾工业基地迈进。

执笔：刘勇刚

主要参考文献

［1］徐宁：《青海盐湖工业股份有限公司：生态优先镁锂"钾"园》，新华网，2018 年 12 月 13 日。

［2］吴光亚：《盐湖股份：生态镁锂钾园风光好》，《中国化工报》2019 年 10 月 29 日。

［3］贾泓：《一滴卤水倒映的"镁锂钾园"》，《青海日报》2019 年 6 月 22 日。

［4］王金金：《一滴卤水里的沧海桑田——来自盐湖股份的蹲点报

告》，新华社，2019 年 6 月 14 日。

9. 吉林白山有世界最好的天然矿泉水

在苍莽起伏的大山深处，一处处品质优良、清冽甘甜的天然矿泉汩汩奔涌；在辽阔无垠的绿色林海之中，一座座整洁优美、美轮美奂的现代化水厂格外抢眼；在大自然的褶皱中和缝隙里，现代化电子探头和常态化专人值守构成一幕幕独特的风景，成为吉林省白山市山里人保护矿泉资源的生动写照……

白山是全国矿泉水资源最好的地方，也是科学保护和合理开发矿泉水故事最多的地方。

（1）着力于水的开发，告别煤、林、铁"老三样"。

作为一座"依林而生、依矿而建"的综合资源型城市，煤、林、铁"老三样"曾长期占据着白山市 GDP 的半壁江山，然而长期粗犷式发展模式，不仅造成了经济发展的低质量、低效益，还带来了一系列的生态环境问题。2008 年 3 月 17 日，在国家发改委确定的首批资源枯竭城市名单中，吉林省白山市位列其中。

水是人类生命的起点，没有水就没有生命的延续。白山市境内有鸭绿江、松花江、浑江三大水系，人均水资源是全国人均占有量的 27 倍。独特的火山地貌和优越的生态环境，造就了天然矿泉水溶融矿物质及涌出、运移、补给的独特水文地质条件，孕育了 215 处天然优质矿泉。白山市矿泉水资源类型多样、质优量丰，既有偏硅酸型、锶型以及偏硅酸锶复合型矿泉水，也有含二氧化碳、锂、锶、硒、偏硅酸等几种成分同时达到国家标准饮用天然矿泉水的稀有类型矿泉水，属于高品质弱碱性水。上天的赐予如此珍贵，懂得感恩的人当然格外珍惜。白山市委、市政府发出"水不做大誓不休"的誓言，认真贯彻落实吉林省委创新发展、统筹发展、绿色发展、开放发展、安全发展的要求，把矿泉水产业作为生态立市、产业强市，打资源牌、走特色路的支柱产业来抓，建设千万吨级矿泉水生产基地，打造具有区域特色的"绿色银行"，同时要求要像保护生命那样保护矿泉水资源，必须在确保生态安全的前提下合理开发矿泉水资源，绝不允许肆意开采和随意破坏。

在这样的大背景下，以绿色为发展动能，以"绿水青山就是金山银山"的发展理念，水产业的蓬勃发展让白山绿色转型迈出了坚实的一步。从产业占比上看，白山市煤、林、铁等产业占比已由曾经的70%以上，降到现在不足10%。2019年，白山市地区生产总值同比增长位居吉林省第三名，规上工业增加值同比增长位列吉林省第二名。

（2）多品类水开发，吸引大企业入驻。

全市矿泉饮品生产企业达到22户。近年来，坚持打水牌、兴水业、吃水饭、建水都，相继引进了恒大、农夫山泉、娃哈哈、康师傅等战略投资者，大力开发中高端矿泉水产品。恒大冰泉项目快速启动，一举打响长白山高端天然矿泉水地域品牌，"鹿鸣甘露"成为全球首个获马来西亚清真认证的优质天然矿泉水，被指定为第27届东盟峰会专业水，获准进入东盟和全球清真市场，标志着"长白山矿泉水"走出国门。推动矿泉水产业实现跨越发展，将以保护优先、适度开发、科学布局、培育高端、塑造品牌发展思路，着力推进天然矿泉水企业联盟和"长白山天然矿泉水"第一品牌建设，进一步深化与农夫山泉、娃哈哈、广州恒大等战略合作。白山的"野心"依然很大，河北秀兰集团、泰国正大集团千万吨矿泉水项目已成功签约并开展前期工作；泉阳泉500万吨、鲁能鹿鸣泉500万吨、普提金200万吨、北斗资源投资公司100万吨等矿泉水项目正在积极推进中。

企业的核心是经营，政府的职责是监管和服务。为了给中外客商到白山投资兴业创造良好环境，白山市委、市政府倾尽全力改善硬件、升级软件。在国家和省领导及有关部门的鼎力支持下，长白山机场投入运行，长松高速公路款款东进，鹤大高速完成征地、靖辉铁路运力提升、辉白高速开工在即……白山不再遥远，天堑变成通途。

在改善软硬件、提升服务的同时，白山市拿出宝贵资金，运用各种手段用于矿泉水资源和生态环境的保护。投资近千万元的现代化矿泉水水源地远程监控平台，为矿泉水水源地安上了"电子眼"，挂上了"心电图"，是全国绝无仅有的第一家全天候野外资源监测系统。同时还对保护区内的重点水源实施远程实时在线监测，严格控制水厂按采矿证规定的允许开采量用水。

———■ 白山市矿泉小镇（图片来源：中国日报网）

（3）合理利用水资源，生态与经济协同发展。

在白山市委、市政府和广大山区群众对矿泉水资源严格保护所采取的一系列举措感召下，入驻白山开发矿泉水资源的企业对水的重视和爱惜也情有独钟，可圈可点。他们清醒地认识到水就是命运，就是财富，就是成败。农夫山泉捷足先登，现已成为白山矿泉水产业的标志性企业，为了保护和节约用水，他们不惜投入重金，开发采用先进生产工艺，实现 1 吨水产生 2 吨水的效益，无形中就节约了 1 吨水。按照年产 100 万吨矿泉水产品的数量计算，节约下的优质矿泉水资源就是一组可观的数字，就是浓浓的绿茵，就是淡淡的花香，就是叮咚的泉鸣。

民生连着民心，当地领导表示白山的发展离不开好的生态，如果以牺牲生态环境为代价发展经济，就把最大的民生给丢掉了。在老百姓的期盼中，白山被人们冠以"生态高地"和"天然氧吧"，辖区内三县市被评为全国百佳深呼吸小城。2019 年，白山抚松县入围"全国避暑旅游十佳城市"，白山靖宇县被评为"全国避暑旅游样本城市"。一系列因绿色转型带来的附加值，不断为白山老百姓带来民生福祉。

在东北振兴的大潮中，位于吉林省东部的白山市究竟将扮演什么样的角色？如今答案已出，全面启动"一谷一城"建设，做好"林""水""土""气"大文章、打好六张牌，因地制宜以生态优先，走在美丽经济的道路上，白山变青山成金山。"一处水源供全球"，这是恒大冰泉眼下最火的矿泉水广告语。随着时间的推移和绿色大健康产业的发展，人们一定还会记住这句广告语更亲切、更温馨的潜台词——"好水出在长白山。"

点 评

滴水之恩，报以涌泉。以"绿"作底色，用"特"来收获。放眼山乡，绿色发展气势如虹；踏遍田野，转型升级激情澎湃；白山大地，千里沃野，特色农业蹄疾步稳，"一水一城"建设阔步前行。近乎于严苛的保护措施，让清冽的天然矿泉奔涌不停，也让矿泉水产业走上健康可持续发展轨道，更加紧密地团结在以习近平同志为核心的党中央周围，扛起绿色发展大旗，全面展望"十四五"，引领山城走上转型科学发展的美好之路。

执笔：刘洁

主要参考文献

[1] 申文力、叶剑波：《碧水青山传千秋》，中国吉林网，2014 年 8 月 10 日。

[2] 张育新、伊秀丽、栾哲等：《白山市矿泉水产业：浓厚环保理念深深植入一瓶水中》，中国吉林网，2015 年 10 月 25 日。

10. 内蒙古大力发展风电清洁产业

近年来，内蒙古自治区以习近平生态文明思想为指导，积极探索以生态优先、绿色发展为导向的高质量发展新路子；把清洁低碳作为调整能源结构的主攻方向，逐步降低煤炭消费比重，提高非化石能源消费占比，大幅降低二氧化碳排放强度和污染物排放水平；优化能源生产布局和结构，促进能源开发和生态保护相融合，让绿色成为内蒙古能源发展最鲜明的底色。

2020年9月25日，内蒙古自治区首次对外发布全区生态产品总值核算结果，2019年，内蒙古生态产品总值44760.75亿元，是地区生产总值的2.6倍，生态功能远远大于生产功能，生态保护建设取得显著成效，实现了生态保护与经济发展相协调，高质量发展新路子迈出坚实步伐。

（1）风电累计装机容量逐年攀升。

"全国风电看三北，三北风电看内蒙"。发展现代能源经济，内蒙古天赋异禀，首先，内蒙古在全区118.3万平方公里的土地上，风能总储量达到8.98万千瓦，风能技术可开发利用量为1.5亿千瓦，占全国可利用风能储量的40%。太阳能丰富和较丰富地区面积为72万平方公里，占全区总面积的61%。内蒙古风速的季节变化和日变化基本上与生产和生活用电规律相吻合，且地域辽阔，人口稀少，大部分地区为平坦的草场，十分适宜建设大型风电场。

2016—2020年，内蒙古风电累计装机容量呈攀升状态。2020年上半年相比2016年的2577万千瓦同比增长17.69%。截至2020年上半年，内蒙古累计风电并网装机容量达到3033万千瓦，已超额1033万千瓦，占全国累计装机容量的13.99%，是排名第二的新疆装机容量的1.5倍，成为全国当之无愧的装机老大。其次，本地消纳规模已在2019年年底达到了29.29吉瓦，远超过"十三五"规划的27吉瓦。

同时，内蒙古因地制宜大力发展风电产业集群。发挥大型风电基地建设的带动效应，引进技术领先的风机装备制造商，积极发展风电主轴承、齿轮箱、叶片材料、发电机等关键零部件配套产业，打通上下游、形成产业链，打造千亿级风电产业集群。

到 2025 年底，内蒙古可再生能源发电装机容量达到 1.1 亿千瓦左右，其中新增风电 4400 万千瓦，新增光伏发电 1500 万千瓦。可再生能源发电装机占全部装机的 40% 以上。

（2）不断强化规划目标引导和约束。

2017 年，内蒙古自治区人民政府办公厅印发《能源发展"十三五"规划的通知》，规划要求："十三五"期间，内蒙古自治区电力装机容量达到 1.65 亿千瓦左右，其中火电 1 亿千瓦、风电 4500 万千瓦、光伏 1500 万千瓦左右。同时，力争新增新能源本地消纳装机 850 万千瓦左右，其中风电 300 万千瓦，太阳能发电 550 万千瓦左右。新增新能源外送装机 2300 万千瓦左右，其中风电 1800 万千瓦，太阳能发电 500 万千瓦左右。

2017 年以来先后下发了《关于内蒙古蒙西地区在建风电项目有关事宜的通知》《关于进一步推进风电清洁供暖项目实施的通知》《关于进一步加强全区风电、光伏发电项目建设管理的通知》，持续推动内蒙古自治区风电、光伏发电科学有序健康发展。

进一步强化规划目标引导和约束，合理布局和有序推动风电、光伏等新能源发展。原则上重点在荒漠地区、边境沿线、采煤沉陷区、露天矿排土场等地布局风电、光伏电站，其他地区原则上不再布局新的风电、光伏发电项目。

从 2020 年起，对于超国家建设规模核准、备案风电和光伏发电项目的盟市，将采取"区域限批"等措施，取消所在盟市下一年度的项目竞争性配置或安排国家建设规模的资格，给企业造成的投资损失由各盟市自行承担。

"十三五"规划期间纳入国家建设规模的项目，原则上要在 2020 年底建成并网；对于不具备建设条件或不符合国家相关政策要求的项目，应及时予以清理和废止。自治区政府已经陆续与各发电集团签署了深化战略合作框架协议。原则上各盟市旗县与相关企业签署的合作开发协议，必须与自治区规划相衔接。

（3）开发建设千万千瓦级风电基地。

蒙东风电基地是在内蒙古东部地区（包括赤峰市、通辽市、兴安盟、呼伦贝尔市和满洲里市四市一盟）开发建设的千万千瓦级风电基地。蒙东地势平坦、风能资源较好，70 米高处风速能达到约 8.5 米/秒。根据规划，到 2020 年，蒙东风电基地规划建设的风电装机容量将达到 1222.5 万千瓦。

此外，区内八大基地已经在 2019 年开始投入建设；特别是跨省区外送或配套风电项目的特高压基地包括：阿拉善盟区上海庙风电大基地 1600 兆瓦，兴安盟 300 万千瓦革命老区风电扶贫项目 3000 兆瓦，鄂尔多斯市杭锦旗基地 600 兆瓦以及内蒙古通辽市 100 万千瓦风电外送项目 1000 兆瓦。

锡林郭勒盟成为内蒙古首个千万千瓦级风电基地。锡林郭勒盟阿巴嘎旗境内锡盟至山东 1000 千伏特高压配套 700 万千瓦新能源送出工程预计可增加锡林郭勒盟地区新能源送出能力近 700 万千伏安，把清洁电力输送到京、津、冀、江苏等地区，年节约标煤约 530 万吨，减排二氧化碳约 1700 万吨，为当地经济社会发展及大气污染防治等发挥重要作用。

赤峰市规划 14 个分散式风电项目总装机 44 兆瓦。赤峰市风电发电量有序增长，2019 年实现 110.8 亿千瓦时，同比增长 7.3%；相对于 2014 年的发电量 47.47 亿千瓦时，增长了 2.3 倍。

相关新能源企业加速在内蒙古布局发展，在 2014—2019 年，大唐新能源在内蒙古的累计装机容量逐年攀升。在 2019 年，实现累计装机容量 3005.55 兆瓦；其中，蒙东地区 2151.75 兆瓦，蒙西地区 853.8 兆瓦。

大唐新能源管理的塞罕坝风电场是目前同一投资控制与运营主体、同一区域的世界最大风电场，该风电场装机容量已经突破 152 万千瓦。风场投产至今，已累计提供清洁能源 280 亿千瓦时，相当于节约标煤 1123 万吨，减排二氧化碳 2784 万吨，为建设"绿色中国"作出了贡献。累计创造利税 61 亿元，提供了超过 400 个长期就业岗位，带动了地区就业2000余人。

由于内蒙古得天独厚的地理和资源优势，未来国家"碳达峰""碳中和"的相关政策支持也势必推动内蒙古风电行业更快更好地发展。

内蒙古积极探索以生态优先、绿色发展为导向的高质量发展新路子，助力国家早日实现"碳达峰""碳中和"，把清洁低碳作为调整能源结构的主攻方向，逐步降低煤炭消费比重，提高非化石能源消费占比，大幅降低二氧化碳排放强度和污染物排放水平；优化能源生产布局和结构，促进能源开发和生态保护相融合，让绿色成为内蒙古高质量发展最鲜明的底色。

执笔：刘勇刚

主要参考文献

[1]《2020年内蒙古风电行业市场现状及发展前景分析 利好政策支持势必稳固龙头老大地位》，前瞻网，2020年10月27日。

[2]《内蒙古是全国风电行业的龙头 占全国可利用风能40%》，云南网事，2020年10月28日。

[3]宋琪、吴可仲：《内蒙古首个千万千瓦风电基地，呼之欲出！》，中国电力新闻网，2020年8月17日。

[4]李新民、王文博：《大唐内蒙古分公司为绿色发展"输能"》，《经济参考报》2020年11月30日。

11. 取之不尽，用之不竭的"零碳能源"

生物质能源是重要的可再生能源，包括农作物秸秆、林业及木材加工剩余物、能源植物、动物粪便、工业有机废水、城市生活污水和垃圾等，可转化为电力、热力、燃气、液体燃料、固体燃料等多种能源产品，也是我国主要的生物质资源之一，农业废弃物不但被农民随意丢弃，还对生态环境造成污染。因此将这种资源原料收集，供给生物质能源企业，对提升农户绿色生计资本，促进生物质能源产业发展，以及改善生态环境具有重要意义。

河南农业生物质资源潜力巨大，可为生物质能源产业提供足够原料，变废为宝，是优化能源结构、保障能源安全的重要举措。根据2018年公布的河南省农业统计数据和禽畜的数量，推算出每年可作为能源使用的农业废弃物折合标准煤为2353.1万吨，畜禽废弃物能源折合标准煤总量为每年240.0万吨。农业废弃物折合标准煤20%用于供热，畜禽废弃物折合标准煤50%用于供热，且生物质供热效率为80%，则每年可以在供热方面节省标准煤554万吨。农业废弃物能源的80%用于发电，畜禽废弃物能源50%用于发电，农业废弃物和畜禽废弃物总的发电潜力约相当于23.8台300兆瓦燃煤机组1a的发电量，年节省标准煤1500万吨。从现有的供热和发电技术看，生物质能的利用每年可以总计节省2054万吨标准煤。这些农业废弃物转化为生物质能源，一方面大大缓解了农作物秸秆等生物质随意焚烧带来的空气污染；另一方面替代了化石能源，起到节能减排的作用。农业废物资源的能源化利用促进其规模化利用，对促进农业经济、低碳经济的发展具有重要的意义。

提升能源基础能力。持续加强电网基础设施建设，确保青电入豫工程年底前投产送电，全省城乡配电网主要发展指标达到中部地区领先水平。研究制定煤炭储备体系建设方案，加快鹤壁及南阳（内乡）煤炭储备基地建设。推动油气管网建设，天然气管道里程达到7000公里。河南省内6座LNG应急储备中心加快建设。

构建以"生物质能源＋分布式清洁能源"等末端能源融合的新型电力系统。继续优化煤电结构，加快淘汰大气污染传输通道和汾渭平原城市的30万千瓦及以下落后煤电机组，开展煤电节能升级改造，力争全省煤电平均供电煤耗降到300克/千瓦时。有序引导退出30万吨/年以下煤矿落后产能，加快优质高效煤矿建设，煤炭产量稳定在1.1亿吨左右。推进风电项目及农林生物质热电项目加快建设、有序并网。适时启动一批可再生能源平价上网项目。积极推进分散式风电、屋顶分布式光伏发电建设。

推动能源降本提效。推进重点用能单位节能降耗，提高整体能源综合利用效率。加快全省重点用能单位能耗在线监测平台建设。健全完善用能权有偿使用和交易制度。继续推进煤炭消费减量工作。同时2021年，河南省发改委下发《关于印发河南省2021年清洁取暖工作方案的通知》明确，2021年11月15日前，全省新增清洁取暖能力5400万平方米，其中新增集中供热能力3000万平方米，新增地热能供暖能力1400万平方米，新增生物质供暖能力1000万平方米。

深入推进能源领域改革创新，推动生物质能源综合利用。加快推进电力体制改革，推动一批增量配电改革试点项目落地运营。研究制定电力现货市场建设基本规则和实施细则。继续扩大电力交易市场化规模。探索开展跨省发电权交易。有序推进油气体制改革。继续推进农村能源革命试点工作。研究促进可再生能源发展的市场体系。

点评

实现"双碳"目标是我国对国际社会的庄严承诺，是党中央经过深思熟虑作出的重大决策，关系中华民族永续发展和构建人类命运共同体大业，"碳达峰""碳中和"目标的实现，离不开生物质能。生物质能源就是清洁能源和节能环保事业中非常重要的一种，其立足于农林剩余物综合利用的县域综合能源服务产业，具备工农互补的特点，契合国家乡村振兴和"碳中和"发展战略，对推动循环经济发展和富农惠农具有重要意义。

执笔：刘洁

主要参考文献

[1]《河南农业生物质能源与生态减贫如何协同发展?》,永恒博顿微信公众号,2019 年 8 月 1 日。

[2] 河南省发改委:《河南召开全省能源工作会议,力推农林生物质热电项目发展》,《生物质能观察》2020 年 1 月 9 日。

12. 福建"华龙一号"为什么能成

2021 年 1 月 30 日,中国自主三代核电技术"华龙一号"全球首堆中核集团福清核电 5 号机组正式投入商业运行,标志着中国打破了国外核电技术垄断,正式进入核电技术先进国家行列,对中国实现由核电大国向核电强国的跨越具有重要意义,同时为我国国民经济和社会发展"十四五"规划和二〇三五远景目标加快能源清洁低碳安全高效利用,实现碳达峰、碳中和目标具有重要推动作用。

60 年来,中国核电人紧跟世界先进核电技术发展步伐,从 CNP1000、CP1000、ACP1000 再到"华龙一号",20 年 4 个自主型号的名称,折射出的是一代接一代中国核工业人,在自主创新核电技术的艰难历程上不断追求更高目标的执着精神,是对初心的坚守。在各种困难与挑战面前没有动摇。

(1) 清洁能源有前景。

作为低碳能源,核能具有能量密度大、基荷电力稳定、单机容量大、占地规模小、长期运行成本低、核燃料易于储备、可有效提高能源自给率等优势,在全球能源转型中发挥着越来越重要的作用,已成为未来清洁能源系统中不可缺少的重要组成部分。利用核能发电时,核反应堆内的铀燃料不会像石油或天然气一样燃烧,而是利用原子能的"核裂变"现象获取热能,进而利用热能烧水产生蒸汽,推动蒸汽轮机进行发电。1 公斤铀 235 核裂变释放的能量大约相当于 2700 吨标准煤或 1700 吨原油。一座百万千瓦的核电厂每年需要补充核燃料仅 30 吨,而同样容量规模的燃煤机组年耗煤量约 300 万吨。与燃煤电厂相比,核电厂运输燃料的成本几乎可以忽略不计。

　　核电作为未来新增非化石能源中最具竞争力的重要组成部分，是我国优化能源结构、保障能源供给安全的必然选择，是我国积极应对气候变化、兑现减排承诺和低碳绿色发展的必然选择，是落实国家安全战略、推动科技创新、提升国家核心竞争力的重要抓手。2019年，全球核电总发电量达2657太瓦时，贡献了世界约1/3的低碳电力。国际机构研究表明，在过去的半个世纪里，核电帮助降低了二氧化碳的长期排放增加速度。以"华龙一号"为例，每台"华龙一号"机组装机容量116万千瓦，每年清洁发电近100亿千瓦时，能够满足中等发达国家100万人口的生产生活年度用电需求；同时，相当于减少标准煤消耗312万吨，减少二氧化碳排放816万吨，相当于植树造林7000万棵。

──■ "华龙一号"全球首堆穹顶吊装成功（图片来源：《中国环境报》官方媒体号）

　　（2）技术升级，自主创新。

　　习近平总书记深刻指出，关键核心技术是要不来、买不来、讨不来的，只有把核心技术掌握在自己手中，才能真正掌握竞争和发展的主动权。中国核工业人 60 多年的坚守坚持自主研发、成果创新、经验反馈，创造出的世界最安全的"华龙一号"三代核电技术，将"自主"这颗"中国芯"牢牢把握在手中，让中国核电事业发展的道路越走越宽。

创新突破关键技术关键工艺，打造国家装备制造核心能力，统筹推进设备国产化。"华龙一号"全球首堆设备供货厂家分布全国各地，涉及 5300 多家，共计 7 万多台套，设备国产化率达到 85% 以上，实现了 411 台套关键设备的自主研发。从主管道锻造到主泵制造、从自主化燃料组件研制到关键设备设计与试验验证、从数字化仪控系统研发到能动非能动专设安全系统的设计……关键技术被中国核电工程师所逐一攻破和掌握，并形成了设计、建造、材料、焊接等系列技术规范。

创新构建机组建设与运行管理机制，攻坚克难解决现场难题，推进机组安全高质量建设。福清核电作为"华龙一号"示范工程业主单位，采用"业主负责下的总承包"模式，联合现场众多参建单位，创新管理机制，实施沙盘推演、多级协调机制、安全网格化管理，建立一套与营运"华龙一号"核电厂相适应的、国际先进的建设运行管理体系，形成了 17 个领域、110 项子产品，编制发布"华龙一号"运行规程共 11 类 4885 份，包含英文版标准化管理手册等一系列管理创新成果。现场成立攻坚团队，克服人力资源紧缺、系统移交条件不足、技术壁垒等困难，提前 50 天启动冷态试验、克服疫情影响按期完成热态试验，顺利建成投产，是世界上唯一不拖期的首堆建设工程。

（3）多重安全保障，保障安全利用。

我国科技工作者认真总结 30 余年核电研究设计经验，并汲取世界核电发展中的经验教训，形成了自主知识产权的三代核电型号——"华龙一号"。"华龙一号"设计全面平衡地贯彻了核安全纵深防御原则和设计可靠性原则，设置多道屏障增加安全系数，以确保生产活动均置于防御措施的保护之下，创新性地采用"能动与非能动相结合"的安全设计理念，使得核电站能够在极端情况下维持系统运行，大幅提升抗震能力，更好地保证安全。

"华龙一号"有多重安全保障：双层安全壳可以抵御大飞机撞击；在设计上提高抗震标准，进一步增强电厂固有安全能力；专设安全系统主要包括安全注入系统、安全壳喷淋系统、蒸汽发生器辅助给水系统和大气排放系统等，实现了针对各类不同严重程度的事故都有充分可靠的安全措施。多重安全手段结合在一起，极大地提高了核电站运行的安全性和事故预防的可靠性，一旦发生事故，确保30分钟内无操作员干预，事故也不会升级，事故发生72小时内无需来自厂外的支援即能应对事故。此外，电站设计寿期从40年提高到60年，堆芯换料期从通常的12个月延长到18个月，大大提高了电厂可用率。"华龙一号"在安全性、经济性和性能指标上达到或超过了国际三代核电用户需求。

点 评

征途漫漫，唯有奋斗！目前我国在建核电机组数量已居世界第一位，核电将在既保证经济社会发展又促进生态文明建设中发挥更大更积极的作用。建设生态文明，既不能以牺牲环境、浪费资源为代价发展经济，也不是要放弃工业文明、回到原始的生产生活方式，而是要以资源环境承载能力为基础，以可持续发展、人与自然和谐为目标，建设生产发展、生活富裕、生态良好的文明社会。作为一种达到经济发展与生态保护"双赢"的发展形态，绿色发展、循环发展、低碳发展，就成为必然选择党的十八大以来把生态文明建设纳入中国特色社会主义事业"五位一体"总体布局。基于电力在经济、社会、民生和生态文明建设中的重要地位和影响，必然要求电力行业加快绿色发展、循环发展、低碳发展，而安全高效清洁的核电理应更积极地在生态文明建设中发挥重要作用。

执笔：刘洁

主要参考文献

[1]《"华龙一号"有多牛，听总设计师为你揭秘》，《人民日报》2021年4月6日。

[2]《中国自主三代核电华龙一号全球首堆并网成功》，中国新闻网，2020年11月27日。

（二）农业产业生态化

1. "智慧农业"走出新"时尚"——陕西杨凌建设现代农业科技新城

位于陕西关中平原中部的杨凌，西衔宝鸡，东接西安，是中国唯一的农业高新技术产业示范区。这里承载着千百万干旱半干旱地区农人的希冀；这里奠定着中国现代农业、北方旱区农业的基础；这里是当今世界农业科教资源最为密集的地区之一。

4000多年前农耕始祖后稷在杨凌"教民稼穑，树艺五谷"，开辟了华夏农耕文明的源头。1997年国家批准成立杨凌农业高新技术产业示范区，开启了现代农业发展的新时代。多年来栉风沐雨，砥砺奋进，从关中腹地的普通小镇到独树一帜的农科新城，"现代农业看杨凌"为世人公认。这座科教实力雄厚、产业特色鲜明、生态环境优美的农科新城已经在全国及世界都成为具有较大影响力的农业高新区，树立着现代农业的典范。

（1）示范推广打造智慧农业新名片。

作为我国首个"国字号"的农业科技创新城，杨凌在农业国际合作交流、保障国家粮食安全、科技助力脱贫攻坚等重大使命面前，砥砺奋进不断前行，不仅推动着我国旱区现代农业的快速发展，也逐步承担起了为"国际农田"贡献更多"农科智慧"的使命担当。

截至目前，杨凌在哈萨克斯坦、吉尔吉斯斯坦及全国18个省（区）发展农业科技示范推广基地344个，年示范推广面积超9000万亩，推广效益达 225 亿元。杨凌农高会影响力持续扩大，成交额连续 3 届突破1000 亿元，成为国际合作、科技成果转移转化、产业化的重要平台。

两年内，杨凌累计 13 个小麦玉米品种通过国家审定，创历史新高；杨凌智慧农业产业技术创新中心挂牌运行；新建省级科技创新平台 4 个，完成技术合同交易登记 104 项，植物品种权交易 33 项。

（2）科技赋能开启智慧农业新模式。

陕西杨凌智慧农业示范园依托科技创新，采取"公司＋专家团队＋新型职业农民"的模式经营园区，破解技术瓶颈、市场瓶颈，输出新产品、新模式，助推农业现代化发展。

杨凌智慧农业示范园智慧温室里的全自动深液流水培叶菜种植系统，通过云控制中心将整个生长环境在实验室里就设置好，实现农作物种植成本最低、果实最优、营养最高。从传统农业向智慧农业发展，离不开大数据、AI 等高科技的应用。

（3）产业链条完善 助力智慧农业新发展。

从客户下单到货物出库，只需要 1 分钟，且准确率达 100%；一台台橘色机器人，只需要一个指令，它们便欢乐地"唱起歌"，自动进行商品存储、上架和捡货。在杨凌综合物流园区杨凌农科智慧供应链中心看到的一幕。

"我们以杨凌电商发展为核心，依托杨凌区位优势，按照'布局合理、功能完备、链接顺畅'的要求，以'电子商务＋农产品加工＋仓储物流'为发展重点，强化产业链打造。"智慧供应链负责人郁雪告诉记者。

智慧供应链带来的强大吸引力，进一步提升杨凌电子商务的整体竞争力。

杨凌综合物流园区的正式运转，预示着这片生机勃勃的土地将迎来新的发展。现在从顾客线上下单，到发货出去，最快 1 个小时。2021年，杨凌共安排重点项目 150 个，总投资 898 亿元，年度计划投资 136亿元，到 10 月底，完成年度计划 90%，固定资产投资实现同比增长

4.8%。下一步，杨凌还将设立一批国家级科研平台，培育壮大现代种业、生物技术、农产品加工、智能涉农装备制造和农业科技服务业五大主导产业，全力打造具有国际影响力的现代农业创新高地、人才高地、产业高地和内陆改革开放高地。

点 评

作为我国首个"国字号"的农业科技创新城，杨凌砥砺奋进不断前行，智慧农业的新发展不仅推动着我国旱区现代农业的快速发展，也让杨凌逐步承担起了为"国际农田"贡献更多"农科智慧"的使命担当。

执笔：刘晶晶

主要参考文献

[1] 齐卉：《陕西杨凌智慧农业谷：高科技开启智慧农业新模式》，《陕西日报》2020 年 11 月 14 日。

[2] 齐卉：《在高质量发展路上亮出"农科城"的风采》，《陕西日报》2020 年 11 月 17 日。

2. "农圣"故里走出的"蔬菜王国"——山东寿光大力推进现代农业高新技术产业高质量发展

从空中俯瞰，东经 118°32′～119°10′、北纬 36°41′～37°19′的地理坐标内，连片的蔬菜大棚星罗棋布，艳阳下灿若"白色海洋"，这里便是"农圣"贾思勰的故乡——山东潍坊寿光市。

从第一座冬暖式蔬菜大棚落户，到成为"买全国、卖全国"的蔬菜集散地，再到三产融合发展、城乡一体百姓富足……在这片土地上，寿光市 30 年倾力种好"一棵菜"，书写出农业产业化和县域经济协调发展的"密码"，"长出"了全国有名的"寿光模式"。

（1）立足特色，发展农业产业。

在寿光境内，蔬菜大棚林立。以蔬菜产业为核心的寿光农业一路发展壮大。当前，寿光大棚蔬菜面积已达 60 万亩，年产蔬菜 450 万吨。2018 年全市农村居民人均可支配收入 20627 元。补钙菜、降血压辣椒、高维 C 辣椒……在寿光市现代农业高新技术集成示范区，一个个功能性蔬菜品种让人耳目一新。来自国内外蔬菜最新品种和技术，都在这里展示。

这里的菜价是中国蔬菜价格的"晴雨表"。寿光市市长赵绪春说，以往各地蔬菜在寿光"诸侯争霸"抢占市场，现在各类品种和技术在这里参加蔬菜界"奥林匹克"竞技，"谁在寿光站稳脚跟了，就能在全国同行业拔得头筹。"

（2）"智慧农业"推动农业产业提质增效。

当传统的温室大棚连上互联网，自动卷帘、自动喷灌、阴天补光等都能用手机遥控搞定，从第一代到第七代，山东寿光冬暖式大棚迭代升级，智能化让蔬菜种植发生了翻天覆地的变化，菜农如今更愿意将"种"棚戏称为"玩"棚。

传统的大棚种植全靠手工，蔬菜何时浇水、何时施肥打药全凭经验和感觉。可如今，在寿光洛城街道东斟灌村，村民在手机上下载智慧农业 App，只需点击软件，就能掌控大棚的蔬菜种植。

"智慧化"已经成为蔬菜大棚的发展方向，数字温控、智能雾化、水肥一体等物联网管理技术在近三年的新建大棚中应用率已达 100%，帮助新一代菜农实现轻松种菜、精准种菜。

将智能化设备应用于蔬菜大棚，实现"云上"种植管理，让寿光农业生产从"汗水农业"迈向"智慧农业"。

从 2018 年开始，寿光围绕市场对高品质蔬菜的消费需求，以国有企业集团、农业龙头企业为依托，规划建设了总占地约 1533 公顷的 25 个重点蔬菜园区，园区大棚内配套安装了水肥一体机、自动卷帘机、自动放风机、环境参数传感器等智能化设施。

────■ 寿光市智能化大棚（图片来源：潍坊新闻网）

这些大棚，当地称之为"云棚"。菜农随时能通过手机 App 实时监控大棚内蔬菜的生长，远程控制大棚的卷帘、放风、施肥、浇水、调光、控温，有效降低了劳动强度。体体面面种大棚，高效高收入，种种利好吸引越来越多的"80 后""90 后"前来创业，近年来，寿光市新建智能化大棚 80 万平方米。

（3）农业为源，实现全面发展。

以蔬菜扬名天下的寿光，在工业、商业和服务业上面的表现也颇为惊艳。翻开山东联盟化工集团有限公司的财务数据表，"第一季度营业收入超过 47 亿元，利税 2.3 亿元，利润 2.4 亿元"的成绩让人眼前一亮。联盟化工的前身是寿光县化肥厂，企业的发展得益于寿光农业的深厚底蕴。寿光本土商业巨头山东全福元商业集团有限公司，作为一个县级市的商业企业，连续十几年成为国内商业百强企业，在县级商业企业中也是不多见的。2018 年，企业年销售额超过 80 亿元。

选准了产业，走好了路子，寿光打破了"农业大县就是财政穷县"的魔咒。截至2019年1月份，寿光居民存款余额超过1000亿元，这也是山东省首个居民存款突破千亿元的县级市。

从种植北方地区群众冬季吃的"一棵菜"到每年举办一次菜博会，寿光由农业起步，通过创新农业生产方式，以农业培养工业、带动三产服务业，构筑了一二三产业交叉融合的现代产业体系。

蔬菜产业虽然富民但产生税收贡献并不明显。寿光市未因此与民争利，而是在建立大市场和举办展会、鼓励使用新技术研发新品种等方面做好引导和服务。"群众有智慧，党委政府不折腾。"林红玉说，正是一届届领导班子认准一条路，持之以恒走下来，才有了今天寿光全面发展的局面。

点评

习近平总书记讲："农业现代化，关键是农业科技现代化。科研人员要把论文卸载大地上，让农民用好的技术种出最好的粮食。"新时期，农业发展已进入科技创新引领的新阶段。寿光市作为全国最大的蔬菜集散中心，积极响应国家号召发展农业现代化产业，将农业科技研发、集成创新和成果转化形成一批经验模式，为乡村振兴的全面实施做足榜样。

执笔：刘晶晶

主要参考文献

[1] 刘宝森、张志龙：《山东寿光：一棵"菜"兴一座城》，新华网，2019年5月11日。

[2] 付生、刘杰：《山东潍坊寿光市：智能化大棚为现代农业注入澎湃新动能》，《潍坊日报》2020年12月9日。

3. "绿色农业"催生"紫色名片"——宁夏贺兰山东麓建设葡萄特色田园综合体

贺兰山位于青藏高原、蒙古高原和黄土高原的交界处，是我国重要的自然地理分界线和西北重要生态安全屏障。千百年来，贺兰山这座绿色生态屏障，拦截着西伯利亚寒流东进、阻挡着腾格里沙漠入侵，有效保护了黄河流域的生态环境，让宁夏成为塞上江南，素有宁夏"父亲山"之名。

───■ 贺兰山素有宁夏"父亲山"之名，自古以来就是兵家必争之地（图片来源：学习强国）

贺兰山东麓，因典型的大陆性半湿润半干旱气候，干旱少雨、日照充足、昼夜温差大，成为绝佳的酿酒葡萄种植地。唐代诗人贯休曾在诗句"赤落蒲桃叶，香微甘草花"中阐述，自唐代起宁夏地区已经开始大量栽培葡萄；史书曾记载"兼赍葡萄遗州郡"，意指西夏使者在出使宋朝时，便把品质好的葡萄作为礼品赠送给沿途州郡的官员；元代诗人马祖常则在其《灵州》一诗中用"葡萄怜酒美，苜蓿趁田居"的著名诗句，反映出贺兰山东麓种植葡萄的悠久历史。

然而，这座南北走向、绵延250余公里的山脉，历史上曾遭受高强度放牧、长时间露天及井下矿山开采等大范围、剧烈的人类活动干扰，原本脆弱的生态系统一步步恶化，贺兰山东麓也逐渐退化为一片无人问津、寸草不生、风吹石头跑的戈壁荒滩。20世纪80年代，宁夏开始重新在贺兰山东麓种植酿酒葡萄，虽然有政府投入和扶持，但直到本世纪初，宁夏葡萄酒还是默默无闻、名不见经传。

如何将宁夏葡萄酒产区的区域优势转化为产品优势？山水林田湖草沙是一个生命共同体，还是要用系统论的思想方法看待问题和解决问题，还是要走生态环境保护与农业生产协调发展之路。党的十八大以来，党中央高度重视贺兰山生态环境保护修复，把生态环境保护修复摆在压倒性位置，以"还贺兰山以宁静、和谐、美丽"为目标，持续推动实施贺兰山生态保护修复工程，累计资金投入150多亿元，其中"宁夏贺兰山东麓山水林田湖草生态保护修复工程"纳入国家第三批山水林田湖草生态保护修复工程试点。通过一系列举措治理破损地貌、消除人类威胁、修复废弃矿山，治理荒漠化、石漠化土地，贺兰山退化的生态系统逐步恢复。具备了较好的自然生态环境，宁夏进而在此建设葡萄文化长廊，种植酿酒葡萄57万亩，建设生态酒庄86家，年产葡萄酒1.2亿瓶，蹚出了一条生态农业的新路，呈现山活民富新画卷。当年采矿的矿主，变成了今天的葡萄园庄主，从采矿破坏生态到修复矿山、种植节水葡萄，实现了绿色转型。2020年6月9日，习近平总书记来到银川市贺兰山东麓葡萄种植园，专程了解当地发展特色农业产业、加强贺兰山生态保护等情况。

如今，贺兰山东麓拥有百万亩葡萄文化长廊，构建了多能农业景观，培育了源石、西鸽、夏桐、贺兰神、贺东庄园、长城天赋、张裕摩赛尔等一批知名酒庄，年综合产值达230亿元，吸引游客50万人次，创造旅游收入近10亿元。其中，先后有40多家酒庄的500多款葡萄酒在国际大赛中获得奖项。贺兰山东麓已经被确定为国家地理标志产品保护区，与新疆、云南、东北地区、河西走廊等地成为中国葡萄酒业的重要基地，是中国第三个成功申报"国家地理标志"的葡萄酒产区、世界种植酿酒葡萄的黄金地带之一；葡萄酒产业每年可向社会提供 12 万个工作岗位，工资性收入近 9 亿元，占当地农民人均纯收入 28%。借助良好的生态环境和葡萄酒产业，生态旅游业也随之发展，如贺兰山龙泉村年游客接待量可达 50 万人次，村民人均纯收入由 2017 年的 1.4 万元增加至 2019 年的 1.9 万元，呈现一幅人与自然和谐共生的美丽画卷。

贺兰山东麓成为国内酿酒葡萄集中连片最大产区（图片来源：人民网）

现在，地处北纬 38°的贺兰山东麓葡萄酒长廊已是业界公认的全球最适合种植酿酒葡萄和生产高端葡萄酒的黄金地带之一，葡萄酒产业成为宁夏的一张"紫色名片"。2020 年 9 月，素有"葡萄酒奥斯卡"之称的比利时布鲁塞尔国际葡萄酒大奖赛已将其第 28 届大赛举办权授予宁夏，宁夏被《纽约时报》评选为全球"必去"的 46 个最佳旅游目的地。

———■ 贺兰山东麓吴忠市一酒窖（图片来源：人民网）

点 评

　　生态兴则文明兴、生态衰则文明衰。贺兰山东麓的葡萄园发展历程再次深刻说明了两个道理：第一，生态环境是人类生存和发展的根基，生态环境变化直接影响文明兴衰演替，贺兰山的生态环境遭受破坏后，哪怕再具备得天独厚的地理优势，也难以发展成规模、有质量的葡萄酒产业。因此，我们不能吃祖宗饭、断子孙路，用破坏性方式搞开发，而是要减少对自然资源的索取与依赖，大力促进循环经济发展，推动形成绿色发展方式和生活方式，为子孙后代留下蓝天碧水、绿水青山，也就是留下了发展的空间与潜力。第二，脱离生态环境保护谈农业发展乃至经济社会发展，无异于竭泽而渔，从20世纪80年代到本世纪初，贺兰山东麓的葡萄酒产业一直难有起色、迟迟打不开局面，就是因为忽略了生态环境而求经济发展，其本质还是只知索取、不知回报，直到开始重视贺兰山生态环境并开展生态环境保护修复工程后,葡萄酒产业才逐步发展并壮大起来。所以,绿色农业不应仅是着眼于农业自身,更要注重打造与之相配套的绿色环境、绿色文化、绿色品牌,从系统的角度思考并解决问题,才能真正走上生态优先、绿色低碳的高质量发展之路。贺兰山东麓的这片葡萄特色田园综合体,为我们提供了非常好的案例和思路。

执笔:勒伟青

主要参考文献

[1] 罗明、杨崇曜、郭义强、陈元鹏:《引进国际前沿理念和做法——贺兰山:重焕勃勃生机》,《中国自然资源报》2021年2月4日。

[2] 张瑛、王婧雅、王鼎:《宁夏贺兰山东麓小葡萄串起大梦想》,学习强国宁夏学习平台,2019年11月18日。

4. "戈壁荒滩"长满"绿色果园"——新疆察布查尔锡伯自治县探索群众自觉参与的生态扶贫模式

位于伊犁河南岸、乌孙山下的察布查尔锡伯自治县是新疆自治区伊犁河谷一颗璀璨的明珠。但因受地理等因素影响,土地贫瘠,大片土地成为荒滩。2016年,察布查尔锡伯自治县整体脱贫"摘帽",但3188户建档立卡贫困户仍需继续巩固提升,脱贫攻坚的任务依然繁重。

2017年,经过深思熟虑和市场考察,察布查尔锡伯自治县结合伊犁河谷全域旅游发展战略和县委、县政府"生态大格局"发展思路,提出"生态+扶贫"的脱贫攻坚可持续发展思路,计划实施三期共30万亩生态扶贫林建设工程,将产业、扶贫、旅游、生态有机结合,推广种植生态林,依靠生态林增加经济收入,既改善生态环境,又形成产业带动脱贫。现在,生态扶贫林已发展到6万亩、栽植各类树木近600万株,昔日的戈壁滩变成了大果园。但新问题随之而来,苗木栽种下去

——■ 晨光下的乌孙山蕴藏着勃勃生机（图片来源：新华网）

后，养护是关键，谁来养护？如何动员群众力量一起参与进来，实现"生态＋扶贫"可持续发展。

（1）建立"公司＋农户"管护模式。

按照"谁主管，谁受益"的原则，该县建立了"公司＋农户"管护模式，成立察布查尔生态扶贫投资发展有限公司，将建档立卡贫困户纳入生态护林员序列，并逐步实现全县建档立卡贫困户全覆盖。具体做法是每户管理 50 亩果树，前 5 年无收益时，从扶贫资金中给予每户每年1.2 万元补助；5 年挂果后，进行二次分配，果树 30％的收益归农户。闲暇时间，农户还可以从事劳务、打零工挣钱，公司按市场用工标准支付工资，有了稳定的收入来源，大家的日子也越来越好。

随着全县生态扶贫林面积的不断扩大，一批批贫困户进入生态扶贫林基地，成为专职林业技术员或林业工人，让"一人种树护林，全家脱贫"的目标成为现实。进入生态扶贫公司，贫困户被培养成林业技术员，牵头一个管护小组，管理几千亩生态扶贫林，每个月除去五险一金，还可以拿到 3000 多元工资。根据估算，30 万亩生态扶贫林工程完成后，将吸纳全县 1.1 万多名贫困人口就业，并带动多业态发展，让贫困户持续稳定增收。

（2）依托生态扶贫造林工程发展全域旅游。

察布查尔锡伯自治县拥有发展旅游业优美的自然风光和别具一格的民俗文化资源，有一山（乌孙山白石峰景区）、一水（伊犁河清水湾风景区）、一边（口岸边境旅游）、一园（国家 4A 级景区锡伯族民俗风情园），更有靖远寺、图公祠、乌孙古墓、海努克古城、银顶寺遗址等名胜古迹。察布查尔锡伯自治县依托第一期已完成的 10 万亩生态扶贫造林工程，大力发展全域生态旅游产业，打造"农副产品基地＋农户＋旅游＋餐饮＋特色养殖＋合作社＋龙头企业"新型循环产业链，鼓励贫困群众参与发展特色旅游、生态旅游，并享受 30% 旅游收益，最大限度激发贫困群众内生动力，确保脱贫有支撑、生态造林可持续。

在海努克乡切吉村，曾经的荒滩已连片种植了生态扶贫林。实施生态扶贫工程以来，海努克乡可利用土地面积增加到了 3.2 万亩，往日的戈壁荒滩"变身"万亩绿色屏障，同时也催生了生态旅游业的兴起，在此还即将建设一个面积 1600 多亩，集旅游观光、休闲采摘、餐饮垂钓为一体的休闲农业生态园。

米粮泉回族乡在全县总体布局的基础上，结合"生态小镇、餐饮名镇、油桃之乡、花儿之乡"的资源禀赋，大力发展城郊生态旅游业，发动百姓参与到环境整治工作中改善乡村环境，建设干净整齐、生态环境优美、文化底蕴浓厚的村容村貌，集中力量解决群众出行及致富等民生问题，全力建设别具一格的生态小镇，努力打造"国家级生态乡镇""全国生态文化村"品牌，在"美丽乡村"建设中走出一条独具特色的绿色崛起之路，为乡村产业振兴增添新动能。据悉，该镇现在正在重点打造融合康养小镇项目，填补伊犁养老度假区的空白。

2020 年 9 月，察布查尔锡伯自治县开始秋季植树造林工作，计划完成新造林 5 万、补植补造 2 万亩，主要围绕乡村绿化、工程造林、苗圃建设、农田防护林体系建设和补植补造等方面开展。现在，通过动员全社会力量参与，引导有资金、有技术、有能力、有信心致力于生态文明建设的企业、个人和社会组织参与到植树造林事业中，形成了国有公司＋企业＋造林大户＋乡镇造林的新格局，构建了生态效益、经济效益、社会效益相统一的造林机制，使"戈壁荒滩"长满"绿色果园"、使"生态林"变成可"致富林"，已成为察布查尔锡伯自治县将生态建设与精准扶贫有机结合的真实写照。

新疆察布查尔锡伯自治县属于生态重要区域和脆弱区域、深度贫困地区高度耦合地区，既是生态环境保护与修复的主战场，也是脱贫攻坚的主战场。生态扶贫，就是在一个战场进行生态保护和脱贫攻坚两场战役。林业生态具有种类多、链条长、门槛低、吸纳就业能力强的特点，发展基础好，群众认可度高，适合贫困群众参与。察布查尔锡伯自治县将林业生态建设同脱贫攻坚、乡村振兴有机结合以来，一是充分调动了群众参与生态扶贫林建设的积极性，特别是持续吸收具有劳动能力的贫困户参与护林和务工，增加了收入，让群众尝到了甜头、看到了奔头；二是好生态带来多业兴，察布查尔锡伯自治县在依托好生态发展旅游产业方面做出了探索，实现了从生态扶贫从"靠外输血"到"自我造血"，下一步应更加突出生态旅游的文化特色，不断挖掘文化内涵、提升生态旅游品质。例如，将地域特色文化、民族民间文化、传统民族舞蹈等融入到旅游当中，打造一批特色鲜明、体现地方人文的精品旅游品牌。

执笔：勒伟青

主要参考文献

[1] 胡仁伟：《锡伯族走上幸福小康路》，《汽车生活报》2020年9月17日。

[2] 吐孙那衣·艾先、韩婷：《荒滩变成"聚宝盆" 生态产业助

力脱贫攻坚》，人民网，2020 年 5 月 18 日。

（三）生态林业

1. 万顷竹海涌"金浪"——浙江安吉

20 世纪 80 年代，安吉交通条件落后，工业基础薄弱，被列为全省 25 个贫困县之一。县委、县政府不甘落后，学浙南，学苏南，走"工业强县"之路，引进和发展了一些资源消耗型和环境污染型产业，如造纸、化工、建材等，环境遭到了严重污染。为了治理环境，安吉关闭了严重污染企业，从而又一次拉大了与周边县区经济发展的距离。

2005 年，时任浙江省委书记习近平在余村考察时首次提出"绿水青山就是金山银山"的科学论断。2020 年，习近平总书记时隔 15 年再次来到浙江安吉县余村考察，到远山含翠、流水潺潺，总书记感慨道，时间如梭，当年的情景历历在目，这次来看完全不一样了，美丽乡村建设在余村变成了现实。余村现在取得的成绩证明，绿色发展的路子是正确的，路子选对了就要坚持走下去。

（1）利用山地资源，种植竹子。

为加快安吉竹产业发展，安吉县政府相继制定出台了振兴竹产业规划及相关政策 25 项；全面落实和完善山林承包责任制和发放林权证工作，积极拓宽融资渠道，每年发放林权抵押贷款 1 亿多元。在政策扶持下，全县竹林面积由 1999 年的 94 万亩增加到 2012 年 108 万亩，毛竹蓄积量由 1.1 亿株增加到 1.7 亿株；毛竹年采伐量由 1600 万株增加到 3300 万株。2004 年，全县启动实施毛竹现代科技园区、竹子速丰林基地、万亩竹了良种基地和林区作业道路四大林业重点建设项目，使竹林培育水平得到了进一步提高。在科技下带动下，全县毛竹现代科技园区每亩产值已达到 3000 元，比原来提高了 36.3%。

如今，安吉竹产业实现了从卖原竹到进原竹、从用竹竿到用全竹、从物理利用到生化利用、从单纯加工到链式经营的 4 次跨越，已拥有八大系列 3000 多个品种，总产值达 200 亿元，以全国 1.8% 的立竹量，创造了全国将近 22% 的竹产值，竹产业发展走在了全国乃至全世界前列。这里也是奥斯卡获奖影片《卧虎藏龙》外景地，满眼葱绿的竹海占地 1200 亩，有 389 种品种竹子。夏风初爽，满眼深绿，青石子路，灰格子窗，白墙黛瓦，融于连绵青山，鸟儿在林梢间飞跃，叫声清脆悦耳。

（2）打通产业链，加工竹子。

竹产业是安吉县的支柱产业之一，安吉竹产业经过 40 多年的发展，实现了从卖原竹到进原竹、从用竹竿到用全竹、从物理利用到生化利用、从单纯加工到链式经营的 4 次跨越，达到全竹高效利用。长在山上竹成景，藏在土里笋变金，砍下山来成为宝，竹叶做饮料，竹竿做地板，竹根做根雕，可谓"吃干榨净"。从单纯利用竹竿到 100% 全竹利用，安吉始终不断挖掘竹材价值，已形成竹质结构材、竹质装饰材、竹日用品、竹纤维产品、竹质生物制品、竹木机械、竹工艺品、竹笋食品等 8 个系列、3000 多个品种的产品格局。

2019 年，安吉竹业全行业实现总产值 225 亿元，产业目前从业人员近 5 万人。竹企总数 1200 多家，其中规上企业 48 家，亿元以上企业 4 家。竹地板年产 1800 万平方米以上，产品市场占有率是全国的 30%，年出口 5 万标箱以上，占据了欧美市场 40% 左右；竹凉席占据 30% 以上的国内市场，竹窗帘、竹地毯、竹餐垫的全面开发使竹编织门类丰富，与竹地板一起构成了安吉出口竹产品的"四大件"；竹工机械制造业占据 80% 的国内市场，并出口印度、越南及南非等 10 多个国家。

目前，初步建成了 3 平方公里竹产业科技创业园，投资 10 亿元建成了占地 500 亩的国际竹艺商贸城。100 万亩毛竹林的全部通过 FSC 认证，为竹制品进入欧美国际市场增加了一张绿色"通行证"。竹加工企业为全县提供了 5 万余个就业岗位，带动了农村剩余劳动力的非农就业。同时，竹加工龙头企业的发展也带动了一大批家庭小企业的发展，是农民也是小老板的现象如今在安吉已比比皆是。打造并打响"中国行乡""中国竹地板之都""绿色地板"，形成了多渠道、多层次的龙头企业、示范性合作社等带动群体。

（3）科技创新，高效利用竹子。

作为"中国椅业之乡"，安吉全县 209 家规上椅业企业中，188 家是绿色工厂，去年万元工业增加值能耗仅 0.1 吨标准煤，基本不产生废水、不排放废气，今年将实现绿色工厂全覆盖。在坚守绿色的同时，县财政收入同步走出"微笑曲线"——2004 年 8.27 亿元，2005 年 7.81 亿元，此后节节攀升，2019 年突破 90 亿元。同期，安吉境内水质常年保持在 II 类以上，今年 1—8 月空气优良率达 97.5%。绿色发展，正重新定义安吉经济。

————■ 国家安吉竹产业示范园区（图片来源：安吉林业微信公众平台）

据统计，全县现有从事竹业研发的科技人员达 1100 余人。自 1996 年以来，与有关科研院校合作在竹子培育、加工方面取得丰硕成果，累计获得国家级科技成果奖 2 项，部、省级科技成果奖 17 项，厅、市、县级成果奖 27 项，推广应用新成果、新技术达 32 项，新技术、新成果推广覆盖率达 82% 以上。近年来，安吉县突出"全竹利用""高效利用"的思路，加大新产品开发力度，借助高等院校和科研单位，相继开发出新型竹窗帘、宝外竹地板、竹叶黄酮系列产品、竹叶抗氧化剂、竹纤维、竹醋液等新产品34个，为解决竹加工废料对环境的影响，加大了竹废料的开发利用，先后研制出竹屑板、重组竹板材等变废为宝的新产品，据统计，全县现有各类竹废料利用企业达41家，就地解决每年高达20万吨的竹加工废料，年产值超过3亿元，年创利税达6000万元，废料利用率几乎达100%，有力促进了安吉竹产业高效可循环发展。

（4）融合提升，大力发展竹文化和生态旅游产业。

安吉县利用靠近上海、南京、杭州等大城市的区位优势，依托环境、整合资源，大力发展竹子第三产业。全力打响"中国大竹海""中国美丽乡村"两大品牌。建成亚洲最大的竹博园、县级最好的熊猫馆、整体最美的大竹海。推出"行乡农家乐"特色旅游项目，"农家乐"发展到800余家1万余床位，直接或间接从事生态旅游商品生产和经营的农民超过2万人。2013年接待游客1044万人次，旅游收入102.3亿元，门票收入1.86亿元。

2019年，安吉共接待游客2807万人次，其中过夜游客1302万人次，旅游收入超388亿元。眼下，安吉正计划通过全域规划和开发，打造白茶文化、竹文化、古城文化等生态旅游融合项目。从"卖风景"向"卖体验""卖生活"转变，拓宽"绿水青山就是金山银山"转化通道，是安吉的新目标。

点 评

绿水青山，并非简单的一抹绿色；金山银山，也不仅仅是物质的改善。以竹产业为代表的无污染低能耗的绿色产业已成为安吉的支柱产业，生活条件在变好，基础设施在完善。新形式源于新探索，新探索重在解决新问题。以绿色为底色，以创新为动力，安吉这片绿意盎然的土地，还在不断丰富生态保护与经济发展协调、人与自然和谐共生的故事。"绿水青山就是金山银山"之路越走越坚定，也越走越宽广。

执笔：刘洁

主要参考文献

[1] 刘宇：《浙江安吉全国首个生态县是这样炼成的》，《云岭先锋》2017 年第 12 期。

[2]《浙江安吉获评全国首个气候生态县》，人民网，2018 年 9 月。

[3] 潘柏林、吴吉龙：《推进安吉竹产业高质量发展的思考》，《中国质量报》2020 年 5 月 14 日。

2. 从卖木材到卖风光——黑龙江伊春

位于黑龙江省小兴安岭腹地伊春市，面积 3.3 万平方公里，与俄罗斯隔江相望（界江长 245.9 公里），林业施业区面积 400 万公顷，素有"中国林都""红松故乡""恐龙之乡""天然氧吧""立体资源宝库"美誉，是全国重点国有林区、中国最大的森林城市、黑龙江省首批国家生态文明先行示范区、林业资源型城市经济转型试点和全国 9 个也是黑龙江唯一的国家公园试点城市。

——■林都伊春（图片来源：伊春市委党务公开网）

曾经的伊春，就像一个木材加工厂，森林小火车穿行于林海雪原，油锯声、绞盘机声、伐木工人的号子声回荡山谷，一根根粗壮的原木滚落下山；贮木场里，卸、造、选、归、装，各道工序紧锣密鼓。一根根"绿色金条"，被搬下山，加工生产，再运往全国各地。60多年采伐，伊春为国家建设提供了2.4亿立方米木材，占我国国有林区产量的近1/10。

靠山吃山，哪怕再多，都会吃空。2011年，停止森林主伐，2013年，全面停伐。伊春率先在全国重点国有林区全面停止了森林商业性采伐，率先发起了天然红松林保护行动。全面停伐第二年，伊春市GDP同比下降9%，其中，全面停伐减少增加值15亿元左右，下拉GDP6.8%；地方财政收入下降17.4%。

但是近年来，伊春时刻牢记习近平总书记考察调研时的嘱托，始终坚持"生态立市，产业兴市"的发展战略，深入贯彻"人与自然和谐共生"的习近平生态文明思想，全面推进绿色转型，积极发展绿色生态经济、低碳经济和循环经济，大力发展生态主导型产业，形成了以森林生态旅游、森林食品、冶金及矿产开发为主，以木制品精深加工、新型装备制造业、绿色能源、养生养老为辅的新型产业体系。2020年，全市规模以上工业实现营业收入199.4亿元，比"十二五"期末增长1.2倍，年均增长17.4%；户均收入32160万元，比"十二五"期末增长3倍，年均增长32%。

生态旅游产业。2020年末，全市共有国家AA级以上景区32处，省级以上旅游滑雪场4个，全国休闲农业与乡村旅游示范点2个，省级乡村旅游示范点13个，省级旅游度假区5个，国家级乡村旅游重点村4个，省级乡村旅游重点村8个，国家全域旅游示范区1个，基本形成了原始森林观光、地质考察、避暑度假、康体养生、滑雪、漂流、狩猎等二十几种旅游产品，建成了一批功能完善、各具特色的旅游名镇及度假区。2020年，共接待旅游人数906万人次，恢复到2019年同期的51%；旅游收入54.36亿元，恢复到2019年同期的33%。

———■ 伊春冰雪（图片来源：伊春市委党务公开网）

森林食品产业。依托优良的天然本底，重点打造六条森林食品产业链，全力推进"七带一谷"建设。六条产业链，即：以红松子为主的小坚果产业，以蓝莓为主的小浆果产业，以黑木耳为主的食用菌产业，以五味子、平贝为主的北药产业，森林猪产业以及山野菜系列产业。"七带一谷"，即：绿色水稻、蓝莓、食用菌、榛子、红松果林、药材、特种养殖等特色产业带和汇源（伊春）绿色产业谷。目前，全市营造红松果材林16.4万亩，改培榛子林15万亩；种植蓝莓、蓝靛果等小浆果面积1万亩，总面积达到6万亩，进入盛果期面积达到3000亩；食用菌生产规模达5.8亿袋，其中黑木耳5.6亿袋，日处理万袋制菌厂已突破20个，棚室立体栽培规模达226栋；建成伊春森林猪养殖基地56个，饲养量达6.2万头；落实蕨菜、山片菜、蒲公英等山野菜驯化种植面积2282亩。有"林都"等5个品牌获中国驰名商标称号，忠芝、越橘庄园等8户企业的产品入驻龙江香港旗舰店，"友好蓝莓""伊春森林猪"获批中国地理标志证明商标。

冶金及矿产开发业。伊春地下矿产资源储量丰富，有铁、铜、铅、锌、钼、钨、金、银等矿产资源45种，各类矿产地370余处，已探明储量的有36种，占黑龙江省的45%，具有上万亿元的整体开发价值。其中：乌拉嘎金矿是晚清时期开发的北方最大金矿，桃山玉矿是继和田、岫岩之后的中国第三大玉矿，鹿鸣钼矿是亚洲最大单体钼矿。按照"点上开发，面上保护"的思路，重点开发了钼、铁、铅、锌等矿产资源。2020年，绿色矿产和冶金建材业实现总产值152.3亿元，比"十二五"期末增长2.2倍，年均增长26.3%。

近年来，伊春相继被评为中国优秀旅游城市、中国人居环境范例奖、国家园林城市、全国绿化模范城市、国家卫生城市、中国木艺之乡、中国幸福城市、全国双拥模范城、全国长安杯城市，并被联合国有关组织授予"城市森林生态保护和可持续发展范例——绿色伊春"称号。

点 评

曾经的伊春，单纯依靠"卖木材"发展经济，满足了眼前的经济效益，但是严重破坏了当地的生态环境和生态系统。如今的伊春，深入贯彻习近平"人与自然和谐共生"的生态文明思想，坚持"生态立市、产业兴市"理念，全面停止森林商业性采伐，建立了以生态旅游、森林食品和木材深加工等生态产业体系，人居环境长期改善，经济收入稳步增长，人民群众幸福感和获得感显著增强。从卖木材到卖风景，从发展林木经济到发展林下经济，伊春的发展是林区践行"绿水青山就是金山银山"的生动实践。

执笔：令狐兴兵

主要参考文献

[1] 谢振华：《林区不伐木，发展没停步（绿色焦点）》，人民网——

《人民日报》2018 年 4 月 21 日。

[2]《伊春市：绿色发展成就东北生态之都》，中国生态文明网，2015 年 10 月 19 日。

[3]《图说"十三五"时期伊春市工业经济发展成绩》，黑龙江省人民政府网，2021 年 6 月 23 日。

3. 内蒙古阿拉善生态林业筑就绿色发展大格局

阿拉善盟位于内蒙古自治区最西部，海拔 1000～1400 米。属北温带大陆腹地干旱、超干旱荒漠区，总面积 27 万平方公里，横贯全盟的巴丹吉林、腾格里、乌兰布和三大沙漠面积达 7.88 万平方公里，荒漠、戈壁各占全盟总面积的 34%。

独特的自然条件使阿拉善自然环境极为恶劣，区域内植被覆盖率低，生态环境脆弱，地表结构松散，抗扰动能力弱。水资源极短缺，气候趋于干旱，风沙加剧，野生生物资源过度利用，局部地区土地荒漠化仍在加剧，虫、鼠害泛滥严重，是内蒙古自治区乃至全国生态环境问题较多的地区之一，尤其是沙尘暴的起源区之一。近 300 年平均每 30 年发生一次沙尘暴，1950—1990 年平均每两年发生一次，1990 年以后几乎每年发生一次。根据有关资料，特别是额济纳地区在短短的 1 个月时间内可以发生 6 次沙尘暴，足以说明阿拉善地区生态危机在日趋加重。

阿拉善是我国生态保护的前沿阵地，是生态脆弱、敏感的区域，其生态环境的优劣，直接影响到河西走廊、银川平原、河套平原，波及华北、西北及更远的江南地区。越来越多的人已认识到，阿拉善生态环境问题不仅是一个地区的环境与发展的问题，而且是一个关系到边疆稳定、民族团结，国防建设、国家安全，国土完整的严肃政治问题。

近几年来，阿拉善盟牢固树立"生态优先、绿色发展"的理念，加快推进生态文明建设，通过保护、退牧、飞播、封育、造林等手段，营造健康稳定的生态系统，并依托沙漠丰富的沙生植物资源，因地制宜着力培育肉苁蓉、锁阳等为主的特色沙产业；同时以打造国际旅游目的地为目标，深入挖掘文化旅游资源，不断发展壮大旅游产业体系。

如今，阿拉善在生态优先、绿色发展道路上稳步快行，经济产业结构逐渐变"新"、发展模式逐渐变"绿"、经济质量逐渐变"优"，戈壁沙山已成为了富民的金山银山。

（1）实施生态修复　提升生态环境质量。

阿拉善盟是我国沙漠、荒漠主要分布区，乌兰布和、巴丹吉林、腾格里三大沙漠横贯全盟境内，是自治区乃至我国西部生态安全的咽喉和要塞，在全盟 27 万平方公里国土面积中，1/3 是沙漠，1/3 是戈壁，1/3 是荒漠化草原，生态脆弱区占到整个面积的 94%，适宜人类生产生活面积仅占 6%，阿拉善 3 个旗均被纳入国家重点生态区名单。生态建设成为阿拉善的头等大事！

极度脆弱的生态，使得践行绿色发展理念在阿拉善更为紧迫、更为关键、更为基础，更具重大意义。保护好阿拉善 27 万平方公里的生态环境，已经成为阿拉善开展一切工作的前提和基础，发展与保护并重，既要青山绿水，也要金山银山，美丽与发展正在实现双赢，阿拉善走出生态优先、富民为本的高质量绿色发展新路。

面对恶劣的生态环境，阿拉善盟把生态建设摆在突出位置，相继启动实施了天然林保护、"三北"重点防护林、退耕还林、野生动植物保护及自然保护区建设，还有造林补贴试点、沙化土地封禁保护补助试点等重大生态工程项目。浩大的生态工程使全盟草原退化、沙化现象得到遏制，生态环境得到明显改善，自然植被得以休养生息。

2016 年，阿拉善盟在盟委扩大会议上提出生态发展定位，在功能定位上把阿拉善建设成为国家重要的生态功能示范区，在产业定位上把阿拉善打造成为国家重要的沙产业示范基地。阿拉善生态建设和沙产业发展再次掀起新的建设热潮。在茫茫大漠戈壁上，道道绿色屏障再造，片片绿洲再现，阿拉善天蓝地绿水净景更美。

在适合人类居住面积不足国土总面积 2% 的土地上，25 万阿拉善人民创造了富足、幸福的生活。2018 年地区生产总值和地方财政收入分别达到 283.3 亿元和 47.3 亿元，较 1980 年增长 506 倍和 517 倍，城乡居民人均可支配收入分别达到 40407 元和 19854 元，分别排在全区第五位和第一位，较 1980 年增长 72 倍和 95 倍。

在呼和浩特举行的庆祝中华人民共和国成立 70 周年系列新闻发布会阿拉善盟专场会议上，有这么一组数据：全球最大的汽车越野盛会——越野 e 族阿拉善英雄会永久举办地；全球最大的靛蓝、金属钠、光引发剂生产基地；全国最大的荒漠肉苁蓉主产地和集散地；2018 年农牧民收入位列内蒙古第一；城乡登记失业率持续稳定在内蒙古最低水平；在内蒙古率先实现"人脱贫、村出列、旗摘帽"；沙产业创新创业大赛成为内蒙古自治区唯一入列的国家科技部七大专业赛之一……

阿拉善盟坚持走以生态优先，绿色发展为导向的高质量发展新路子。持续推进阿拉善生态建设和环境保护，逐步构筑资源利用节约高效、空间布局科学合理、发展方式绿色低碳的"大生态"格局。

"十三五"期间，阿拉善盟大力实施生态修复工程，重点推动天然林保护、自然保护区工矿企业退出等工程，完成林业生态建设和防沙治沙 864 万亩，打造了点、线、面相结合的生态安全体系，生态保护建设事业得到快速稳步发展，全盟林草生态产业产值达 199 亿元。累计完成营造林 1880.49 万亩，全盟森林资源总面积达到 3843.47 万亩，森林覆盖率由建盟初期的 2.96% 增加到 8.01%；连续五年每年新增造林绿化面积 200 万亩，形成了"绿带锁黄龙"的壮丽景观；干涸十年之久的东居延海再现碧波荡漾景象，水域面积达到 43 平方公里；从地广人稀的实际出发，阿拉善加快推动集中集约集聚发展，着力构筑生产集约高效、生活宜居适度、生态山清水秀的国土空间格局。

（2）大力发展沙产业　提升经济价值。

推动沙生植物产业生态化、生态产业化，实现生态保护治理和促进富民兴业双赢的绿色发展。经济价值极高的肉苁蓉带动了沙产业快速发展，不仅让沙地披上绿装，更让牧民在黄沙中淘到"金子"，邻沙而居的苏海图牧民把沙漠生态劣势变为资源优势，从沙漠中获取财富。

牧民们积极响应政府禁牧政策，投入发展梭梭苁蓉产业上，种梭梭、挖苁蓉，采苁蓉籽……曾经，嘎查自然植被稀疏，草场承载力低下，世代靠放牧为生的苏海图牧民，一年辛辛苦苦只能落个温饱，年轻人纷纷进城打工谋生。如今，荒沙地变成了绿林海，进城打工的年轻人重新回到了苏海图，掘金沙海。

目前，苏海图嘎查人工种植梭梭林已经达到近30万亩，其中3万多亩苁蓉开始结实收益。梭梭林和肉苁蓉的组合成为牧民们收入稳定、长期致富的好产业。一棵棵梭梭树，一株株肉苁蓉，种下的是绿色发展的理念，更是农牧民致富的宝藏。在阿拉善，沙产业染绿了牧民心中的希望。越来越多依沙而生的农牧民，通过嫁接和种植肉苁蓉、锁阳、沙葱治沙又致富。

数据显示，阿拉善盟禁牧区70%左右的牧户从事沙产业生产经营活动，沙产业收入占纯收入的1/3。

当前，沙产业开发在阿拉善方兴未艾。为延伸产品产业链，打开沙产业发展新格局，阿拉善盟鼓励企业与中科院等多家科研院所和高校开展沙产业研发及相关产业化项目。

通过产、学、研合作，宏魁苁蓉集团等30余家龙头公司成为沙产业发展的领军企业。通过推行"企业＋基地＋农牧户"种植业经营模式，阿左旗成立10多家农牧民专业合作社，辐射带动1万多农牧民从事沙产业，呈现出"沙漠增绿、产业增值、企业增效、农牧民增收"的大好局面。

当前及今后一个时期，全盟将以特色林沙产业基地建设为抓手持续推进生态建设发展，依托国家重点生态工程谋划推进梭梭肉苁蓉、白刺锁阳、黑果枸杞"三个百万亩"产业基地建设，强化科技支撑推进林业重点工程提质增效。

（3）打造全域旅游和国际旅游目的地，释放观光资源的绿色效益。

依托阿拉善沙漠世界地质公园、额济纳胡杨林、东风航天城等世界级文化旅游资源，举办越野e族阿拉善英雄会、额济纳金秋胡杨生态旅游节、巴丹吉林沙漠旅游节等节庆赛事活动，做大做强"苍天般的阿拉善"旅游品牌，2018 年接待游客 1928 万人次、实现旅游收入 173 亿元，较 2012 年增长 8 倍和 9.2 倍。

2011 年制定了草原生态补奖政策，草场被划为禁牧区，草场休养生息，植被日益增多，牧民们则把精力专注于牧家游。蓝天白云下，一座座洁白的蒙古包和一排排砖瓦房错落在大漠中。

随着全盟旅游业的发展，领略大漠风光、体验沙漠探险的游客也越来越多。当地居民将牧家游作为家里的主要产业来经营，规模逐步扩大，知名度越来越高，除了国内游客，意大利、德国等国外游人也慕名前来。"越野 e 族"阿拉善英雄会、阿拉善沙漠挑战赛等节庆活动的举办让牧家游受益匪浅。

目前，额济纳胡杨林旅游景区资源与景观质量顺利通过全国旅游资源规划开发质量评定委员评审，被列入创建国家 5A 级旅游景区名单。额济纳旗的胡杨林景区、大漠胡杨景区、弱水·金沙湾、居延海、黑城—怪树林、古居延泽、沃布格德音淖尔等景区均已陆续开始实施基础设施和绿化建设工程。

阿拉善盟提出持续推进国家全域旅游示范区创建，打造阿拉善旅游升级版，构建"大沙漠""大胡杨""大航天""大居延""大民俗"5 大国际旅游目的地，打响全域旅游文化品牌。目前正在实施总投资 33.8 亿元的 21 个旅游重点项目，为形成"大旅游"格局助力。

今天的阿拉善，正在走出一条以生态优先、绿色发展为导向的高质量发展新路子，蓝天白云、山清水秀、草绿沙净、空气清新的阿拉善受到越来越多人们的点赞。

点评

极度脆弱的生态，使得践行绿色发展理念在阿拉善更为紧迫、更为关键、更为基础，更具重大意义。既要青山绿水，也要金山银山，美丽与发展正在实现双赢，阿拉善大力发展沙产业，走出一条生态优先、富民为本的高质量绿色发展新路。"生态兴则文明兴、生态衰则文明衰",阿拉善盟生态环境的变化有力地说明了生态环境是人类生存和发展的基础,生态环境的变化直接影响到文明的兴衰演替。古代一度辉煌的楼兰文明已被埋藏在万顷流沙之下,阿拉善盟是我国生态保护的前沿阵地,是生态脆弱、敏感的区域,其生态环境的优劣,直接影响到河西走廊、银川平原、河套平原,波及到华北、西北及更远的江南地区。我们不能让历史的悲剧重演,习近平生态文明思想是新时代生态文明建设实践最本质的特征、最关键的成功因素,也是确保美丽中国建设行稳致远的最根本保障。

执笔:刘勇刚

主要参考文献

[1] 季旭颖:《阿拉善盟:建成国家重要的生态功能示范区》,《内蒙古日报》2016 年 10 月 19 日。

[2] 相恒义、刘宏章等:《阿拉善:生态脆弱区筑牢绿色大格局》,内蒙古新闻网,2017 年 8 月。

[3] 徐爱翔:《以新发展理念引领经济高质量发展》,《阿拉善日报》2019 年 9 月 15 日。

4. "绿色油茶"长成"致富宝树"——江西大力推进油茶产业高质量发展

油茶是一种常绿、长寿树种,与油棕、油橄榄和椰子并称为世界四大木本食用油料树种,在我国已有 2300 多年的种植历史,广泛分布于人口相对集中的南方丘陵地带,兼具良好的生态效益和经济效益。近年来,江西以习近平生态文明思想为指导,牢固树立"绿水青山就是金山银山"理念,将油茶产业作为打通绿水青山与金山银山双向转换通道、促进林农脱贫致富和乡村振兴的重要产业来抓,推进油茶产业高质量发展。

（1）油茶全身都是宝，抓住油茶产业发展的历史机遇。

习近平总书记反复强调，"中国人要把饭碗端在自己手里，而且要装自己的粮食"。我国食用油自给率不足40%，低于国际公认50%的安全警戒线，是世界上最大的食用植物油进口国，单纯依靠发展传统油料作物已难以解决供需矛盾，食用油料木本化已成为解决食用油严重不足的重要途径和发展趋势。此外，茶油在工业上可用来制取油酸及其酯类、生产肥皂和凡士林等，也可制成硬脂酸和甘油。在医药上，可用于制作针剂和调制各种药膏、药丸等；在化妆业上，通过精炼可制作成美容护肤系列化妆品。茶籽榨油后的枯饼，可提取残油、茶皂素，发酵后可作高蛋白饲料，还能通过粉碎用来作生物杀虫剂和机床的抛光粉等。可以说，油茶全身都是宝，油茶产业有广阔前景，大有可为。

2015年全国两会期间，习近平总书记在参加江西代表团审议时，对赣南革命老区发展油茶和精准扶贫作出重要指示，要求国家有关部委调研扶持赣南油茶产业发展。江西把发展油茶产业作为林业供给侧结构性改革、持续推进九大产业高质量发展重要内容，作为助力脱贫攻坚、推动乡村振兴战略的重要抓手和重要产业，加大资金和政策整合力度，参照高标准农田建设模式，实施经营组织化、种植规模化、生产标准化、管理专业化。

（2）产业发展是关键，多措并举促进油茶产业壮大。

近年来，江西省政府先后出台了《关于发展油茶产业的意见》《关于进一步加快油茶产业发展的意见》《江西省油茶产业发展规划(2015—2020年)》等政策文件，明确新造高产油茶林按每亩500元、油茶低产林改造按每亩100～200元的标准进行补助。各地在省级补助的基础上，也根据实际出台了地方扶持政策，一方面鼓励继续在丘陵种植油茶；另一方面鼓励农户在村庄的房前屋后、田头地角等空闲地种植油茶，缓解山地林地流转难的状况，同时还加大对低产油茶林改造和高产油茶林建设的资金投入力度。在此基础上，江西逐步探索出"龙头企业＋基地""股份制＋基地""龙头企业＋基地＋农户"等各具特色的油茶产业发展模式。2018年，江西油茶产业带动就业87.2万人，精准扶贫面积8.77万亩，涉及73个县，覆盖贫困人口12.7万人，户均增收2667元，油茶成了"脱贫树""致富树"。

目前，江西油茶林面积近1562万亩，其中人工高产油茶林562万亩，全省茶油年产量19.8万吨，年产值达320.9亿元，油茶面积、产量、产值均居全国第二。全省共有油茶种植专业大户1128户，油茶企业292家，规模以上油茶加工企业58家，其中全国油茶重点企业8家、国家级林业龙头企业10家、省级林业龙头企业74家、新三板上市企业3家。共注册商标160个，其中得尔乐、源森和恩泉等5个商标荣获中国驰名商标称号；润心、绿海、得尔乐、源森入选中国茶油十大品牌。"赣南茶油"被批准为国家地理标志产品，"袁州茶油"被批准为中国地

■ 国家地理标志产品——赣南茶油（图片来源：中国赣州网）

理标志证明商标。

（3）提高产品竞争力，努力推动油茶产业高质量发展。

油茶已成为江西最具优势的林业特色产业、富民产业、绿色产业。江西不断加大油茶产业政策扶持、强化科技支撑，做大做强油茶产业，提质增效铸就品牌。研究制定《关于推动油茶产业高质量发展的指导意见》和《江西油茶产业高质量发展规划（2021—2025)》，研究设立科技研发委员会、技术标准委员会、品牌建设委员会等专项委员会，重点负责油茶科技攻关、标准制定和品牌建设等工作。建立了全国第一个国家油茶产品质量监督检验中心，2012 年以来持续组织"油茶科技服务活动"，油茶平均造林成活率、油茶树整形修剪率均超过 90%。在赣西、赣南、赣北等重点区域启动油茶产业科技示范园建设，一大批油茶先进技术成果得到应用和推广，全省淘汰了 30 个低效良种，优选出 25 个优良无性系，亩产茶油从 30 公斤提高到 50 公斤。

同时，江西还积极争取国家商标管理部门支持建设"江西山茶油"统一标识品牌。研究制定"江西山茶油"的产地环境、油茶籽质量、茶油质量和等级的标准，严格品牌准入和淘汰制度，加快品牌体系建设。借鉴"湖南茶油"品牌推介经验，将"江西山茶油"纳入"生态鄱阳湖、绿色农产品"品牌战略内容，像重点推介打造"四绿一红"江西茶叶、赣南脐橙一样宣传江西山茶油。

点　评

绿水青山就是金山银山，我们既要守护好绿水青山，也要努力满足人民群众对美好生活的向往。打通绿水青山转化为金山银山的通道，是实现经济高质量发展与生态环境高水平保护有机统一的关键所在。打通这条通道的模式有很多，应因地制宜、量体裁衣。江西省推动油茶产业绿色发展的模式，对以农业生产为主的地区具有一定的参考价值。一是要深入分析形势、挖掘自身优势，在外部环境下寻找发展机遇，不可人云亦云、盲目跟风；二是要注重打造生态产品的核心竞争力，注重提高产品质量，特别是要在同类产品中形成比较优势；三是坚持系统推进、实施集团作战，发挥好龙头企业、龙头品种的"领头雁"作用，摒弃无序竞争、谋求合作共赢。

执笔：勒伟青

主要参考文献

[1] 刘小虎、金晓鹏：《油茶成精准扶贫利器》，《中国绿色时报》2015年12月1日。

[2] 刘环奇：《江西省万载县发展油茶产业助力贫困村增收致富》，国家林业和草原局，2020年10月20日。

5. 十年治荒山河披绿，美了环境富了一方——福建龙岩长汀水土流失综合治理硕果累累

"四周山岭尽是一片红色，闪耀着可怕的血光。树木很少看到！偶然也杂生着几株马尾松或木荷，正像红滑的癞秃头上长着几根黑发，萎绝而凌乱。……在那儿，不闻虫声，不见鼠迹，不投栖息的飞鸟；只有凄怆的静寂，永伴着被毁灭了的山灵……"1941年福建省研究院河田土壤保肥试验区研究人员对长汀水土流失现象的描述。

龙岩长汀县位于福建省的西部，曾是我国南方红壤区水土流失最严重的县份之一，据1985年的遥感数据，全县水土流失面积达146.2万亩，生态资源十分脆弱。多年来，长汀县按照习近平总书记"进"的要求、"胜"的目标，把实施"治理重点、综合提升、生态示范"三大工程作为水土流失精准治理深层治理根本举措加以推进。以造林绿化为根本，通过抓机制创新、抓示范引领、抓创新驱动、抓责任落实，奋力打造林业生态高颜值、林业产业高素质、林区群众高福祉"三高林业"全县林业生态建设成绩斐然。到2019年减少水土流失面积109.94万亩，水土流失率从1985年的31.5%下降至2018年的7.8%，低于全省平均

水平。特别是 2014 年福建汀江源国家级自然保护区经国务院批准新建以来，生态环境得到极大改善。检测数据显示，保护区森林覆盖率达 93.1%，平均负氧离子浓度每立方厘米 1 万个以上，成为 2019 年福建省唯一入选"中国森林氧吧"榜单的单位。

长汀先后被国家林业和草原局授予"国家林下经济示范基地（第四批）"、全国绿化委员会授予首批国家"互联网＋全民义务植树"基地、全国绿化委员会授予"全国绿化模范县"。如今"生态长汀"金字招牌悄然成为长汀县一张亮丽名片。

——■ 水土流失系统治理后的长汀山水焕发生机与活力（图片来源：人民网）

（1）特色种植，带活林下经济。

长汀县坚持"产业生态化，生态产业化"，充分发挥生态环境优势大力发展以林菌、林药、林花、林茶、林禽、林下产品采集加工、森林旅游为主要内容的林下产业经济，林下套种卷丹百合、金花茶，种植中药材黄花远志、多花黄精等，助农增收；把生态产业与精准扶贫深度结合的做法，特别是扶持林下"平民兰""生态兰"产业的发展，形成可复制、可推广的"同仁经验",逐步在全省范围内推广;通过因地制宜,因势利导,凸优势,补短板,打造林下经济示范基地,截至 2019 年已建成 35 个林下经济示范基地及 20 家森林人家,辐射带动全县林下经济稳步发展。据统计,2019 年 1—3 季度实现林业总产值 30.43 亿元,同比增长 11.35%,林下经济总产值达 24.32 亿元,同比增长 8.5%。

(2)生态旅游,增添小城人气。

良好的生态环境如今成为长汀的一张名片,而生态旅游则成为长汀经济社会发展新的增长点。丁屋岭自然风光独特,至今保留着原始村落形态,更流传着村中千年没有蚊子的传说。2014 年,以打造"最美客家山寨"为目标,着重保护丁屋岭原始古村落生活形态的旅游项目开始实施。加上当地的强力宣传推介,这个藏于山间的古村落被越来越多人熟知,如今成为热门景点。

旅游的火热让村民们看到了机遇,返乡的村民越来越多。生态旅游让这个小村的人气回来了,也让村民们的钱包鼓起来了。2014 年至今,已有 200 多人回到丁屋岭,他们或开农家乐,或开民宿,或做起了养殖。以丁屋岭为代表,近年来,长汀生态旅游日益火热:一江两岸、店头街、汀江湿地公园、客家山寨丁屋岭……每逢节假日,越来越多省内外游客的身影出现在这一个个景点中,生态旅游让长汀这座山城的人气越来越足。

(3)现代农业,做大做足特色。

长汀是一个典型的山区农业大县,近年来,该县着力于做强做大特色农业。以设施农业为主体,全面提升农业科技水平,打造长汀生态农业升级版。

南山镇谢屋村汇康果蔬农业合作社拥有 41 亩大棚里的红妃木瓜树结出了大大小小的木瓜,青翠圆润,不多久便可采摘。这个从台湾引进的木瓜品种,在长汀仅有 2 个农场种植,是全县新果蔬品种之一。在继续对优质稻、河田鸡、槟榔芋等传统农产品重点发展外,尝试引进适宜本地种植的特色新品种,成了长汀发展特色农业的新探索。

长汀继续做大做强原先规模较小的特色农业品种。近年来，长汀不断壮大百香果种植规模，在邓坊村，便打造出了千亩百香果园。

现代农业之外，依托生态环境的大幅改善，长汀县着力推进生态建设产业化、产业发展生态化，加快稀土精深加工、纺织服装、文化旅游、医疗器械、电子商务、新能源、健康养老等主导产业、重点产业、新兴产业发展。

点 评

生态文明建设是关系中华民族永续发展的根本大计；生态兴则文明兴，生态衰则文明衰；良好的生态环境是最公平的公共产品，是最普惠的民生福祉。山水林田湖草是一个生命共同体，福建长汀多年来坚持水土流失精准治理，积极推广生态经济，发展森林旅游产业。既要生态美，又要百姓富。福建长汀把治理水土流失与发展地方经济相结合，做大做强森林生态产品，走出了一条经济发展与生态保护的绿富共赢之路。

执笔：刘晶晶

主要参考文献

[1] 邱然、黄珊、陈思：《习近平在福建（二十五）："习近平同志指示把长汀建设成为环境优美、山清水秀的生态县"》，《学习时报》2020 年 1 月 12 日。

[2] 赵鹏：《从荒山连片到花果飘香 福建长汀十年治荒山河披绿》，《人民日报》2011 年 12 月 10 日。

[3] 张杰、戴敏：《产业生态化 生态产业化》，《福建日报》2018 年 11 月 8 日。

（四）生态旅游

1. "生态旅游"擦亮国内外知名旅游胜地的亮丽名片——湖南张家界坚持绿色发展的理念，积极探索高质量发展新模式

位于湖南省西北部的张家界市，是湖南省最年轻的城市，有着得天独厚的旅游资源。位于张家界市的武陵源风景区，由张家界国家森林公园和天子山、索溪峪两个自然保护区组成中国第一个国家森林公园，也是中国首批世界自然遗产地和首批 5A 级旅游景区、全球首批世界地质公园、国家重点风景名胜区、全国文明风景区。1992 年，联合国教科文组织将武陵源风景区列入《世界遗产名录》。

——■ 张家界景区云雾缭绕，宛如仙境（图片来源：《中国旅游报》）

从 1988 年建市之初的"旅游立市"基本思路，到 2017 年的对标提质旅游强市战略和"11567"总体思路，几十年来，张家界坚持绿色发展的理念始终未曾动摇，旅游开发的脚步更加坚定有力。年接待游客量从 1988 年建市之初的 54.7 万人次，增加到 2018 年的 8521.7 万人次。

旅游年收入从建市初期 2491 万元增加到 756.8 亿元。同时，张家界市全面实施旅游带动战略，基本形成了协调发展的旅游经济格局，通过旅游业的突飞猛进还拉动了交通运输、邮电通信和金融保险等产业的快速发展，实现了经济持续快速健康发展和社会全面进步。

2016 年，湖南省委提出建设"锦绣潇湘"全域旅游基地，原省委书记、省人大常委会主任杜家毫对张家界寄予厚望："在建设以'锦绣潇湘'为品牌的全域旅游基地中更好发挥龙头作用。"面对机遇，张家界人没有犹豫懈怠。2017 年，张家界提出在全国率先建成国家全域旅游示范区，出台《在"锦绣潇湘"全域旅游基地建设中发挥龙头作用的意见》，颁布《张家界市全域旅游促进条例》，首开全国先河。以武陵源自然遗产观光旅游为核心，慈利县观光休闲游、桑植县生态人文旅游、市城区商务休闲旅游及天门山观光旅游发展齐头并进。

今天的张家界，300 多个景区景点星罗棋布，探险游、温泉游、乡村游、赏雪游、亲子游、民宿游等旅游新产品、新业态蓬勃发展，"三星拱月、月照三星"的全域旅游发展格局全面形成。

文明旅游"两手抓"，共同呵护"张家界"这张名片。多年来，张家界内强素质，外树形象，通过扎实开展"法治张家界""平安满意在张家界"活动，提高城市和景区管理服务水平，树立张家界在湖南的旅游龙头地位。

在发展旅游的同时，张家界全面加强对市区及景区环境整治，大力实施"蓝天、碧水、绿地、宁静"工程，使环境质量达到了国家环保规范城市的标准。2001 年，为了贯彻落实《武陵源世界自然遗产保护条例》，组织实施了核心景区常住人口及设施的大搬迁。同时，以景区、城区和公路沿线为重点，加大了退耕还林和绿化力度。积极开展了"三废"治理。建设专案环评审批率达 100%，排淤申报率达 100%。市城区空气、噪声、饮用水源质量均达到国家二类标准，武陵源景区空气质量达国家一类标准，金鞭溪和索溪水质为二类标准。

加强宣传，打造世界旅游品牌形象。张家界市以得天独厚的旅游资源为依托，通过举办"节、会、赛"等各种活动，提高了知名度，增强了外商投资的吸引力。武陵源风景名胜区从1991年至今，连续举办了七届国际森林保护节，森保节的主题是"地球呼唤绿色，人类渴望森林"。特别是1999年12月承办了由国际航空协会主办的"1999年张家界世界特技飞行大奖赛"，使张家界名声大振，成为国内外旅游的热点地区之一。2002年，组织旅游促销、经贸活动100余次，成功举办"湖南旅游节"闭幕式、旅游商品设计赛和展销会。外贸进出口总额增长5.37倍。

旅游业是张家界发展的前提和基础，是张家界发展的潜力所在。张家界市将坚持以习近平新时代中国特色社会主义思想为指引，坚定不移践行"绿水青山就是金山银山"的发展理念，全力呵护"青山绿水张家界"这块金字招牌，重整行装再出发，为实现国内外知名旅游胜地目标不懈奋斗。

点评

绿水青山就是金山银山。进入新时代，生态旅游迎来宝贵的发展机遇，实践证明，张家界通过开展生态旅游，山更绿了、水更清了、百姓的钱袋子更鼓了。良好的生态环境是"金饭碗"，张家界发展生态旅游的路子为推动生态旅游的全面发展提供了很好的模式。

执笔：刘晶晶

主要参考文献

[1] 孙稳：《张家界：砥砺奋进七十年 旅游崛起"新地标"》，《新湘评论》2019年10月3日。

[2] 唐学伟：《文明旅游"两手抓"，共同呵护"张家界"这张名

片》，红网，2018 年 8 月 11 日。

2. 感受山水的坚韧与清秀——四川九寨沟

绿水青山就是金山银山，九寨沟县坚持把生态优势源源不断地转化为发展动能，既守住了绿水青山，也换来了金山银山，走出了一条绿色发展的实践之路。2020 年 10 月，九寨沟县被国家生态环境部正式命名为国家生态文明建设示范县，这是九寨沟县继全国生态示范区建设试点县、国家级生态示范区、中国旅游强县、国家首批绿色能源示范县、全国森林旅游示范县、"两山"理论实践创新基地、中国天然氧吧等诸多荣誉后，斩获的又一项生态殊荣。

传统发展观念向绿色发展理念转化。到过九寨沟的游客也许疑惑：这处掩迹于深山的美景是如何被发现的？说来有趣：20 世纪 60 年代，一支伐木队伍开进九寨沟，却被这世外桃源吸引——在这人迹罕至的高原，竟有上百处湖泊和瀑布交错。伐木还是保护？人们选择了后者，因为这里有着丰富的森林资源和许多奇特的自然景观，水体、地貌、藏羌民风民俗、神奇传说及独特的人文景观都是发展旅游的绝好条件。禁伐令发布后，九寨沟的秀美从此名扬天下。积极践行"绿水青山就是金山银山"发展理念，大力实施绿色发展路径，更是促进九寨沟快速完成从"资源消耗型经济"到"可持续发展型经济"的重大转变。目前，已累计创建国家级环境优美乡镇 1 个、国家级生态乡镇 16 个、省级生态乡镇 16 个、省级生态村 4 个、州级生态村 93 个、县级生态家园 9758 户，全县森林植被覆盖率达 82.15%。生态安全得到持续巩固和恢复，为构建以生态旅游业为支撑的绿色产业体系提供优良的基础性保障。

传统生产生活方式向绿色低碳生产生活方式转化。持续推进传统生产生活方式转变，实现农村收入结构、收入渠道和生态环境空间持续优化。探索生态旅游模式，推进收入结构转化，绿色产业布局更优，三次产业结构由 2015 年的 8∶32∶60 优化为 2021 年的 10∶16∶74。探索生态扶贫机制，实现收入渠道转化。实施"以电代柴"，累计兑现补贴资

———■ 盆景滩（图片来源：九寨沟景区官方网站）

金近 100 万元，受惠农村居民 2 万余人，预计年节约森林薪柴采伐量 25%；推行专业合作社参与造林绿化项目的生态扶贫新举措，管护集体和个人公益林 103.47 万亩，巩固退耕还林 8.04 万亩，带动人均增收 6600 元，实现生态保护与脱贫增收"双赢"。探索生态搬迁措施，加快城镇化建设步伐，促进生态空间优化。

生态保护向生态文明建设转化。舍弃粗放、落后、消耗资源的发展方式。"8·8"九寨沟地震后的三年重建中，九寨沟县组建阿坝州生态文明干部学院九寨沟分院，建立生态文明审查机制，成立灾后重建生态文明审查组，组建有 61 名生态、环境、经管、旅游文化等方面专家的智库，先后对 98 个重点重建项目进行生态文明审查，"生态审查不过关，一律不准开工"。并在全国率先出台首个县级《生态文明建设评估指标体系》，把生态文明建设纳入县域经济发展评价指标和领导干部考核内容，从制度层面保障了生态文明建设。为保护蓝天，九寨沟县相继出台《九寨沟县重污染天气应急预案》《九寨沟县灾后重建及重大项目环境保护工作方案》，加强对砂石厂、砖厂、混凝土拌和站等大气重点污染源的环境整治，淘汰 11 家实心黏土砖瓦窑经营户，完成 6 个加油站油气回收改造。

生态优势向发展动能转化。加快生态农业、生态工业、生态文化融合发展，实现新旧动能转换。生态环境是九寨沟的优势，以生态旅游为核心，进一步延伸生态旅游的产业链，推进传统农业向生态农业转化，打造罗依乡省级现代农业产业园等种养基地和加工基地，有机、绿色、无公害农产品种植面积比重达 53.76%。生态农业方面，积极构建"6 + 2"农业产业体系，打造 6 个现代种养基地，培育 16 个无公害和 5 个国家地理标志农产品，成功创建 1 个省级农业示范园区和国家级农业标准化示范县推进产业梯度转移，实现发展空间持续优化，大力发展"飞地"经济，实现从"依赖水电和矿产开发"向"严格限制水电和矿产开发"的转变，切实维护良好生态环境。推进传统文化向文旅融合发展模式转化，大力培育体验式文化旅游业态，九寨美食节、涂墨狂欢节

———■ 芦苇海（图片来源：九寨沟景区官方网站）

等节庆品牌让九寨沟成为"望得见山，看得见水，记得住乡愁"的好地方，借力"九寨沟"这个大IP，全县实施"全域旅游·生态九寨"战略规划，投入14.5亿元打造九寨爱情海、神仙池等12个景区景点，推出7条精品旅游线路，形成"世界只有一个九寨沟、九寨沟不只有九寨沟"的全域旅游格局。2018—2020年，全县旅游收入从1.72亿元增长至46.52亿元，增长达27倍。

点 评

九寨沟的生态旅游建设，就是一场"取"与"舍"的考量与抉择。舍，不是不要发展，而是舍去粗放、落后、消耗资源的传统发展模式；取，是牢守"绿水青山就是金山银山"，九寨沟不仅以生态旅游为龙头，融合发展生态农业、生态工业，初步构建起绿色产业体系。而更重要的是，守护绿色生态的同时，让经济效益、生态效益最大化，在"舍"与"取"之间走出"生态优先、绿色发展"之路，打造民族地区绿色发展先行典范。从转型创新中蹚出一条绿色发展之路，在绿色发展中求得发展效益、人民福祉。守好九寨沟的一山一水，才能守住群众的金饭碗，筑牢长远发展的本底。

执笔：刘洁

主要参考文献

[1]《九寨沟坚持绿色发展生态富民》，新华网，2018年5月30日。

[2]《九寨沟：风景更在山水外》，人民网，2018年5月30日。

[3] 李瑶：《坚持生态打底 推进"三个转化" 九寨沟县探索绿色发展新路子》，九寨沟官方发布微信公众平台，2021年7月22日。

3. 发挥特色、温暖世界——湖南郴州大力发展"绿色温泉"

郴州位于湖南南部，区内多山，"北瞻衡岳之秀，南直五岭之冲"。得益于当地的山川环境，该市不但森林覆盖率高，同时也是华中地区地热资源最丰富的地区之一，温泉资源广泛分布于该市各处。2005 年 11 月，中国矿业联合会命名郴州为"中国温泉之乡"，是全国第 5 家"中国温泉之乡"；2011 年，国土资源部下发通知正式命名郴州为"中国温泉之城"，是湖南省唯一的"中国温泉之城"。2013 年，郴州被列为首批全国水生态文明城市建设试点城市之一。2019 年 5 月，国务院批复成立郴州市建立国家可持续发展议程创新示范区，着力打造护水、治水、用水、节水多向发力的"四水联动"郴州模式。

(1) 可供开发的温泉资源丰富。

目前郴州市已被发现的地下热泉，就有 35 处之多（温泉出露点 102 个），占湖南省已发现温泉点总数（88 处）的 38.64%。

郴州温泉集中、特点鲜明，全国独有。汝城热水温泉是中国水温最高的热泉，也是华南地区最大的热田。而永兴悦来温泉，却开发出中国罕见的同时拥有温泉、冷泉的鸳鸯泉；汤市温泉、龙女温泉等也是特点鲜明。

随着郴州温泉资源的科学开发利用，郴州温泉已成为湖南省旅游的亮点。郴州温泉每年为上千万省内外的游客提供休闲疗养的好去处，同时带动当地居民就业。

2019 年，郴州旅游总收入达 788 亿元，接待游客达 8006 万人次，分别增长 17%、12%，文化旅游体育产业迈上千亿台阶。2020 年，尽管受疫情冲击，郴州旅游总收入仍然达 634.1 亿元，接待游客人数 6899.7 万人次。

(2) 以水生态文明城市建设为契机，打造"十泉十美、泉城相融"的总体格局。

郴州市始终高举水生态文明建设旗帜，紧紧围绕建设"山水名城美丽郴州"的总体目标，因地制宜做好"水文章"，通过水与山、水与绿、水与城交融试点建设，基本形成"青山为屏、河流为脉、山环水绕、城水相依、林水相亲、水绿相映"的城乡山水格局，郴州的城市品质、形象、活力与竞争力大大提升。

被确定为水生态文明建设试点城市以来，郴州市坚持雨洪资源化、城市海绵化、水域景观化、工程生态化、水系网络化、治理系统化"六化理念"，下发了《全面推行河长制的实施意见》等文件，编制完成《水生态文明建设规划纲要》等20余项专项规划或工作方案，实施试点项目94个，完成投资200多亿元，创造出南方山丘区水生态文明城市建设"郴州模式"，努力打造"个性鲜明、主题突出、国际知名"的天然温泉水开发模式。

为开发、利用好当地丰富的温泉资源，从2013年开始，郴州市委、市政府提出"建设中国温泉之城、建设旅游强市"战略，其温泉旅游发展应声驶上了快车道。郴州摒弃大地产、奢华式、"高大全"的温泉景区建设老路子，结合郴州"林中之城"的特点，打造"绿色温泉"概念，探索更原生态、年轻态，更私密、简约、环保的个性理念。

近年来，郴州着力打造"十泉十美、泉城相融"的总体格局。温泉建设突出以汝城热水温泉国家级旅游度假区为龙头，以仙岭高铁温泉文化园为重点，以苏仙区许家洞镇、宜章县一六镇、安仁县龙海镇、永兴县悦来镇、资兴市汤溪镇、嘉禾县珠泉镇等六大温泉小镇为支撑，形成"一龙头、一重点、六小镇"整体布局。

（3）用文化创意提升温泉产业附加值。

同时，依托丰富的民族文化资源和深厚的历史文化底蕴，深入挖掘文化内涵，与温泉文化结合起来，用文化创意提升温泉产业附加值。围绕森林度假、娱乐、文化体验等十类特色迥异的文化主题，打造"十泉十美"绿色温泉产品，丰富温泉旅游产品类型，避免同质化竞争，把郴州建设成为"绿色温泉旅游目的地"。绿色温泉养生，绿色温泉运动，绿色食品温泉服务，绿色温泉景观，每年举办以温泉旅游为主体的节会活动，全力打响温泉品牌。通过"汝城三月三，温泉煮鸡蛋"等大型民俗活动，为旅游企业和商家搭建了良好平台，推动了"品美食、观美景、泡温泉、赏文化"的热水旅游综合化发展大型活动。

郴州通过把温泉产业与度假、健康、会展、地产、文化、运动、娱乐等产业循环结合起来，让"泡温泉"成为一种健康的生活方式。到2030年时，力争实现温泉旅游景区年接待游客数达到1800万人，占全市旅游总接待游客数30%，实现温泉综合旅游收入250亿元，占全市35%的目标，把郴州市建设成为全国一流、世界知名的"中国温泉之城"。

点评

郴州通过保护好"水杯子"，发展特色温泉旅游，实现"旅游+"绿色发展，打造"中国温泉之城"的发展实践，生动验证了"绿水青山就是金山银山"的道理。

执笔：刘勇刚

主要参考文献

[1]《郴州引资166亿 100%天然地热打造"中国温泉城"》，红网，2014年4月30日。

[2] 戴科：《郴州建设"绿色温泉"泡热"休闲之都"旅游温度》，红网，2014年11月10日。

[3] 斯传：《泉城相融谱写新时代水生态文明建设新篇章》，红网，2018年1月17日。

4. 十多年来打生态牌，"洋家乐"助力乡村振兴——浙江德清

生态兴则文明兴，生态衰则文明衰。改革开放以来，浙江省湖州市德清县以习近平总书记重要指示精神为指导，把美丽德清作为可持续发展的最大本钱，护美绿水青山、做大金山银山，不断丰富发展经济和保护生态之间的辩证关系，在实践中将"绿水青山就是金山银山"化为生动的现实。

过去，德清境内五山一水四分田，靠山吃山自古皆然。洛舍镇砂村，是长三角建筑石料的供应地之一。随着工业化、城镇化的历史车轮滚滚驶过乡村，巨大的推土机也随之而来，经年累月的开采，曾让这片清丽的土地蒙尘，"雨天一身泥，晴天一身灰"已是常态。

2013 年，砂村矿山在德清治理生态环境的号角声中逐渐消失，29 套石料机组、74 个码头、3000 多名工人、1000 多辆矿货车，逐渐淡出了人们的视野，原来都是泥浆的河流，开始回归清澈。同时以"定位高端、经营生态、消费低碳"为开发思路，发展无景点度假休闲旅游——"洋家乐"，有效带动了当地经济发展。

如今，德清本地居民也通过学习借鉴外国人的低碳与休闲理念，自建"洋家乐"，成功走出一条富有德清特色的乡村旅游发展之路。目前，德清全县已有各类农、洋家乐等民宿 350 多家，其中以"洋家乐"为代表的精品民宿 72 家，床位 750 余张。其中，裸心谷成为国内首个荣获建筑行业最高荣誉 LEED 绿色建筑铂金级认证的度假酒店，并被 CNN 评为"中国最好的九大观景酒店"之一。现在，每逢节假日和周末，上海、苏州、杭州等附近城市的外国人以及国内白领阶层纷纷到德清休闲度假，"洋家乐"已经成为德清旅游的品牌，推动了区域旅游向高端、生态、精致、特色的方向发展。

"洋家乐"，就是外国人在中国农村经营的农家乐。浙江省德清县的"洋家乐"亲近自然、绿色低碳、生态环保、中西合璧，不仅荣获了浙江省旅游发展创新奖，还被美国有线电视新闻网称为"除长城外 15 个必须去的中国特色地方之一"，被美国《纽约时报》评为"全球最值得去的 45 个地方之一"。

（1）定位高端、经营生态、消费低碳。

"洋家乐"以"定位高端、经营生态、消费低碳"为开发思路，倡

浙江洋家乐（图片来源：新浪网）

导人与自然和谐相处的生活理念，不同文化背景的生活方式相互交融，使无景点度假休闲旅游成为德清乡村旅游的新业态。

融入生态环保理念改造农舍。“洋家乐”的旅馆没有奢华的外观，整个设计都是围绕低碳环保的主题，表达着生态的理念。有些是租用当地的泥坯房，根据房子本身的特点进行设计和修缮，利用旧材料，保留和深化泥坯房原有的风格和材质，同时融进新的设计元素，做到原始和现代的融合。

提倡绿色低碳生活方式。为了减少碳排放，在装修时，材料多为周围村子里“淘”来的宝贝：古老的暖榻、笨重的沙发床、老旧的火桶；大树墩成了圆桌，石礅子一个个叠起来就是凳子。屋里没有空调，没有煤气，夏天靠电风扇，冬天靠火炉。做饭用农村常见的灶头，烧的是用本地废木料、木屑压缩制成的柴火。客人还被要求节约用电、用水，不提供毛巾，没有电视。客人登记入住时都会告知入住条约，如果违反就会被拉进“黑名单”。

倡导无景点另类健康休闲理念。为“被都市压得透不过气”的群体，提供“裸家族”理念的休闲度假方式：放下一切！把自己交给自然，过一种简单的生活，爬山、散步、骑车、钓鱼，或者闭上眼睛，不思考不说话，静听四周的鸟鸣声、山间的流水声、竹林的摇曳声，感受人与自然的融合，放松解压。

（2）创新服务机制推进新业态发展。

有改革创新就有发展活力。产业的发展需要良好的发展环境，特别是破解制约发展的瓶颈问题更需要创新和担当。德清县在土地流转方面成立了县流转指导中心、乡镇流转服务中心和村流转服务站三级平台，特别是通过"精准征地"使得在不改变或少改变农村土地性质的前提下发展乡村旅游业成为现实，使旅游业有效地延伸到山区农村。此外，在"洋家乐"产业发展规划、行业组织机构、服务协调指导等方面都不断创新，为"洋家乐"的快速有序发展提供了保障。

当地政府还编制了《莫干山国际休闲旅游度假区总体规划》，指导有序开发。成立了"洋家乐"行业协会和涉外休闲度假项目服务小组，统一协调帮助解决实际建设发展中的问题。对古民居进行调查摸底，分类指导古民居出租行为。特别是在"洋家乐"项目建设上，通过只征收房屋建筑物实际占地面积的"精准征收"，其余周边用地采取租用农民土地的办法，有效地解决了由于农村土地性质较难改变和建设用地指标紧张而制约发展的问题。

（3）绿色发展激发村民创业热情。

有新的发展理念就有新的出路。按照传统观念经营的农家乐，基本上都是依附景点而存在，依靠低价竞争获利。而德清"洋家乐"瞄准高端游客对纵情山水、回归大自然的渴望，树立起自己的经营理念：就地取材、变废为宝，天人合一、低碳环保。这种生态环保的理念不但很对高端游客的胃口，也是很好的卖点，使无景点度假休闲旅游成为新的旅游产品。

融合当地乡风民俗与西方文化。每年3—4月份都会组织外国小朋友和当地学生联谊活动，宣传环保理念。在节庆日，安排精彩的互动活动，如春节时邀请外国客人与当地村民同乐，吃年夜饭、写春联、做灯笼，过中国春节。在圣诞节，也会奉上水果、佳酿、烧烤，举办露天音乐会，邀请村民参加。

带动全民参与共创业同致富。"洋家乐"的兴起，也让当地村民与经营者得到"双赢"。对村民来说，出租农房可以获得租金，而保洁、做饭这些工作增加了他们的收入，还有农副产品销售也多了出路。现在莫干山地区村民基本上在"洋家乐"从事各种业态。在当地居民积极参与之下，"洋家乐"带动了一三产业联动发展，"法国山居"每年都以高于市场 10% 的价格收购当地种植的水果用于酿酒，极大地提高了农民种植水果的积极性。

点评

在绿水青山中受益的老百姓由最初的要我做变为我要做，村规民约、乡贤参事会等载体，将一道道美丽风景转化成了文明风尚。德清以"绿水青山就是金山银山"理念转化样板地模范生为目标，致力传承莫干山历史文化、深化规划设计、加大建设投入和市场化运营力度，加快建设产业融合发展示范区、民宿高品质发展样板区、国际乡村未来社区，全力打造长三角国际一流山地度假典范。生态引领全域提升的德清，美丽已成为其最显著的气质，从过去的卖石头变成现在的卖风景，实现了可持续发展。

执笔：刘洁

主要参考文献

[1] 白杨：《10 多年来打生态牌 德清"洋家乐"助力乡村振兴》，《浙江日报》2018 年 9 月 28 日。

[2] 杨斌英：《新思路 新内涵 新发展 德清"洋家乐"助力乡村振兴》，《浙江日报》2018 年 6 月 4 日。

5. 创想开启美好生活——广州长隆

广州长隆野生动物世界是全世界动物种群最多、最大的野生动物主题公园，是集动、植物的保护、研究、旅游观赏、科普教育为一体的大型野生动物主题公园。园区占地2000多亩，分为乘车游览区和步行游览区两大部分。拥有华南地区亚热带雨林大面积原始生态；拥有50只澳洲国宝考拉、10只中国国宝大熊猫、马来西亚黄猩猩、泰国亚洲象、洪都拉斯食蚁兽等世界各国国宝在内的500余种20000余只珍奇动物。

（1）发挥优势开展野生动植物保护科普教育。

长隆致力于促进人与自然和谐共生，提高公众野生动植物保护意识。为系统开展动植物科普工作，创新科普形式，让公众更多地参与科普活动，长隆集团多年来致力于野生动植物保护科普教育事业，充分利用自身的动植物资源和景区优势，通过参与举办世界野生动植物日、爱鸟周、保护野生动物宣传月等大型主题活动，制作系统动植物科普节目、创立12个科普大讲堂、建设20余个科普驿站、多个亲子互动课堂和研学团体课程，出版动植物系列科普图书，开展自然教育与野生动植物知识进校园活动，形成园内园外的科普宣教课程体系。

同时，长隆集团旗下的长隆动植物学院创建野生动物活体资源种源基地群，如华南珍稀野生动物物种保护中心、华南虎繁育与野化训练基地等；设立野生动物保育研究中心，包括灵长类研究中心、有袋类研究中心、两爬类研究中心等多个专业动植物研究中心。

2020年11月17日，以"万物和谐，美丽家园"为主题的2020年全国暨广东省保护野生动物宣传月活动在广州长隆野生动物世界拉开序幕，现场颁发首届"林浩然动物科学技术奖"以及第二届"长隆野生植物保护奖"。旨在表彰和奖励在野生动植物保护和生态保护一线中从事保护、人工繁育、教育、科研、执法、科普宣传等岗位，以及社会各界支持、参与野生动植物保护事业的人士中作出重要贡献的优秀人员。

（2）加大对野生动植物的学术研究。

长隆集团携手各级野生动植物保护主管部门，加大对野生动植物的学术研究，同时积极开展多种形式的保护宣传和公众教育，提高公众野生动植物保护意识，增加公众对生态多样化的认识，加大对动植物项目科研的投入。长隆动植物学院全方位吸纳人才，深入科学研究，整合长隆动植物资源，持续加大对动植物的科研资金，推动粤港澳地区共同保护野生动植物，以更专业的团队共促生态文明建设、守护美丽的湾区、绿色家园。

广东生物多样性保护工作取得了显著成效，广东省野外资源种群正在稳步增长，成为我国生物多样性保护成效最为明显的地区之一。广州长隆野生动物世界里，就拥有从 40 多个国家引进的，包括珍稀野生动物在内的，超过 500 种、逾 2 万只陆生动物，建立了长隆动植物学院，成功饲养繁育多种珍稀动物，对动物的饲养管理与繁育研究积累了多年经验，为世界生物多样性提升和保护作出了重要贡献。另外，长隆野生动物世界拥有华南地区最大的川金丝猴种群，数量达到 40 余只。与大熊猫、川金丝猴并称"三大国宝"的金毛羚牛，自 2008 年引进后，至今共繁殖成活 30 多只，仅 2018 年和 2019 年初，就分别繁育成功了 6 只及 7 只，且全部成活，造就了口口相传的佳话。

除此以外，积极引进世界名优品种予以繁育保护，为世界生物多样性作出重要贡献。长隆集团自 2006 年在中国大陆首次引进考拉，就达成当年引进、当年繁殖的佳绩，并且繁育成活世界首例考拉双胞胎。目前考拉家族已经"六代同堂"，拥有 50 多个成员，是澳洲以外全球最大的考拉保育种群。

除了陆生动物，在作为海洋动物的饲养繁育基地的珠海长隆海洋王国，也拥有 400 余种海洋生物，包括北极熊、鲸鲨、白鲸、帝企鹅、海狮、中华白海豚等多种珍稀动物，繁育硕果累累，成功繁育成活帝企鹅、南宽吻海豚、西非海牛、白鲸等多种动物。同时，珠海长隆海洋王国还研究突破了性别鉴定，并多次配合相关部门救护中华白海豚、里氏海豚、海龟等珍稀野生动物。

（3）开展动植物保护的公益活动。

另外，在不断提升动植物保护及繁育能力的同时，长隆集团也继续致力于动植物保护的公益活动。过去几年中，长隆集团向中国大熊猫保护研究中心捐赠800万元人民币用于汶川地震灾后的重建及大熊猫保护工作；向贵州省林业厅捐赠200万元用于黔金丝猴的保护和研究工作；委托中国野生动物保护协会向"非洲大象保护基金"捐赠20万美元用于非洲象的就地保护工作；向珠江口白海豚国家级自然保护区捐赠1000万元人民币用于保护区中华白海豚的保护工作；2017年捐资1000万元人民币成立了长隆动植物保护基金会，并先后资助了东北虎豹保护、印尼长臂猿保护、首届大熊猫国际文化周、中国雪豹的保护宣传、支持开展中华白海豚等濒危物种的保护项目……

点评

广州长隆野生动物世界以大规模野生动物种群放养，集动、植物的保护、研究、旅游观赏、科普教育为一体，是动物种群众多、大型的野生动物主题公园。长隆集团切实加强野生动物保护管理，加大野生动物及其栖息地保护力度，推动公众支持和参与野生动物保护工作，加大科研力度，为建设生态文明和美丽中国作贡献。

执笔：刘勇刚

主要参考文献

[1]《全国暨广东省保护野生动物宣传月在长隆启动》，广东省长隆慈善基金会官网，2020年11月17日。

[2]《国际生物多样性日，看看广东丰富的野生动植物资源》，《潇湘晨报》2020年5月22日。

[3] 苏晓静：《保护生物多样性，长隆集团在行动》，北国网，2020

年 5 月 22 日。

6. "海上花园"美景重现——浙江温州洞头区

浙江省温州市洞头区山海兼胜、风光旖旎，被誉为"海上花园"。作为全国海岛生态修复的样板，洞头模式正在带动着全国越来越多的沿海城市转型升级。随着海洋生态廊道整治修复工程的深入推进，浙江沿海地区乃至中国整个海岸线，将会出现更多的碧海蓝天。

（1）践行"两山"理论的海岛样板。

20 世纪 90 年代，随着经济快速发展和人类活动的影响，洞头的海岸线生态环境遭受了不小的破坏，出现陆源污染严重、自然岸线减少、滨海湿地面积缩减等一系列问题。

2003 年和 2005 年，时任浙江省委书记的习近平两次来洞头调研，指示要把洞头建成名副其实的海上花园。

十余年来，洞头坚持这张蓝图绘到底，把建设"海上花园"作为践行"两山"理论的海岛样板，深入实施生态立区、旅游兴区、海洋强区三大战略，倾力打造温州的大客厅、浙江的大花园，努力展现"城在海中、村在花中、岛在景中、人在画中"的海上花园美好画卷。

生态是洞头最大的特色、最亮的名片。洞头始终坚持生态优先，做好保护、修复、提升三篇文章，让"蓝天碧海"永驻海岛。

保持一个定力，坚决遵循海岛自然肌理，保护原真的海岛风貌。自2015 年起，对全区新增涉海建设项目停止审批围填海，做到不再围垦、围而不填。形成一套规划，实施"多规合一"，以生态文明规划为引领，打造融合经济社会发展、城乡建设等多个领域的规划集合平台，推动一张图规划、一盘棋实施。

实施一大工程，开展蓝色海湾整治，工程投资 4.76 亿元，通过港区疏浚、沙滩修复、建设生态廊道等系统性举措，恢复海岛风貌，重现海岛美景。打好一系列组合拳，统筹推进海岛环境治理，大力开展"大拆大整、大建大美"。

───■ 美丽洞头（图片来源：网络图片）

把蓝色海湾整治与国家级海洋经济发展示范区创建紧密结合，按照"谁修复、谁受益"的原则，通过赋予一定期限的自然资源资产使用权等方式，积极探索社会资本参与海洋生态修复新模式。

成功入选全国十大"美丽国家海洋保护区"、国家级海洋牧场示范区，成为浙江省第一批省级生态文明建设示范县（市、区），创成全省首批无违建县（市、区）。

（2）打造"产业＋旅游＋文化＋村居"四位一体的花园村庄。

大力实施花园系列十大工程，按照"花园"要求开展绿化美化提升和"花园式"改造，力争三年任务半年完成，新增森林覆盖率5%、城市绿化率8%，不断夯实"海上花园"生态基础。

按照"产业兴旺、生态宜居、乡风文明、治理有效、生活富裕"的总要求，倾力打造"产业＋旅游＋文化＋村居"四位一体的花园村庄，致力把村庄这个"盆景"变成和谐共生的风景，串成海上花园的全景。

三年投入 22 亿元，把全区一半以上的村庄建成花园村庄，首批 17 个花园村庄已全部投建，成为温州首个荣获省美丽乡村示范县的县（市、区）。

突出形态"特"。以景区标准实施村庄改造，力求"一村一品、一村一韵"，2019 年 2 个村庄获评省 3A 级景区村。高度重视古渔村、虎皮房保护，按照修旧如旧、修古如古的原则，修缮 21 个历史文化村落，努力呈现有渔村特色、有历史记忆、有乡思乡愁的"花园村庄"。

突出产业"兴"。鼓励发展民宿产业，形成 13 个精品民宿集群、规模达到 245 家，渔民财产性收入大幅增长，户均年收入超 10 万元。大力发展全域旅游，全力打造半屏海峡同心小镇等特色小镇，引进梦幻海湾度假城等旅游大项目，总投资超过 150 亿元，近三年游客量和旅游综合收入年均分别保持 12% 和 20% 以上的增长速度。注重业态培育，建成白龙屿生态海洋牧场和"黄鱼岛"项目，紫菜现代产业园获评省级农业综合开发现代园，筹建藻类、黄鱼养殖等 3 个研究院。今年以来，近 200 人回乡创业，近千人实现再就业，吸引民间投资 2.47 亿元。

突出乡风"和"。全面塑造淳朴文明的良好乡风，依托文化礼堂，开展技能培训、文艺演出、文明教育，用文化的力量促进村民素质提升，涌现出"兰小草"等乐施行善道德楷模。大力弘扬"海洋放生""七夕祈福"等传统文化，办好民俗风情节、妈祖平安节等活动，讲好渔家故事，唤醒海岛回忆。

以海为美，拥海而兴，生态护海。洞头人通过实施蓝色海湾整治修复工程，利用生态杠杆来撬动产业崛起、海岛振兴，让海岛群众换一种方式靠海吃海，走出了一条既彰显海韵、又留得住乡愁的绿色发展道路。

点　评

十余年来，浙江洞头坚持把建设"海上花园"作为践行"两山"理论的海岛样板，深入实施生态立区、旅游兴区、海洋强区三大战略，倾力打造温州的大客厅、浙江的大花园，努力展现"城在海中、村在花中、岛在景中、人在画中"的海上花园美好画卷。

执笔：刘勇刚

主要参考文献

［1］陈素祯：《洞头：全力打造"两山"实践基地海岛样板》，洞头新闻，2018年8月22日。

［2］潘沁文、杜一川：《洞头坚持一张蓝图绘到底　奋力绘就海上"两山"生态画卷》，中国新闻网，2020年9月18日。

第三章

以改善生态环境质量为核心的目标责任体系

一 概述

建立以改善生态环境质量为核心的目标责任体系就是建立生态文明体系的价值导向，科学的目标责任体系可引导生态文明建设取得实效。地方各级党委和政府主要领导成为本行政区域生态环境保护第一责任人，做到党政同责、一岗双责、守土有责、守土尽责，坚决担负起生态文明建设的政治责任。生态环保目标落实得好不好，领导干部是关键，要树立新发展理念、转变政绩观，建立健全考核评价机制，压实责任、强化担当。建立责任追究制度，特别对领导干部的责任追究制度。对那些不顾生态环境盲目决策、造成严重后果的人，必须追究其责任，而且应该终身追究。保护生态环境的出发点和最终目的就是改善生态环境质量，提供更多优质生态产品以满足人民日益增长的优美生态环境需要，最终形成中华民族永续发展的根本基础。

习近平总书记强调："环境问题是全社会关注的焦点，也是全面建成小康社会能否得到人民认可的一个关键，要坚决打好打胜污染防治攻坚战"。党的十八大以来，在以习近平同志为核心的党中央的坚强领导下，生态环境保护发生了历史性、转折性、全局性变化。"十三五"时期以来尤其是党的十八大召开之后，我国在生态环境保护关键领域重点发力，污染防治攻坚战深入开展且已见实效，生态环境质量明显改善。在各级党委政府的坚强领导下，统一思路统一战线统一部署，坚决打好打赢蓝天碧水净土保卫战、农业农村污染治理攻坚战，统筹抓好固体废物和矿山污染综合防控，取得了积极的实效。"蓝天多了""环境美了""家乡的河水清了"，成为"十三五"期间广大人民群众的切身感受。

生态环境保护领域是生态文明建设的主战场，更是一代代生态环保人积极奋进谱写辉煌篇章的主阵地。各级环保人坚决贯彻习近平总书记

"生态环境质量只能更好，不能变坏"的重要指示，在党委政府的领导下，把全面改善生态环境质量的政治责任扛在肩上。打造一支生态环境保护铁军，在生态环境保护领域取得实实在在的成绩，实现党和人民的预期目标。

本章从蓝天保卫战、碧水保卫战、净土保卫战、固体废物与矿山环境综合治理、农村环境综合整治等方面，精心选取了 28 个案例进行评述分析。

二 案例分析

（一）蓝天保卫战

1. 京津冀大气污染综合治理攻坚

"世界上最遥远的距离，不是生与死，而是你站在我面前，我却看不到你。"一首打油诗形象地刻画出雾霾笼罩下的城市景象。2013 年 1 月，4 次雾霾过程笼罩全国 30 个省（区、市），在北京，仅有 5 天不是雾霾天。这一年，雾霾成为年度关键词。大气的流动性、扩散性使得大气污染能够长距离传输，以单一行政区划为单位的传统防治方法不能有效解决区域大气污染问题，实行区域性联防联治逐渐成为共识。

2013 年 9 月，国务院颁布《大气污染防治行动计划》，首次提出要建立京津冀区域大气污染防治协作机制。2013 年底，"京津冀及周边地区大气污染防治协作小组"成立，协作小组每年在京津冀轮流召开联席会议，共同研究部署京津冀及周边地区大气污染联防联控重点工作，协调解决区域污染治理难题，联合保障国家重大活动期间空气质量等。2018 年 7 月，协作小组升级为京津冀及周边地区大气污染防治领导小组，区域联防联控整体效能进一步提升。

近年来，区域不断深化合作，推动大气污染联防联控逐渐走向"五个统一"（统一规划、统一标准、统一执法、统一预警和统一减排）。从2013年开始，京津冀及周边地区大气污染防治协作小组和原环保部等国家部委，先后发布了针对区域大气污染治理的多项规划方案和年度措施，提出统一要求。2015年，北京市与河北保定市、廊坊市建立了大气污染治理"结对合作"关系，为区域合作治理大气污染作出示范；开展机动车污染治理专项协作，区域内多地共同开展新车一致性检查，实施机动车排放违法行为异地处罚；建成京津冀及周边地区大气污染防治信息共享平台，实现七省（区、市）空气质量、重点污染物减排等信息实时共享。2016年，京津冀三地统一实施国家第五阶段机动车污染物排放标准（简称"国五标准"）和油品质量标准。2017年，"2+26"城市全面供应符合国六标准的车用油品，京津冀三地联合发布《建筑类涂料与胶粘剂挥发性有机化合物含量限值标准》等；统一空气重污染预警分级标准，规范了预警发布、调整和解除程序，及时启动区域性重污染应急，协同采取减排措施。

事实上，京津冀大气污染联防联控三个最核心的主体——北京、天津和河北的治污能力与治污压力存在不平衡，其中河北省的治污能力在三地中最弱，却承担三地中最重的污染治理压力。为打破这种不平衡，于2015年引入结对合作机制，如北京安排4.6亿元资金帮助廊坊和保定进行锅炉淘汰与治理，天津安排约4亿元资金帮助沧州和唐山进行锅炉治理、能源替代、大气污染治理。联防联控主体间的相互帮助，在一定程度上克服了协同治理中的"合力困境"。

通过责任共担、信息共享、协商统筹、联防联控，京津冀区域大气污染治理从各自为政的模式逐步转换到联防联控模式，空气质量取得明显改善。2014年，京津冀区域首次同步采取了一系列管控措施，制造出梦幻般的"APEC蓝"，此后又相继创造出"阅兵蓝""上合蓝""两会蓝""全运蓝"等，显示出联合管控的合力效果。2017年，整个京津冀区域超额完成细颗粒物（$PM_{2.5}$）年均浓度较2013年降低25%的目标。

　　北京市环境空气质量的大幅改善，是京津冀区域大气污染联防联控成效的缩影。几年间，北京各项污染物浓度出现快速下降，2018 年 $PM_{2.5}$、SO_2、NO_2、PM_{10} 年均浓度比 2013 年分别下降 43.0%、77.4%、25.0%、27.8%；空气重污染天数较 2013 年减少了 74.1%，重污染发生频次、污染程度、持续时间明显下降，成为在最短时间内取得最好治理成绩的城市。2019 年 3 月 9 日，第四届全球环境大会前夕，联合国环境署在肯尼亚内罗毕发布《北京二十年大气污染治理历程与展望》，指出北京的大气污染治理工作已经成为世界级教科书，对全球其他城市都有借鉴意义。联合国环境规划署代理执行主任姆苏亚（Joyce Msuya）在报告中指出，"世界上还没有其他任何一个城市或地区做到了这一点"，"相信北京的经验会对许多遭受空气污染困扰的城市有所裨益。"

　　————■ 蓝天下的北京（图片来源：北京市生态环境局官网首页）

如今，京津冀及周边地区还在进一步加大区域的联防联控，通过共同打造长期、稳定、系统的综合监测和治理机制，来更加长效地加强大气污染的防治。

点　评

京津冀区域大气污染治理从传统的"单打独斗"模式，逐步转换到"联防联控"模式，建立统一规划、统一协调、统一监测、统一监管、统一评估的区域大气污染联防联控长效机制，形成"互为支撑、协同配合、联防联控"集团式作战，区域空气质量改善取得显著成效。案例实践证明，区域性大气污染防治必须打破"一亩三分地"的思维定式，结成资源共享、责任共担、同步发力的"命运共同体"。

执笔：周理程、齐新征

主要参考文献

［1］席锋宇：《建立大气污染严重区域治理联防联控机制成共识》，《法制日报》2014 年 5 月 20 日。

［2］徐乾昂：《北京大气污染治理 20 年，为世界写了本教科书》，观察者网，2019 年 3 月 11 日。

［3］生态环境部：《贯彻落实习近平新时代中国特色社会主义思想在改革发展稳定中攻坚克难案例·生态文明建设》，党建读物出版社2019 年版。

［4］李珲：《协同治理中的"合力困境"及其破解——以京津冀大气污染协同治理实践为例》，《行政论坛》2020 年第 5 期。

2. 山东德州大气污染综合治理攻坚行动

2017 年 12 月 22 日，大气重污染成因与治理攻关"2 + 26"城市跟踪研究工作现场交流会在山东省德州市举行，来自京津冀大气污染传输通道城市的环保人齐聚一堂，观摩德州大气污染防治经验。现场交流会落地德州并非偶然，国家大气污染防治攻关联合中心某负责人用两个"前所未有"表达了对德州大气污染治理工作的赞赏：力度前所未有、措施前所未有。

2016年，德州一举拿下空气质量总体改善幅度、PM$_{2.5}$改善幅度、获省环境空气质量生态补偿资金数额3项"全省第一"；2018年，生态环境部发布《关于大气重污染成因与治理攻关项目阶段工作考核结果的通报》，德州在考核中夺得第一名。而在2015年12月，德州因雾霾应对不力被原环境保护部约谈。仅仅两年时间，德州举全市之力打响蓝天保卫战，科学施策、精准治污，通过一场漂亮的翻身仗，将治污成绩单写在了蓝天白云上，写进了群众的心坎里。

────■ 蓝天下的董子读书台（图片来源：国家大气污染防治攻关联合中心）

（1）齐抓共管，构筑环保工作大格局。

德州是"2＋26"城市中最重要的城市之一，因地处京津冀核心区的中部，不管刮南风还是北风，污染物都会经过德州。德州也是交通枢纽城市之一，车流量大，再加上以重化工为主的工业和以煤炭为主的能源结构，还有多年积累的"散乱污"企业，都使得污染治理的难度特别大。德州市委市政府充分认识到大气污染防治的重要性和艰巨性，以前所未有的措施和力度推进大气污染防治工作。

雾霾刚刚出现的时候，不少人将其归咎于环保部门失职，而德州从一开始就作出了举全市之力、坚决打赢生态环境治理攻坚战持久战的重大决策。为此，德州成立市生态环境保护委员会，市政府主要领导同志任主任，并直接分管环保工作，8名市级领导任副主任，分工负责、分线作战，30余个行业部门为成员单位，各负其责、齐抓共管，形成"党委政府统揽、分线作战""谁分管、谁负责""管行业、必须管环保"的工作大格局。

与此同时，德州市委、市政府与各县市区党委、政府分别签订环境保护责任书，将目标责任进一步明晰化、清单化。市委、市政府督查室将环境问题整改作为重点进行常态化巡查督导，实行"挂牌督办、限时办结、验收销号、社会公开"程序化管理。

德州有了地方立法权后，出台的首部政府规章就"剑指"环保。2016年9月发布实施《德州市大气污染防治管理规定》；随后又出台《德州市党政领导干部生态环境损害责任追究实施细则（试行）》《德州市生态环境保护工作"一票否决"实施细则》等系列制度文件，以强有力的督察问效手段守住责任红线。

（2）科学引领，实施精准治污。

大气污染治理有其内在规律，特别是随着治理的深入，需要不断啃"硬骨头"。为了寻找大气污染的"病根"，德州邀请国内知名专家学者把脉问诊，找准大气主要污染源，确定了"压煤、抑尘、控车、除味、增绿"的治理路径。"科学施策、精准治污"成为打赢蓝天保卫战的标准动作。

德州多次邀请专家团队参加市、县政府两级常务会议，专家们在治尘、限车、柴油车尾气治理，重点行业、产业集群和 VOCs 治理等方面提出的建议，全部转化为市政府推进污染治理的决策和行动。此外，在编制秋冬季攻坚行动、采暖季错峰生产、扬尘综合治理以及货运车限行等专项方案时，德州也充分发挥了专家的力量。

与此同时，德州积极引进先进技术，强化数据支撑能力建设。市县财政投入 2 亿元，建设空气质量监测超级站、颗粒物源解析实验室、预警预报平台等；加强数据分析研判，实现对 31 个市控以上空气质量站点和 212 家在线污染源数据全过程跟踪管理和分析应用；有序推进源清单和源解析，为制定"一市一策"提供科技支撑；科学制定应急预案，编制涵盖 2532 家企业和 401 家建筑工地的减排清单，重污染天气应对能力显著增强；扎实推进错峰生产调控，将 273 家企业纳入全程监管，主要污染物排放得以大幅削减。

（3）创新模式，提高治污实效。

在德州市"2＋26"城市跟踪研究工作组进驻德州后，德州市政府与工作组建立了"边研究、边产出、边应用"的联合工作模式，调动环保、气象、经信、交警等部门与工作组密切配合，建立每日一商、每周专报、逢重污染加密的会商机制，开展事前研判、事中跟踪与事后评估。每天跟踪分析前一天的空气质量，形成污染成因诊断，开展减排措施跟踪和污染来源预判，最后形成"一市一策"会商意见，报请市主要领导批示后由市大气污染防治攻坚专班落实督办，工作组结合督办反馈情况，对措施效果跟踪评估，形成"市长批办、专班跟踪督导、县市区落实"的闭环模式，提高了大气污染防治工作的实效性和精准度。

点评

从因大气污染应对不力被约谈到在生态环境部大气重污染成因与治理攻关项目考核中一举夺魁，同时在大气污染治理方面接连创下多项全省第一，德州向人民群众交出了一份满意的答卷。呼吸清新的空气，是人民群众对美好生活的向往。德州勇于正面问题，敢于较真碰硬，善于找准症结对症下药，用短短两年时间打下一场漂亮的翻身仗，既增进了当地民众的福祉，也为其他城市提供了可借鉴的大气污染治理经验。

执笔：周理程、齐新征

主要参考文献

［1］祁小丽：《从源头抓环保　德州改善"气质"赋能绿色发展》，大众网，2019年2月22日。

［2］王志冕：《德州为治污蹚出好路子　为大气治理贡献"德州智慧"》，德州新闻网，2017年12月23日。

［3］庄滨滨、赵晶：《10月至今重污染天数仅1天　德州蓝天这样"炼"成》，大众网，2017年12月22日。

3. 河北张家口全力建设国家级可再生能源示范区

从昔日的"沙平草远望不尽"到今朝的"风机悠悠望无际，光伏片片荡涟漪"，20多年来，河北省张家口市的可再生能源走出了一条从自然灾害到资源利用，逐步形成支柱产业，再到城市"金字招牌"的特色发展之路，成为国内可再生能源开发利用的样板。

将气候灾害转化为强市资源，张家口从20世纪末就开始布局。"坝上一场风，从春刮到冬。"这是流传在张家口的一句俗语。1997年1月，强劲西北风吹开了张家口发展新的一页，张家口市首台风力发电机在张北县坝头的长城风电场完成吊装，开创了张家口乃至"京津唐"电网风力发电的先河。1998年，张家口又引进5种国外风电机型，在全市安装24台风机，成为中国风电产业发展的"试验田"。进入21世纪，随着国家加大对绿色能源开发的支持和市委、市政府发展理念的转变，坝上四县张北、沽源、康保、尚义陆续建起多家风电场，半坝地区的赤城、崇礼和坝下地区蔚县、怀来、万全也不甘落后，华能集团、大唐集团、华电集团、国电集团、国华能源、中广核集团等新能源开发"巨无霸"在张家口"抢滩登陆"。2007年，张家口坝上地区被确定为全国第一个百万千瓦级风电基地；2009年，张家口成为全国首个双百万千瓦级风电基地，年底风电装机达190.6万千瓦，居全国之首。

在快速发展风电的同时，光伏、光热、氢能等新能源也在不断发展。2011年12月，世界上规模最大的风光储三位一体示范工程——国家风光储输示范项目一期工程在张家口建成投产；2013年3月，河北首家分布式光伏发电并网项目——张家口保胜新能源科技有限公司低压配电断路器并网发电。此外，张家口大力发展氢能产业，建成海珀尔制氢、河北建投沽源风电制氢综合利用示范等项目，投运两百余量氢能源电池公交车，成立氢能与可再生能源研究院，形成以氢燃料电池汽车应用为重点，带动制氢、加氢、氢能产业装备制造和研发的全产业链条。

2015年，张家口成为全国首个和唯一一个国家级可再生能源示范区，可再生能源产业发展驶入"快车道"。示范区成立以来，张家口在发展建设过程中不断"破冰"，开展了大量前瞻性、探索性、引领性、示范性的工作。

2017年，张家口创新建立了"政府＋电网＋发电企业＋用户侧"四方协作机制，开启了可再生能源电力市场化交易的先河，打破了一直以来电供暖推广的瓶颈。近年来，四方协作机制服务范围和服务对象已经拓展到了电能替代、高新技术企业等多个领域，提升了发电企业效益，减轻了电网外送压力，也大幅降低了绿色电力使用成本。不到三年的时间，累计交易电量达14亿千瓦时，相当于减少标煤燃烧45万吨，减少企业和用户电费支出近3.5亿元。

不断探索新的产业发展方向和新技术示范应用，是示范区可再生能源发展的一大法宝。张北±500千伏多端柔性直流示范工程核心技术和关键设备均为国际首创，创造了输送电压等级最高、输送距离最远、输电容量最大等12项世界第一；全球规模最大、新能源利用水平最高的综合性示范项目——国家风光储输示范工程为解决新能源大规模集中输送难控制、难调度的世界难题贡献了"中国智慧";张北风光储输公司建成了世界首个具备虚拟同步发电机功能的新能源电站及3兆瓦电动汽车电池梯次利用储能示范工程;张北—雄安1000千伏特高压交流输变电工程技术水平世界领先;世界首个10千伏柔性变电站在张北阿里巴巴数据港成功并网运行。与此同时,微电网、"互联网+智慧能源"、光热、风电平价上网等多个全国示范项目和河北省示范项目在示范区全面开花。

此外,示范区深入践行全社会共同建设美丽中国的全民行动观,积极探索用能方式变革,通过清洁供暖、公共交通、大数据产业、氢能产业等领域不断扩大绿色能源应用市场,打造多元化应用大格局。截至2020年9月,张家口可再生能源消费量占终端能源消费比例已经提升到27%,处于全国领先水平;清洁供暖工程加速建设,建设电供暖面积超过1000万平方米;大数据产业蓬勃发展,依托绿色电力供应,正逐步打造成为世界级超大规模绿色数据中心产业集群;绿色交通全面铺开,新能源汽车累计投运突破3000辆;绿电制氢不断升级,海珀尔制氢项目年产氢气达到1400吨。

点 评

在过去较长一段时期,我国以煤为主的能源结构和粗放的能源发展方式,既造成大量能源资源浪费,又严重影响大气环境质量。大力发展可再生能源是优化调整能源结构的必经之路,更是推动形成人与自然和谐发展新格局的重要途径,对贯彻绿色发展理念、持续改善环境空气质量及顺利实现碳达峰、碳中和行动目标有着十分重要的意义。作为目前全国唯一一个国家级可再生能源示范区,河北张家口大力推进可再生能源开发项目,同时在发展过程中不断"破冰""探路",开展了大量探索性、引领性、示范性的工作,为国内可再生能源开发应用提供了诸多可推广复制的成功经验。

执笔:周理程、齐新征

主要参考文献

［1］张金梦：《绿色能源"捧红"张家口》，《中国能源报》2019年7月19日。

［2］《我市可再生能源产业发展纪实》，搜狐焦点张家口站，2019年8月2日。

［3］陈晓东：《河北张家口：风电＋光伏产业协同发展为京津冀绿色发展"输能"》，环球网，2020年11月16日。

［4］李艳红等：《河北张家口全力建设国家级可再生能源示范区可再生能源发电总量占比近半》，《河北日报》2020年9月7日。

4. 广东积极推动交通运输绿色发展

推进运输结构调整是打好污染防治攻坚战、打赢蓝天保卫战的重要举措。近年来，广东省不断加快运输结构调整，在绿色货运、新能源汽车推广、绿色港口与绿色公路建设等方面取得阶段性成果，为打赢蓝天保卫战提供了有力保障。

（1）绿色货运打通城市配送"最后一公里"。

近年来，广东以广州、深圳绿色货运配送示范工程创建为载体，推动佛山、珠海等有潜力的城市打造绿色货运配送示范工程，通过加快城市绿色物流体系建设、鼓励新能源城市配送车辆推广应用、加快在高速公路服务区、物流园区、配送中心等建设充电基础设施等多种方式探索发展城市绿色配送。

广州积极推动新能源从补充能源向替代能源的地位转变，支持城市配送及相关领域的企业技术创新、模式创新和业态创新，加强交通、商务、公安等相关部门的管理机制和政策创新，对重点企业的配送车辆给予道路通行方面的政策支持，构建干支衔接、客货衔接、城乡衔接的城市配送网络。深圳发挥现有物流园区各自优势，着力加强集约配送、共同配送设施建设，推进建设康淮物流园等一批服务于民生物资的配送设施。着力构建运行高效、绿色环保、技术领先、服务优质的新型城市配送服务体系，解决城市配送"最后一公里"。

（2）多式联运路子越走越宽。

运输结构的调整离不开多式联运的发展。广东积极推动大型港口等多式联运枢纽铁路专用线建设，推动解决"中间一公里""最后一公里"和"园区孤岛"等问题。同时，积极筹建内陆无水港，进一步拓展港口腹地。沿海港口在广东、广西、湖南、江西、贵州等地建成了 20 多个内陆无水港或办事处，多式联运网络覆盖面进一步扩大。广东还通过多式联运，让企业进出口有更多选择通道。2021 年 4 月 29 日，首列从广州港始发的"港铁号"海铁联运中欧班列发车，标志着汇集国际国内两个市场优势、统筹海运陆运模式打造的"海运＋班列"海铁联运获得成功。

———■"港铁号"海铁联运中欧班列发车（图片来源：央视新闻客户端）

基础设施的不断完善有力推动了多式联运向纵深发展，广东多式联运示范工程建设有序推进，节能降耗成效显著。据统计，仅 2018 年至

2019 年，广东累计开通"国家多式联运示范工程"示范线路 9 条，49 家企业参加多式联运，降低能耗约 41 万吨标准煤。

（3）新能源汽车推广取得积极成效。

推广应用新能源汽车是打造高品质绿色交通体系的重要战略举措，广东各地为此开展了积极探索和创新。深圳通过政策激励、宣传引导等方式，按照一定标准给予购置补贴、充电设施建设补贴和动力电池回收补贴，并实行"首个 1 小时免收停车费"等优惠政策，为新能源汽车推广创造良好环境。佛山市构建"制氢加氢、氢燃料电池及动力总成、氢能源车整车制造、氢能科技创新研究及产品检测"等全产业发展集群，有效降低了氢能源汽车的制造成本。深圳巴士集团坚持直流快充技术路线，以"用足谷电、用好平电、避开高峰"为原则，制定科学的充补电策略，创新举措突破电动公交运营瓶颈。

深圳电动公交车的迅速发展是广东大力推广新能源车的一个缩影。自 2009 年被确定为全国首批节能与新能源汽车示范推广试点城市后，深圳全力开展纯电动公交及出租车示范，2017 年实现全市专营公交车辆纯电动化，成为全国乃至全球特大型城市中首个实现公交全部纯电动化的城市。

（4）率先在全国实现内河港口岸电省级全覆盖。

2019 年，广东率先在全国实现内河港口岸电省级全覆盖。据测算，一艘使用国六标准柴油的 3000 吨级干散货船，单次靠泊 5 小时，使用岸电可减少 2.0kg 氮氧化物（NO_x）、0.16kg 可吸入颗粒物（PM_{10}）、1.0kg 一氧化碳（CO）和 0.26kg 碳氢化合物（HC）等大气污染物排放。广东全省内河每年进出港船舶超 200 万艘次，如船舶靠港全部使用岸电，可减少约 6800 吨大气污染物排放。此外，使用岸电时，船舶柴油发电机停止运行，不再产生噪音，还能去除扰人已久的"柴油味"，船员在靠港期间的工作和生活环境也得到极大的改善。

在提升岸电使用管理方面，广东还借力信息化手段，打通用电身份验证、岸电状态监控、用电信息采集、整体用电情况统计等全过程各环

———■ 广东港口岸电设施（图片来源：广东省交通运输厅）

节，铺下了一张高效立体的智慧管理网络。现在，船方打开小程序调出二维码，对着岸电桩上的窗口扫一扫，就可开始用电，用电结束后即可进行点对点微信或支付宝支付。

（5）绿色公路建设稳步推进。

2017年，广东印发《广东省推进绿色公路建设实施方案》，在全国率先制定绿色公路建设技术指南，从技术层面规范和指导重点公路工程建设项目开展绿色公路建设。"十三五"期间，广东共组织实施8个绿色公路示范项目，其中，交通运输部绿色示范项目1个，省级绿色公路示范项目7个。

惠清高速项目通过表土剥离技术，将回收的表土全部利用，为中央分隔带、互通立交区等区域提供了大量优质绿化土源，同时采用永临结合的方式进行土地利用，实现环保经济"双丰收"。珠海鹤岗高速项目建设了全封闭碎石加工厂，碎石加工过程中采用水洗技术，增设除尘设备，污水采用箱式快开压滤机集中净化后循环利用。紫惠高速公路对边坡采用流线型开挖法和修整，并实施景观生态复原和植被恢复，采用沿线常见的花种，科学调整花草籽喷播配方，让边坡风景花开四季，融景入路。

点评

我国移动源量大面广，污染占比日益显著，甚至已成为部分城市大气污染的首要来源。特别是进入 21 世纪后，我国机动车保有量迅猛增长，给人们生活带来便利的同时，也严重影响着环境空气质量。移动源污染管控，交通运输结构调整是最关键的一环。广东省强化源头治理，实施"车、油、路"系统管控，大力推进运输服务转型升级，推动交通运输绿色发展取得积极成效，为全国交通运输绿色低碳发展发挥引领性、示范性作用。

执笔：周理程、齐新征

主要参考文献

[1] 严艺文、程行欢：《广东加快推动运输结构高质量发展》，金羊网，2019 年 6 月 29 日。

[2] 赵刚等：《广东不断推进运输结构调整　助力交通强国建设》，南方新闻网，2019 年 12 月 27 日。

[3] 李妍等：《广东全省新能源营运车达 6.1 万辆》，《广州日报》2018 年 5 月 24 日。

[4] 郭翔宇等：《广东加快绿色交通发展步伐　实现内河港口岸电实现全覆盖》，新华网，2020 年 7 月 9 日。

[5] 赵刚等：《广东加快绿色交通发展步伐　天更蓝　水更清　空气更清新》，南方新闻网，2020 年 7 月 7 日。

5. 吉林长春九台打造全国秸秆综合利用新样板

长春市九台区地处吉林省中部，是全国产粮大县，常年粮食总产量30亿斤以上，年产各类农作物秸秆132万吨左右。然而在该区，秋收后、春耕前，放眼农田，昼无烟雾、夜无火点，焚烧秸秆的现象十分稀少。2016年，该区的秸秆综合利用与禁烧工作位居全省第一名；2017年，位居全省第二名；2018年，秸秆综合利用率比2017年提高7个百分点。同年11月，九台区秸秆综合利用的典型经验获得国务院大督查通报表扬，成为"全国秸秆综合利用新样板"。

近年来，九台区从地域特点、种植结构等实际出发，通过创新模式，将秸秆综合利用重点放在能源化、肥料化、饲料化上，全力推进秸秆综合利用绿色发展。几年来，该区累计投入资金1.5亿元，整合各类资金24亿元，用于秸秆综合利用，秸秆综合利用步伐不断加快。面对推进秸秆综合利用这一系统复杂工程，九台区既统筹兼顾、全面推进，又突出重点、力求突破，重点创新可复制、可推广的"九台模式"。

(1)"政府＋企业"建设秸秆综合利用项目。

九台区积极拓展政府与企业的合作渠道，凝聚合力推进秸秆综合利用。早在2016年，九台区政府就与某农业科技公司签订了投资10亿元的战略协议，在长春龙嘉国际机场周围、长吉北线、高速公路两侧建成投运10个秸秆综合利用产业园，单个园区的加工能力均在1000公顷以上。2018年，九台区政府与某秸秆综合利用公司签订秸秆离田协议，组建联合打捆离田作业队，离田秸秆面积2万公顷。公司与农户签订秸秆收储合同，秸秆的捡拾、打包、运输、加工均由公司组建的机械化作业队完成，农户用1公顷土地产出的秸秆置换1吨生物质压块燃料，从而实现秸秆就地转化。

(2) 建立"收储运"网络，强化产业链条衔接。

九台区积极谋划，建立"收储运"网络，强化产业链条连接。利用交通优势，在龙嘉机场、高速公路两侧、铁路沿线、国省道及城市周边等重点区域，建立以秸秆机捡拾打捆为重点、以秸秆转化利用为

━━━■ 秸秆打包成捆（图片来源：《吉林农村报》）

途径的"收储运"体系，通过"龙头企业＋合作社＋经纪人""龙头企业＋合作社＋农民"等多种形式，推进秸秆田间收集、储运及运输的体系建设，并按照合理半径区域，建立秸秆收储点和收储中心，根据秸秆资源情况，合理布局收集、储运和加工企业，确保产业各环节紧密衔接。

（3）"新型经营主体＋循环农业"延伸产业链条。

九台区鼓励农村新型经营主体加入到秸秆综合利用中，依托农业新型经营主体，实行循环农业模式，不仅实现了秸秆转化利用，更延伸了农牧业的产业链条。九台区某农民养殖专业合作社每年利用2000公顷玉米地所产秸秆，生产2万吨"罐头饲料"，除了留足自用量外，其余全部销往外地。合作社还新建了1.5公顷鱼池，饲养5000余只蛋鸡。合作社通过秸秆膨化饲料过腹增值饲养牛，收集的牛粪经过发酵，覆上玉米秸秆编成的草席，用来饲养蚯蚓，牛粪经蚯蚓改造，成为有机肥料，用于蔬菜和玉米种植，长成的蚯蚓还能用于鱼类、禽类的饲养，形成了生态循环农业的发展模式。通过这一模式，合作社带动35户农户人均增收1.5万元，实现了"离土不离乡"就地就业。

（4）"技术＋补贴"秸秆还田面积逐年增加。

九台区大力推广秸秆全量还田，建立了秸秆机械还田示范方 17 个，组织种植大户、农机大户召开现场会，演示秸秆还田和保护性耕作技术。积极出台扶持鼓励政策，加大财政投入力度，秸秆还田和保护性耕作在原有的每亩农机补贴 20 元的基础上，再追加补贴 20 元，达到每公顷 600 元。先进技术的推广、补贴力度的加大，让九台农民秸秆还田热情高涨。2017 年全区秸秆还田 14.2 万亩，2018 年达到 34.5 万亩，秸秆还田面积逐年递增。

———■ 九台区秸秆还田推广工作现场（图片来源：九台区政务信息化管理中心）

九台区秸秆综合利用工作所取得的成果，靠的是为秸秆找到真正的出路，实打实的变"废"为"能"。以前农民不敢在野外烧秸秆，会被拘留罚款，后来不想烧，也不愿意烧，因为在野外烧秸秆对农民没有一点好处，还费时费力。现在，农民收完玉米，地里的秸秆有专业的公司来打捆离地，还免费给农民一吨半秸秆压块用来烧火做饭取暖，足够农户一年用度。

点 评

我国是农业大国，农作物秸秆产量大、分布广、种类多。不容忽视的是，大量秸秆一般都直接在田间焚烧，造成严重的环境污染问题，危害人们身体健康。近年来，全国各地都在不断加大秸秆禁烧力度，但仅靠禁烧不能从根本上解决问题，治本之法是为过剩的秸秆找到合理利用的出路。吉林省长春市九台区积极推进秸秆综合利用绿色发展，实打实地变"废"为"能"，为秸秆找到真正的出路，其做法被农业农村部转发，值得全国秸秆行业借鉴。

执笔：周理程、齐新征

主要参考文献

[1] 周子清：《长春市九台区全力打造全国秸秆综合利用新样板》，吉林省人民政府网，2018年12月7日。

[2] 刘佳宁、宋悦：《变"废"为"能"——长春市九台区秸秆综合利用的实践》，《吉林日报》2019年7月12日。

[3] 袁达、孙晓云：《秸秆做"罐头"环保又增收》，《长春日报》2017年10月26日。

6. 低碳未来，梅山可期——宁波梅山国际近零碳排放示范区

从中国第五个保税港区到宁波国际海洋生态科技城，从原来的港口、贸易、物流功能到科技、文化、旅游、金融、高端研发制造等功能，地处北仑东南部的梅山，主导产业多为低能耗产业，如海洋科技与智能装备、现代金融创新服务、生命健康、生态休闲旅游等。当前，浙江省宁波市梅山新引进的项目也都植入了低碳理念。梅山单位GDP的二氧化碳排放为全国平均水平的1/10，单位GDP综合能耗仅为全国平

均水平的 1/5，人均二氧化碳排放为全国平均水平的 1/2。

2018 年 2 月，梅山正式启动"国际近零排放示范区"建设。以梅山岛为核心的国际近零碳排放示范区，规划总面积约 333 平方公里，其中陆地面积 240 平方公里。

梅山岛上的建筑，充分融入了绿色低碳理念。如某品牌汽车依港而建的厂区，厂房外立面全部采用新型低碳复合型保温板，与传统工艺涂装不同，这种保温板污染少、能耗低，可将厂房内的保温能效提高 30%。与传统露天式停车场不同，厂区采用的是车棚式光伏停车场，上面光伏发电，下面停车，不仅能降低紫外线对车的直射，还能阻挡灰尘，保护车身，停车场光伏发电直接并入电网，供生产车间使用，可解决企业约 40% 的生产用电需求。

在绿色建筑快速发展的背后，是梅山低碳政策、体制机制上的"绿色"创新。梅山在土地规划、开发建设前期，就明确地块的绿色建筑星级，引导社会资本参与绿色低碳建筑。同时加大政策扶持力度，通过建筑节能专项资金扶持、商品房提前预售、容积率奖励、公积金贷款额度提升、贷款利率下浮等环节，出台绿色发展的激励政策等。

清洁能源与节能技术的应用，彻底颠覆了港区吊具的高污染形象。过去，港区里的吊具都靠柴油驱动，能耗高、污染重。而今，吊具用上清洁能源，并通过能量回馈技术在"一起一落"之间实现再生电能的重复利用。比如，吊起一个集装箱，靠电驱动；放下这个集装箱，自身重力产生动能，再转换为电能回馈到交流电网中，很快又投入下一个起吊动作中。新技术的运用，大大降低了港区吊具的能耗，实现低碳节能。仅 2019 年上半年，梅山港区投入约 1500 万元，新增 22 套能量回馈装置，新增 28 台电动吊具，实现节能约 50%，年节能 4000 多吨标油。

梅山深度挖潜风电、光伏、生物质、天然气等清洁能源，已基本建成以可再生能源为主的本地电力供应体系。据统计，梅山光伏年利用时间在 1000 至 1100 小时，现有屋顶分布式光伏年发电上网 2100 万度。区域内某环保公司依托垃圾发电，总装机量 32 兆瓦，年发电上网量

1.98 亿度。

——■ 梅山风电（图片来源：《宁波日报》）

在充分利用可再生能源发电的同时，绿色低碳理念还充分体现在用电管理上。智能终端是梅山管委会出资对一部分用户安装的智慧能源采集器，有了这个采集器，可以实现用电数据的全接入，再通过大数据运算分析，为企业进行能效管理、能效考核，甚至每个月都可以为企业提供用能分析。某品牌汽车的焊装车间安装了谐波治理装置，将生产用能数据接入了梅山智慧能源管理服务平台，方便企业用户和能源服务公司运维人员随时查看。该车间 0.4 千伏母线电压总谐波畸变由之前的5.1%降到了 2.6%，平均母线电流也从近 2000 安培下降到 1500 安培，产品平均能耗下降近 25%。

今日之梅山，高质量发展的特征越来越明显，这个建设中的美丽港城，绿色低碳已成新风尚。在宁波大学梅山海洋科教园区，建设了通海风道，引入清凉海风，结合自然光、屋顶绿化、遮阳、天井等绿色建筑技术，减少能源消耗。在岛中央，原本星星点点的渔家，被干净整洁的新社区取代。随着龙湖、美的、世茂等国内一线房企入驻，一座座低碳生态居住区拔地而起。正在谋划中的梅山旅游轨道专线，无缝衔接市区交通网络，更高效更低碳。

梅山在奋力推进"一港五区"建设中，走绿色低碳发展的道路，实现生态效益和经济效益齐飞。监测数据显示，梅山已成为宁波全市环境空气质量最好的区域之一，PM$_{2.5}$年平均值仅为 25 微克/立方米，宜居、宜业、宜游的品质港城正在崛起。按照梅山设定的绿色低碳发展中长期目标，到 2030 年，梅山的可再生能源占一次能源消费比重超过 71%，风能、太阳能、生物质能、海洋能等可再生能源在电力供应中的占比达到 90%，打造"无煤城市"，电力供应以本地可再生能源为主，实现电力系统近零碳排放。同时，梅山的单位 GDP 能源消费和碳排放相比 2017 年分别下降 49% 和 76% 左右。

点　评

气候变化是人类面临的全球性问题，随着各国二氧化碳排放，温室效应不断积累，导致地气系统吸收与发射的能量不平衡，造成全球气候变暖，严重影响自然生态系统的平衡，同时对人类的生存发展造成威胁。为此，世界各国以全球协约的方式减排温室气体，我国由此提出碳达峰和碳中和目标。低碳发展成为未来社会经济发展的主导方向，而"近零排放"比"低碳排放"要求更高，在状态上更接近于碳中和。宁波梅山积极创建"国际近零排放示范区"，通过构建低碳能源体系、合理控制终端部门能源消费、积极打造低碳产业结构，走"绿色港口、绿色贸易、绿色产能、绿色金融"互联互通的创新发展路径，推动形成绿色发展的"梅山模式"，将有望为全国乃至全球低碳发展提供良好的示范效应。

执笔：周理程、齐新征

主要参考文献

[1] 刘江峰、李一：《创建国际全域近零碳排放示范区 宁波梅山：迈向绿色低碳的高质量发展道路》，中国产经新闻，2019 年 6 月 17 日。

[2] 牛广文：《"近零碳排放"示范区为何落户宁波梅山》，人民网，2019 年 12 月 23 日。

[3] 王健等：《坚持绿色低碳，建设一个清洁美丽的"梅山样本"——宁波梅山创建国际近零碳排放示范区纪实》，《浙江日报》2019 年 6 月 20 日。

（二）碧水保卫战

1. 浙江五水共治

浙江省是我国沿海经济最为发达的省份之一，著名的江南水乡，其经济高速发展与水资源、水环境保护矛盾问题曾一度非常尖锐。江浙边界沉船封航、东阳画水事件等水污染事件频发，浙江省十余年自上而下的环境整治行动并未彻底扭转水生态环境恶化趋势，在经济高速发展的同时，人民群众对于优美生态环境的幸福感并没有得到有效提升，尤其是 2013 年发生了多地生态环境局局长被公众邀请下河事件。党的十八大以来，浙江省委、省政府深入贯彻习近平总书记提出的"绿水青山就是金山银山"重要思想，践行创新、协调、绿色、开放、共享五大发展理念，于 2013 年底作出了"五水共治"的决策部署，宁可每年以牺牲一个百分点的经济增速为代价，也要以治水为突破口，倒逼经济转型升级，决不把污泥浊水带入全面小康。自此，浙江全面吹响了实施"治污水、防洪水、排涝水、保供水、抓节水"五水共治的冲锋号。

浙江省针对"五水"分别制定了详细的实施方案，有明确的实施进度计划与目标。以流域水质改善为目标导向的治污水，采取的治水措施主要集中于工业污染整治、农业农村污染治理；以疏堵并举为基本原则的防洪水，主要通过实施三年行动计划，全面建设强库工程、固堤工程、扩排工程，有效解决平原排洪能力不足、堤防建设配套不完善等问题；以消除易淹易涝片区为工作要求的排涝水，主要实施"固河堤、疏河道、新开河、畅管网、除涝点、强设施"等六大工程，着力建成较为完善的城市排水防涝工程体系；以新需求为导向的保供水，重点推进"开源""引调""提升"三类保供水工程建设，力争实现县级以上城市及主要城镇集中式多源供水的工程体系基本形成，农村饮水安全保障水平基本与城镇同步，农业"两区"灌溉设施全覆盖；以提升水资源利用效率为核心的抓节水，主要实施"雨水示范、屋顶收集、改造器具、一户一表、节水型载体创建、农业节水改造、工业节水改造"七大工程，全面提高工农业及城镇生活节水水平。

"五水"分别是治水的五个方面，之间既相互独立，又相互关联。一方面，治污水可提高供水水质，保障供水安全，同时治理后的污水可进一步循环利用，是抓节水的重要手段。另一方面，抓节水可减少污水的使用量与排放量，有利于进一步降低治污水的压力。防洪水能力的提升可有效减轻排涝水的压力，排涝水能力的提升则可反过来减轻防洪水的压力。"五水共治"是一个综合系统工程，是一场持久的攻坚战。浙江的"五水共治"步骤中有重点、有次序，例如，治污水首先从水环境问题较为严重的河流着手，开展水环境整治工作，形成可推广、可复制的试点工程向其他湖库流域全面铺开。整个治水过程分为"清三河""剿灭劣Ⅴ类水""建设美丽河湖"等三个阶段，每个阶段层层递进，力争依次实现由"脏"到"净"、由"净"到"清"、由"清"到"美"的转变。同时，治水以建管并举为基本方针，在全面完善水质在线自动监测网络、加强联合执法的同时，建立了严格的治水考核机制，行政司法、新闻舆论和公众监督共同发力，保障治水实施成效。

通过实施"五水共治"，浙江省水环境质量显著改善，劣Ⅴ类断面全面销号，水体黑、臭等感官污染基本消除。钱塘江流域由此成为全国沿海省份中率先剿灭劣Ⅴ类水的大流域，昔日的垃圾河、黑臭河变成了景观河、风景带。同时，"五水共治"加速推进了转型升级，经济结构

───■ 钱塘江流域（图片来源：中国青年志愿者网）

正向形态更高级、结构更合理、质量效益更好的方向转变。目前，以新产业、新业态、新模式为特征的"三新"经济已占全省GDP的1/5，对GDP增长的贡献率达2/5以上。习近平总书记指出，环境保护要形成"政府主导、部门协同、社会参与、公众监督"的新格局。"五水共治"的实践体现了环境治理理念从"政府管理"向"多元治理"转变，体现了环境治理构架上从"党政单一主体"向"社会复合主体"的转变。五水统筹治理、统一规划，分阶段、按计划有序推进治水方案，按重点推动，逐步深化，是浙江治水特色。

点 评

传统概念中，治污水、防洪水、排涝水、保供水、抓节水是相互独立的，忽视了各水之间的相互作用关系。由此，诸多流域治理仅关注污水，采取的流域治理措施主要针对污水治理，然而抓节水、保供水、防洪水、排涝水等其他"四水"可有效减轻污水治理压力、全面保障污水治理成效，对污水治理必不可少。浙江充分利用了五水之间相互关联的逻辑关系，其五水共治策略突破了流域治理的固化思路，为流域系统长效治理打开了崭新的局面。同时，浙江五水共治的实践经验中，也要看到在五水共治理念下，流域从"脏"到"净"，"净"到"清"，"清"到"美"，并不是一朝一夕之事，也不只是一个部门的事，需全面协调联动，充分发挥各方力量，聚心聚力重点问题，分层次分阶段，加强监督监管，推动各项五水共治任务落地、落实、落细，才可确保流域美丽河湖愿景目标的全面实现。

执笔：赵媛媛、付广义

主要参考文献

[1] 马超峰、薛美琴：《水环境危机与治理赋权——以浙江省五水共治为例》，《中共宁波市委党校学报》2014 年第 5 期。

[2] 虞伟：《五水共治：水环境治理的浙江实践》，《环境保护》2017 年第 2 期。

[3] 沈佳文：《浙江"五水共治"的生态意蕴与实践反思》，《中国生态文明》2015 年第 6 期。

2. 广东深圳茅洲河之变

茅洲河是深圳第一大河，被称为深圳的"母亲河"。流域总面积 388 平方公里，在深圳境内有 311 平方公里，几乎占到市域面积的 1/6。其水环境质量影响着流域内 300 万人的生活环境。一段时间以来，随着工业化和城镇化显著加快，茅洲河流域工业企业遍布，电镀、线路板等高污染中小企业众多。流域内产业结构与工业布局不合理问题日益突出，工业污染源难以实现稳定达标排放，因长期超负荷承受两岸工业企业的污染排放，茅洲河成为珠三角污染最为严重的河流之一。2013—2014 年，茅洲河污染连续两年被列入广东省挂牌督办的十大重点环境问题之一。2013 年 3 月广东省启动了《南粤水更清行动计划（2013—2020 年）》，茅洲河流域水环境综合整治工程被列入其中。2015 年，深圳市与东莞市联合成立了深莞茅洲河全流域水环境综合整治工作领导小组，两市党委、政府主要领导任组长、副组长，着力解决茅洲河治理突出矛盾问题。

茅洲河是深圳和东莞两市跨界河流，其治理问题主要集中于四个方面：干流沿线污染源截污纳管不到位、已建成的排污管网错接漏接现象严重、生态破坏严重导致水体自净能力不足，以及上下游、左右岸、干支流治理不同步。分别针对上述症结，当地政府部门分别实施了全流域控源截污与雨污分流、河道生态系统修复等建设工程，构建了上下游、左右岸、干支流同管共治机制。茅洲河根据其水环境问题成因，创新治理模式，充分利用现有滩地，开展碧道试点段建设，改善生物环境，加快滨水空间建设，打造花鸟鱼草多样化水岸空间；实施水文调控，通过两道雍水设施提升水位，有效解决河滩部分月份无水导致的内陆化问题，全面提升河滩湿地污染物净化能力；依托碧道建设，诸多工业厂区被改造为水文化展示馆、生态环境教育基地、商业区等，大大推动了流域内产业转型升级。此外，针对流域内调度不畅、多头治理、治理不同步等问题，建立了"流域＋区域"联席会议制度、建立下沉督办协调机

——■ 治理前的茅洲河（图片来源：《深圳晚报》）

——■ 治理后的茅洲河（图片来源：《深圳晚报》）

制，成立了流域管理中心，同时，把河长体系延伸到社区一级，力求实现最大范围同管共治。通过不断努力，目前，茅洲河流域 14 条干支流水质基本达到地表水 V 类标准，14 个纳入国家平台的黑臭水体全部消除黑臭，茅洲河水环境质量改善幅度全市排名第二。

点评

黑臭水体的问题往往是症状在水里，根源在岸上。茅洲河曾经的黑臭问题亦是如此，岸上工业和生活污水截污不全面不彻底是导致其黑臭的主要原因。同时，针对茅洲河等跨地市河流而言，上下游治理不同步、区域治理未统筹是常见的水环境治理工作短板。茅洲河是黑臭水体治理的典范，其在汲取前期治理经验的基础上，科学研判了茅洲河水体污染来源，统筹流域上下游与不同区域，锚定目标，统一规划，精准发力补短板，创新形成了"流域统筹与区域治理相结合、统一目标与分步推进相结合、系统规划与分期实施相结合"的治理思路。同时，茅洲河流域治理推行的"地方 + 大企业"模式，采用流域片区项目打捆 EPC招标，引进大型央企实行"大兵团作战、全流域治理"，全面打破分段分片、条块分割的传统做法，创新形成了"一个平台、一个目标、一个系统、一个项目、三个工程包"的治理模式，有效保证了重点工程项目治理效能。同时，茅洲河流域治理坚持"减排"与"增容"两手发力，依托"增容"举措，创新带动了流域环境经济的协同发展。以上茅洲河的治理思路、治理模式、治理举措对我国其他跨区域河流水环境治理具有切实的借鉴意义。

执笔：赵媛媛、付广义

主要参考文献

[1] 楼少华、唐颖栋、陶明等：《深圳市茅洲河流域水环境综合治

理方法与实践》，《中国给水排水》2020 年第 10 期。

　　[2] 左晓君：《茅洲河水环境综合治理的新技术、新模式、新维度——〈水环境治理技术〉出版的应用与实践》，《中国水能及电气化》2020 年第 9 期。

　　[3] 刘维斯：《融入"海绵城市"理念的城市水系生态治理研究——以常德市穿紫河船码头为例》，《中外建筑》2017 年第 6 期。

　　[4] 蔡国飞：《深圳茅洲河水环境治理简介》，《能源与环境》2017 年第 2 期。

3. 云南大理洱海生态环境治理

　　洱海是云南省第二大淡水湖，湖体主要依靠入湖河流补水，湖水经西洱河流入漾濞江，最终汇入澜沧江。湖体水质主要受入湖河流及沟渠水质影响，曾经的洱海湖水富营养化程度高，先后于 1996 年与 2003 年发生两次湖体蓝藻大爆发。2015 年初，习近平总书记视察云南大理洱海时殷切嘱托当地干部群众一定要把洱海保护好，让"苍山不墨千秋画，洱海无弦万古琴"的自然美景永驻人间。自 2015 年以来，大理众志成城、上下齐心，启动了洱海保护治理"七大行动""三线"划定生态搬迁等一系列攻坚战和持久战。2020 年 1 月，习近平总书记在考察云南时，充分肯定了洱海保护与治理的成效。

　　2017 年初大理启动的"七大行动"主要包括："两违"整治行动、村镇"两污"治理行动、面源污染减量行动、节水治水生态修复行动、截污治污工程提速行动、流域综合执法监管行动及全民保护洱海行动。"七大行动"在市县指挥部领导下，以工作组进驻乡镇的方式开展具体工作。其中，面源污染减量行动按照"源头控制—调整结构—过程阻断—末端消纳"的治理思路，全面实施农业面源污染综合治理示范点项目，构筑农田生态系统，提升农业面源污染防控能力；截污治污工程提速行动主要实施流域截污治污工程、入湖河道综合治理工程，对洱海34 条主要入湖河道实施沿线截污、河岸护坡、河道生态恢复等。流域执

——■ 苍山洱海风光（图片来源：人民网）

——■ 洱海生态廊道（图片来源：人民网）

法监管行动以入湖沟渠为重点，实施一条入湖沟渠一个整治方案，实行网格化管理。除"七大行动"外，在湖区依法划定"三线"（蓝线—洱海湖区界线、绿线—洱海湖滨带保护界线、红线—洱海水生态保护区核心区界线），实施"三禁"行动（"禁磷""禁白""禁牧"），"双取消"政策（取消网箱养鱼、取消机动船），环洱海建设129公里的生态廊道，构筑绿色生态屏障。构建了"智慧程海"湖泊综合管理系统，在沿湖47条洱海入湖河道重点区域安装了71个实时视频系统、水质自动监测站及中控中心。通过系统全面的治理与管护，2019年11月至2020年5月，洱海水质连续7个月保持Ⅱ类，洱海攻坚战取得了阶段性胜利。

点　评

　　云南省从洱海保护与治理中不断反思，不断解决存在的问题和不足，走出了"就洱海抓洱海保护治理""环湖造城、环湖布局""救火式治理""保护治理洱海的责任主要是大理市"等湖泊治理与保护常见误区，通过长期实践，探索出了"全域治理，系统修复，综合整治，绿色发展，全民参与"的洱海保护治理新模式，有效推动了洱海保护治理的深入开展，洱海水质下滑趋势得到有效遏制，保护治理工作取得阶段性成效。洱海生态环境治理实例，体现了我国水生态环境保护治理理念从"一湖之治"向"流域之治"，再向"山水林田湖草"生命共同体综合施治的历史性重大转变。从洱海保护与治理的成功实践可以看出，入湖河流与沟渠污染治理与生态修复、湖区面源污染控制、环湖生态屏障构筑等工程建设是实现湖泊水环境质量显著改善的有效手段，同时，"三线"划定、"三禁"与"双取消"行动、水质在线监测监控系统等监管措施是湖泊保护与治理工程发挥长效的有力保障，洱海治理模式为国内其他同类型湖泊的治理提供了可参考的范本。

执笔：赵媛媛、付广义

主要参考文献

[1] 赵艳霞：《洱海治理"七大行动"政策研究》，云南大学 2018
年硕士论文。

[2] 胡远航、张丹：《洱海治理：一场全民参与的"马拉松"》，《时
代风采》2019 年第 7 期。

[3] 王发莹：《多元治理视角下的洱海流域水污染治理研究》，《青
年时代》2020 年第 1 期。

[4] 赵顺娟、李正祥：《洱海流域农业面源污染的控制》，《云南农
业》2020 年第 4 期。

4. 湖南洞庭湖造纸业整治带来的环境改善效应

洞庭湖是长江重要调蓄湖泊和国际重要湿地，我国第二大淡水湖
泊，担负着长江流域生态安全、水安全和国家粮食安全重大责任，也是
湖南省"一带一部"战略关键区域和"一湖三山四水"生态屏障核心。
受江湖关系调整和人为活动等影响，近年来洞庭湖水生态环境面临严峻
的保护压力。2015 年洞庭湖水质恶化严重，湖体总磷年均浓度达到
0.112mg/L。洞庭湖区由于丰富的芦苇资源，成为湖南省造纸企业聚集
地。湖区造纸产业总体上仍然存在规模偏小、集中度低、工艺相对落后
以及能耗高、污染大等问题。2005 年，益阳、常德、岳阳三市共有造
纸企业 234 家，其中环洞庭湖区 101 家。湖区制浆造纸企业中，仅泰格
林纸集团的岳阳纸业和沅江纸业具备较为完善的碱回收等环保设施。近
年来，湖区造纸企业先后多次发生废水偷排、废水不达标排放等环境违
法行为，因环境污染被举报和投诉事件时有发生，对洞庭湖水环境质
量，特别是 CODcr、BOD、SS、氯化物等指标影响较大。

近年来，湖南省委省政府强力推进环洞庭湖造纸业整治，其主要做
法如下。

一是强化规划政策引领。湖南省出台了《湖南省洞庭湖保护条例》，
为洞庭湖保护与治理提供有力的法治保障；先后制定《洞庭湖生态经济

区水环境综合治理实施方案》《洞庭湖生态环境整治三年行动计划(2018—2020年)》，省直9部门印发《洞庭湖生态环境专项整治具体措施》。为保障2018年底国家七部委联合印发的《洞庭湖水环境综合治理规划》落实落地，2019年10月湖南省配套出台《湖南省洞庭湖水环境综合治理规划实施方案（2018—2025年)》，提出"三水共治"的总体思路和重点任务，建立滚动更新项目库。2018年，省政府出台《洞庭湖区造纸企业引导退出实施方案》，要求2018年环洞庭湖三市一区坚决退出制浆产能和落后造纸产能，2019年全面退出造纸产能。

二是大力开展湖区造纸业整治。2006—2007年，湖南省政府就洞庭湖区造纸厂开展大规模整顿，至2018年洞庭湖周边关停、整顿、治理、提升转产原有的234家造纸企业，其中101家企业淘汰或转产，洞庭湖局部区域由Ⅴ类水质恢复为Ⅲ类水质。为了全面整治洞庭湖生态环境，2018年省政府要求洞庭湖区域造纸产能三年内全部退出，提出了洞庭湖区造纸退出"两步走"目标（2018年底退出制浆产能、2019年退出造纸产能）和"省统筹、市负责、县实施"的工作推进机制。至2019年底，除泰格林纸集团的岳阳纸业外，湖区其他93家企业已完全退出造纸产能。

三是聚焦关键领域重点突破。大力开展沟渠塘坝清淤增蓄、畜禽养殖污染整治、河湖围网养殖清理、河湖沿岸垃圾清理、重点工业污染源排查整治五大专项行动，累计关停退出或易地搬迁规模养殖场8827家、疏浚沟渠8.79万公里、拆除矮围网围472处、清理河湖岸线垃圾4613公里38万吨、排查整治工业企业2860家、清理杨树22.88万亩，下塞湖矮围整治得到习近平总书记的批示肯定。重点推进四口水系综合整治、洞庭湖北部水资源配置、河湖连通、安全饮水巩固提升、重要堤防加固、农业面源污染治理、工业点源污染治理、城乡生活污染治理、特殊水域与湿地保护和血吸虫病综合防控等十大工程。先后实施洞庭湖区河湖连通工程项目8个，启动实施大通湖、珊珀湖流域河湖水系连通补水调枯工程。特殊水域与湿地保护工程以大通湖、华容河、珊珀湖等为重点，按照"一河（湖）一策"的要求，坚持减排与增容并举，积极推进不达标水体综合整治。继五大专项行动后，2017 年 12 月，湖南省出台并启动实施洞庭湖生态环境专项整治三年行动计划，突出抓好九大片区治理。

四是强力推进湿地生态保护修复。积极稳妥清退欧美黑杨，2018 年以来累计清理洞庭湖区自然保护区杨树 30.65 万亩，全面开展洞庭湖区杨树清理迹地及洲滩生态修复，按照"边清理、边修复"的原则，2018 年以来累计修复洞庭湖区湿地面积 66.88 万亩，完成缓冲区、实验区湿地生态修复 7.55 万亩，以及湿地公园生态保护工程修复面积 1.64 万亩。通过清理自然保护区内欧美黑杨、拆除非法矮围、关停砂石码头、禁止采砂、打击滥捕乱猎野生动物等系列专项行动，一定程度上恢复了洞庭湖的湿地景观，增强了内湖外湖之间的水文连通性。

历年来，制浆造纸业为洞庭湖区废水和 COD 等污染物排放量最高的涉水行业，据核算，制浆造纸产能全部退出后，湖区工业企业废水排放量减少了 6971.31 万吨/年、COD_{Cr} 减少了 5019.3 吨/年、总磷 19.17 吨/年、总氮 677.12 吨，对洞庭湖水环境改善成效显著。近年来，洞庭湖水环境质量持续稳中向好。2015—2020 年，湖体 11 个国控考核断面年均值逐步下降，湖体水质逐步好转；相比于 2015 年，2020 年总磷浓度降低了 46.07%。当前，湖体国控考核断面总磷年均浓度总体在 0.05～0.7mg/L 范围内。湖区越冬水鸟超过 24.6 万只，创下 10 年之最。江豚稳定栖息种群达 220 头，麋鹿种群 164 头，生态环境不断改善。

点评

洞庭湖多年平均径流量占整个长江年总水量的 1/4，在国家生态文明建设中占有重要地位。习近平总书记高度关注湖南生态文明建设，高度重视长江和洞庭湖生态保护和治理。2018 年习近平总书记考察岳阳东洞庭湖时嘱咐湖南"守护好一江碧水"，2020 年在湖南考察时强调，要坚持共抓大保护、不搞大开发，做好洞庭湖生态保护修复，勉励湖南"牢固树立绿水青山就是金山银山的理念，在生态文明建设上展现新作为"。湖南省委、省政府始终把贯彻落实习近平总书记重要讲话指示精神作为重要政治任务和重大政治责任，将"守护好一江碧水"作为一项不可推卸的政治任务、不可逾越的底线工作、不可拖延的民生实事来抓。

湖泊水环境治理是一项系统工程，任重而道远。洞庭湖作为过水型湖泊，其水环境影响因素更多，治理工作难度更大。湖南省始终保持战略定力，坚决持续打好洞庭湖生态环境整治攻坚战、持久战。洞庭湖水环境治理工作坚持以问题为导向，以专项整治为载体，围绕补齐污染源治理短板、减少污染物排放、修复生态环境、完善体制机制、强化支撑保障等目标任务，纵深推进湖区水环境治理工作，显著提升了湖区环境治理体系和治理能力现代化水平，其经验做法对推动长江全流域保护和开发具有典型意义。

执笔：赵媛媛、付广义

主要参考文献

[1]《环洞庭湖 3 市 1 区 2019 年全面退出造纸产能有序推进》，《纸和造纸》2019 年第 1 期。

5. 湖南常德穿紫河黑臭水体治理与综合开发

穿紫河是流经湖南省常德市城区的一条千年古运河，全长 17.3 公里，流域面积 27.97 平方公里。自 20 世纪 60 年代，穿紫河因水系改道被迫切断了水源补给，变成了无法自净的"断头河"。到了 80 年代，部分穿紫河河道因城市扩展被填埋，并被分割成多段水体；受垃圾与沿岸农业面源污染，穿紫河水生态环境严重恶化。2004 年前后，常德开始第一轮穿紫河治理，完成了清淤工程、岸线硬化工程和补水工程。至

2008 年，穿紫河的生态和水环境仍没有发生不可逆性的好转。因此，常德市对穿紫河开展了第二轮改造，第二轮改造时间为 2009 年至 2018 年，主要任务为沿岸 8 个雨水泵站的改造、河道清淤、水生植被恢复及生态岸线连通等工作。通过穿紫河两轮综合治理，穿紫河流域水生态、水环境、水安全得到了全面提升，水质整体达到地表水环境质量Ⅳ类标准，穿紫河从曾经的"臭水沟"转变为集"文化河""商业河""旅游河"和"爱情河"于一体的城市生态系统和生态价值实现平台，为整座城市和居民带来了源源不断的生态产品和源源不断的综合效益，成为名副其实的城市"金腰带"。

常德穿紫河黑臭水体治理的主要做法如下。

一是开展海绵城市建设。2006 年 3 月，常德市政府与德国汉诺威政府、德国汉诺威水协、荷兰乌德勒支政府合作，启动了穿紫河生态治理工程，编制完成了《"水城常德"——常德市江北区水敏型城市发展和可持续性水资源利用总体规划》，提出"海绵城市"概念，并将城市雨水、污水、地下水等进行综合一体规划，用生态和可持续的理念进行城市水系治理修复。2009 年开始，在总体规划引领下，常德市开展了穿紫河流域全线截污、降堤修闸，改造修建雨水泵站、调蓄池、生态滤池、河道生态岸线等，并陆续启动了穿紫河集水区内的小区、道路、广场、排水管网的改造以及配套设施建设工作。2011 年和 2015 年，常德市分别通过并实施了《穿紫河两厢（皂果路至常德大道）城市设计规划方案》《穿紫河风光带修建性详细规划》等，进一步推动了穿紫河两岸风光带的配套设施建设工作。

二是开展系统治理，改善生态环境。首先通过修复地下水破损管网、提质改造 8 个泵站及泵站调蓄池、建造改造沉淀池和蓄水型生态滤池等截污净污措施，实现源头减排，增强对混流雨污水的沉淀和净化能力，为穿紫河提供清洁水源。然后利用疏浚船实施清淤工程，对穿紫河清淤疏浚，盘活水体内源。在 8.4 公里长的河道内清理出 37 万立方米的淤泥，经二次处理后用作种植土壤；建造柳叶闸，将穿紫河与沅江和城市内湖柳叶湖相连通，盘活穿紫河水源，实现水体更新。再进行生态驳岸建设，增强生物多样性。以生态驳岸代替传统码头，在驳岸区形成植被缓冲带，过滤地表径流中的沉淀物；在水体流速较低的河湾区域，以及排水泵站排水口附近区域设置生态浮岛，增强水体净化功能；放养滤食性鱼类、肉食性鱼类及底栖生物，投放本地白鲢、花鲢、鳙等鱼类5.8万尾，螺、蚌等5.8万公斤，建立鱼类、昆虫及水鸟生态圈，优化生物种群结构，增强自然生态系统的稳定性。

三是推动综合开发，促进生态产品价值实现。依托修复治理后的穿紫河风光带，推动自然景观与人文景观相结合，助力生态产品价值实现。在北岸打造德国风情街以及麻阳街、小河街、大河街等特色街道，形成餐饮、服饰等特色商业街区，提升生态产品经济价值。利用步行桥连接穿紫河南北两岸，建成5.5公里的两岸亲水栈道、5个河岸观景平台，并在河畔多点布局常德丝弦、折子戏、刘海砍樵等音乐剧实景演出，形成历史人文景观，宣传地方文化特色，实现文化价值。打通内河水系，将穿紫河与白马湖、柳叶湖等水系相连，开辟往返航道45公里、码头14个，开通"水上巴士"，建成常德市内第一条水上旅游线路，推动生态旅游发展。以整治修复后良好的生态环境为依托，吸引商企进驻，建造多个居民小区及商居综合体，实现生态产品的价值外溢。在发展"商、旅、居"产业的同时，规划建设婚庆产业园，探索生态产品价值产业化、多元化实现途径。

通过一系列举措，穿紫河治理取得显著成效。一是穿紫河生态环境持续向好。经过综合治理，穿紫河流域的洪水调蓄能力显著增强，在24小时累积降雨都大于177.8毫米极端值的情形下，常德市城区无大面积积水，穿紫河流域无内涝发生。同时，穿紫河的水体水质、水环境、水生态、水安全等得到了全面提升，生物多样性和生态系统稳定性明显增强，穿紫河生态滤池出水处化学需氧量浓度比进水处下降了59.6%，河水水质由劣Ⅴ类逐步恢复为Ⅲ类。二是生态产品价值逐渐凸显。随着穿紫河生态修复治理成效的显现和"水上巴士"项目、沿河商业产业的发展，共同构成了以穿紫河为中心的常德特色旅游线路，中断近 40 年的穿紫河航道得以恢复，穿紫河两岸文化、旅游、娱乐等相关产业每年实现收入 3000 万元以上。依托穿紫河良好的生态环境，带动沿岸商圈和高档住宅的综合开发，实现了生态效益和经济效益的共赢。三是改善了人居环境，居民幸福感不断提高。穿紫河由臭气熏天的"臭水沟"变身为市民散步休闲、放松娱乐的"城市中心绿色公园"，水质的优化、气候的改善让常德市城区人居环境质量得到显著提升。城市居民在拥有良好生态产品的同时，还可以享受"水文化""水产业"产生的生态红利，形成了绿色发展和宜居生活相互融合的和谐格局。

点 评

作为湖南省常德市海绵城市建设的重要示范点，穿紫河流域治理不仅有效提升了城市对雨水及污水等调蓄与净化能力，而且实现了流域水环境、水生态、水资源、水安全、水文化等"五水"共赢。穿紫河流域治理采用雨水收集与调蓄、污水生态拦截与净化、河道生态补水及活水、河道生态修复等系统全面的工程措施，有效实现了雨水、排涝水、溢流污水等有效调蓄与生态净化，从根本上恢复与重建了流域水生态系统，改善了流域水环境质量，保障了水资源与水安全。同时，穿紫河治理中结合流域自身历史人文特色，以环境治理举措创新形成了独具风格且深受人们喜爱的水上文化。穿紫河"五水"共赢的治理模式是中外环保行业强强联合、精准施策的成功典范，我国城市内河水环境治理的过程中，亟须这种创新的治理观念与实践，在对原有生态治理的考量之上，牢记老百姓对环境优美生活的向往，开拓环境经济思维赋予河湖更高的生态环境价值。

执笔：赵媛媛、付广义

主要参考文献

〔1〕彭赤焰、〔美〕罗帕·格罗特瓦、郑能师等：《常德市穿紫河流域生态治理实践》，《景观设计学》2017年第5期。

〔2〕陈红文：《生态浮岛在城市河流治理中的应用——以常德市穿紫河为例》，《林业与生态》2019年第6期。

6. 福建厦门五缘湾片区生态修复

福建省厦门市五缘湾片区位于厦门岛东北部，规划面积10.76平方公里，涉及5个行政村，村民主要以农业种植、渔业养殖、盐场经营为主，2003年人均GDP只有厦门全市平均水平的39.4%，经济社会发展落后。由于过度养殖、倾倒堆存生活垃圾、填筑海堤阻断了海水自然交换等原因，内湾水环境污染日益严重，水体质量急剧下降，外湾海岸线长期被侵蚀，形成了大面积潮滩，造成五缘湾区自然生态系统破坏严重。2002年，按照时任福建省省长习近平关于"提升本岛、跨岛发展"的要求，厦门市委、市政府启动了五缘湾片区生态修复与综合开发工作。通过十余年的修复与开发，五缘湾片区的生态产品供给能力不断增强，生态价值、社会价值、经济价值得到全面提升，被誉为"厦门城市客厅"，走出了一条依托良好生态产品实现高质量发展的新路。

五缘湾片区生态修复采取的治理措施主要为陆海环境综合整治、生态修复保护工程建设、片区公共设施建设和综合开发等。其中陆海环境综合整治方面，针对海域，全面开展海域内湾鱼塘和盐田还海、外湾清礁疏浚；针对陆域，开展污水截流管网建设，加快解决片区陆域雨污分流问题，建设污水处理厂对污水进行集中处理，大幅度减少进入海湾的陆域生产生活污水和初期雨水量。生态修复保护工程方面，采取拆除内湾海堤、建设闸坝、设置纳潮口等方式，增加水流动力，提高水体交换能力；开展环湾生态护岸建设，全面修复受损海岸线；实施湾区水体水质净化工程，提升湾区水环境质量；基于现有沼泽地等，开发建设五缘湾湿地公园。经过生态修复与综合开发，五缘湾片区成为厦门岛内唯一集水景、温泉、植被、湿地、海湾等多种自然资源要素于一体的生态空间。片区公共设施建设和综合开发方面，以改善民生福祉为目标导向，加快完善湾区内主干道、桥梁等交通基础设施，全面实现湾区内外互联互通，同时，环湾区建设休闲滨水步道，打造风景秀丽、生态宜人的休闲空间。

截至 2019 年底，五缘湾片区海域面积由原来的 112 公顷扩大为 242 公顷，平均深度增加了约 5.5 米，海域的纳潮量增加了约 500 万立方米，水质接近Ⅰ类海水水质标准，海洋生态系统得到恢复；片区内建成 1 处中华白海豚救护基地、厦门市栗喉蜂虎自然保护区和 10 余座无人生态小岛，吸引了 90 多种野生鸟类觅食栖息，提高了生物多样性；片区内生态用地面积增加了 2.3 倍，建成 100 公顷城市绿地公园和 89 公顷湿地公园，城市绿地率从 5.4% 提高至 13.8%，人均绿化面积 19.4 平方米，超过了厦门市人均水平。五缘湾片区依托生态环境的改善，实现了高质量发展。近年来湾区内陆续建成多家商业综合体，几百家知名企业落户湾区发展。

点 评

五缘湾片区由原来以农业生产为主，发展成为以生态居住、休闲旅游、医疗健康、商业酒店、商务办公等现代服务产业为主导的城市新区，生态价值的提升已成为经济增长的发力点。借鉴五缘湾片区生态修复成功案例，在流域或海域生态修复实践中，要同时统筹陆域与海域治理，在开展陆域截污、水域水质提升及生态修复的同时，统一谋划、系统推进，提升人居环境质量，利用生态价值提升倒逼产业转型，力争实现生态环境质量改善与经济发展的双赢。

执笔：赵媛媛、付广义

主要参考文献

［1］肖雪梅:《"湿地生态恢复工程"教学案例——以厦门五缘湾湿地生态恢复工程为例》,《福建教学研究》2014年第8期。

［2］自然资源部办公厅关于印发厦门《生态产品价值实现典型案例》(第一批)的通知(自然资办函〔2020〕673号),《自然资源通讯》2020年第8期。

(三)净土保卫战

1. 渣水同治,蜈蚣草吸污,还石门绿水青山——湖南常德石门土壤污染修复

2019年在中华人民共和国成立70周年,中央电视台向国庆献礼纪录片中,用短短几分钟展示了石门雄黄矿区砷污染治理取得的显著成效,并将矿区采取的治理修复与"精准扶贫"相结合的经验做法向全国推介。那么这个"治理修复+精准扶贫"的模式究竟是怎么回事?那得从石门县原雄黄矿区的历史说起。

石门县原雄黄矿区曾是亚洲最大的单砷矿区,具有1500多年的开采历史。常德市石门县雄黄矿区自1950年成立以来,就开始开采雄黄,冶炼砒霜,当年雄黄矿区生产的时候是废气漫天飞、废水满沟流、废渣到处堆,矿石中20%是可以提炼成砒霜,剩余80%的废矿渣便被露天倾倒在河道边上。如此状况长达30多年,给当地水体和土壤环境造成严重污染。1978年,国家停止雄黄矿的炼砒行为,随后建起了硫酸厂和磷肥厂,但污染排放仍旧持续着,直到2011年这些企业因为污染问题才被彻底关停。方圆30多平方公里的面积受到了严重的污染。周围生态环境遭到严重破坏,空气和水环境质量差,近20万吨的含砷砒霜冶炼废渣未经处理填埋在地下,因未经固化处理,经风化、雨水冲刷有些已暴露于地表,导致雄黄矿区及周边区域土壤污染面积达2万多亩,农产品重金属超标严重,严重威胁人体健康。离它最近的鹤山村是受污

染最为严重的地方，据不完全统计，这个距离雄黄矿百米之外的鹤山村全村 700 多人中，有近一半的人都是砷中毒患者，因为砷污染遗留下来的各种问题，使得这里的农民很难靠种植庄稼为生，也无法承受砷中毒后的各种生活压力，那么，现在还能有什么办法，让他们承受的伤害尽可能减小，让这片土地得到一定程度的修复，在将来，让他们的春耕不再面对这样的无奈？

石门县雄黄矿区污染事件引起原国家环境保护部、湖南省环境保护厅以及当地政府的高度重视和关注，砷污染显然已严重制约社会的可持续发展，及时安全处置砒霜冶炼废渣对保护矿区人体健康安全、生态环境安全、改善土壤环境质量、促进经济持续健康发展具重大意义。

为彻底解决石门县雄黄矿区关闭淘汰企业场地历史遗留造成的环境污染，石门县人民政府自 2012 年以来筹资建设石门雄黄矿区砷污染综合治理工程，对矿区及周边含砷污染物、污染土壤、地表水进行治理，封闭废弃的 9 个矿洞、安全填埋遗留含砷废渣及含砷污泥、集中收集处理填埋场渗滤液及矿洞渗出水、施工场地清理及生态恢复。对雄黄矿区范围内存在的 12.4 万吨含砷矿渣以及建筑垃圾进行安全处置，修建矿区截洪沟以及建设填埋场生态恢复工程，杜绝环境安全隐患；对黄水溪河道白云乡鹤山村段河道进行清淤，清淤长度达 5.11 千米，安全填埋处理含砷淤泥 5.6 万立方米。

集中国家各方专业团队力量，对矿区环境把脉问诊开良方，开展治理修复技术攻关。2014 年，中科院启动 STS 计划，在湖南石门开展砷污染土壤修复技术示范，为大规模开展土壤修复提供技术支撑。2016 年，湖南省常德市被国务院纳入《土壤污染防治行动计划》6 个土壤污染综合防治先行区之一。2017 年，国家启动湖南石门典型区域土壤污染综合治理（一期）项目，同期，石门县人民政府聘请中国科学院地理资源所陈同斌、杨军、雷梅等人组建专家技术团队，指导湖南石门雄黄矿砷污染土壤修复工作。

通过集中开展雄黄矿土壤污染综合治理，初步构建了政府主导、科技支撑、公司组织、农民参与的柑橘—蜈蚣草间作农田土壤修复新模式，利用超富集植物蜈蚣草把重金属从地里"吸出来"。取得了阶段性的治污成效，包括：

第一，完成一个全产业链的农田土壤修复示范项目。从种苗繁育、田间种植管护、末端安全处置以及全过程监测监管等方面开展农田土壤修复工程。

第二，建立国内第一个以植物修复为核心的土壤修复产业园区。将原雄黄矿区污染场地修复后，原址建设一个具备科技转化、科技研发、科学普及等功能的土壤修复科技产业园，实现土地资源化利用，提升土地资源价值。

第三，创建高收益的间作修复模式。通过超富集植物—柑橘（改良品种）间作，提高柑橘卫生品质，农田土壤中砷含量年均下降 5% 以上。

第四，实现农田土壤修复—乡村振兴协同发展。污染核心区 110 户近 200 人参与土壤修复项目，人均增收 5380 元。带动地方支柱产业转型，由低经济价值品种向高经济价值品种转型升级。

点评

党的十八大以来，在习近平生态文明思想指引下，在全国范围内开展了一场波澜壮阔的污染防治攻坚战，其中净土保卫战是三大攻坚战之一。常德市石门县在净土保卫战中，先行先试，探索出了适合石门雄黄矿区砷污染治理修复的新模式，摸索了一条以植物修复为核心＋高收益经济作物间作的治污扶贫路子，建立了国内第一个以植物修复为核心的土壤修复产业园区，不仅治了污还提升了土壤资源价值，带动当地农民创收，这些经验做法是值得推介的。短短几年时间，昔日矿区的千疮百孔，遍地荒芜，如今看到了绿意盎然和生机勃勃。石门在践行习近平总书记绿水青山就是金山银山的生态理念中，既向大自然求得了"资源价值"，又实现了矿山披绿，大地结果的美好生态环境，同时让我们明白了一个朴素的真理：只有尊重自然，与自然和谐共生，才是人类生存之道，发展之本。石门在生态文明大考中，以矿山披绿，春耕秋收交出了自己的答卷，这份答卷必将经得起历史的考验。

执笔：姜苹红、钟振宇、万勇

主要参考文献

[1] 陈同斌、杨军、雷梅、万小铭：《湖南石门砷污染农田土壤修复工程》，《世界环境》2016 年第 4 期。

[2] 刘立平、姚懿容、黄道兵：《作为全国土壤污染综合防治先行区之一，常德开启新一轮探索分类施策源头防控让"病"土重生》，《中国环境报》2019 年 5 月 21 日。

———■ 石门县雄黄矿区治理修复前后对比图（图片来源：生态修复网）

2. 先行先试，河池"治土"经验走向全国——广西河池土壤污染防治

党的十八大以来，在习近平生态文明思想引领下，绿水青山就是金山银山的生态优先、绿色发展理念在中国大地落地生根，开启了污染防治攻坚战的新征程。在党中央国务院果断决策下，围绕蓝天、碧水、净土三大保卫战，各级政府以壮士断腕之决心，在华夏大地掀起了大刀阔

斧、雷厉风行的环境污染整治行动。从国家到地方制定了系列政策法规，精心布局一批批污染治理工程项目。为探索可复制可推广的治理模式和经验，打造典型，2016年原国家生态环境保护部确定在广东省韶关市、湖南省常德市、广西壮族自治区河池市等6市先行启动土壤污染综合防治先行区建设。重点在土壤污染源头预防、风险管控、治理与修复、监管能力建设等方面进行探索实践，力争到2020年先行区土壤环境质量得到明显改善。缘何河池市就成为国家仅有的6个土壤污染防治先行区之一呢？这就要从河池市的地理环境和资源禀赋说起，"河池山锡""南丹水锡"……在明代，科学家宋应星在其名著《天工开物》一书中就描绘了河池当时采矿的情景。河池是我国有名的有色金属之乡，有色金属采选冶炼活动始于宋朝，盛于近代。改革开放以来，有色金属产业的快速发展，为河池市经济和社会作出了重要贡献。与此同时，从20世纪80年代起，集体、个体矿产资源采选冶炼活动频繁，受当时经济水平和技术条件限制，加之环境保护意识薄弱，采选冶"三废"大量无序排放到环境中，导致土壤重金属污染程度深、范围广，区域环境风险隐患突出，环境污染事故教训深刻。时间倒回到2001年，一场突如其来的特大暴雨导致环江上游选矿企业的尾矿库被洪水冲垮，大量富含铅、砷、镉等重金属的矿渣被冲到下游沿岸上万亩的耕地上。"洪水过后，被水淹过的地变得硬邦邦，寸草不生。"在受到严重污染的土地上重新种上庄稼，成了当地村民的期盼。教训深刻，污染治理迫在眉睫！作为典型，河池在地理区域和重金属污染特性上具有先决条件，因此，河池市在领了建设国家先行区任务并签订治土责任状后，不辱使命，努力探索，按照"工作先行、制度先行、模式先行"的总体要求，开启了河池特色的治土新征程。

通过先行先试、大胆探索，在中央、自治区重金属污染防治专项资金支持下，河池市实施了一系列治土举措，探索出一条路径，形成一套"总设计师＋政府管家＋专业智库"的土壤环境管理"河池模式"，那么，什么是河池模式呢？具体来说，就是引入一流的咨询机构作为技术支撑的"总设计师",对先行区建设模式进行顶层设计,编制出台相关方案,确定先行区建设的目标任务、部门职责和分工。而具体项目则通过政府采购招标总承包单位,让企业当"政府管家",垫资组织先行区项目前期技术服务工作。简而言之就是让专业人做专业的事。"河池模式"取得了阶段性成效:河池创新砒霜厂历史遗留场地治理模式,探索出砷污染防控等技术,建立了历史遗留砒霜厂、河道场地、受污染耕地环境调查与治理三大技术体系。比如:在砒霜厂遗址整治中,河池市创新采用原址刚性填埋等技术手段,低成本有效解决了高风险污染物的安全处置问题,节约中央专项资金超 4000 万元。广西第一个土壤修复工程——大环江流域土壤重金属污染治理工程项目的开启,通过植物萃取、植物阻隔及间套作修复模式和化学修复等技术,共计修复涉及大安等 3 个乡镇 7 个行政村的 1280 亩污染农田。农户在治理好的农田种植桑树发展桑蚕产业,大大提高了经济收入。根据生态环境部调研评估组反馈的意见,从全国 6 个土壤污染综合防治先行区工作进展横向对比来看,河池市在建设方案备案、组织实施方式、制度建设、项目实施等方面完成较好,多次在国家层面召开的会议上介绍工作经验并获肯定。河池"治土"经验获生态环境部肯定,并走向全国。

点 评

良好的生态环境是河池最大的优势,更是发展的最大"本钱"。绿色发展,从曾经的选择题变为如今的必答题。"如何处理好发展与保护的关系?怎样建立土壤污染综合防治体系?如何打好净土保卫战?"这些难题摆在当地面前。在国内并无成功经验可循、先行区建设初期缺人、缺钱、缺技术的艰难困境中,河池人闯出了适合解决自家门口问题的河池"道路",破解了土壤污染综合防治难题,为自治区和国家提供可借鉴的治理模式和管理经验。如今,在草长莺飞的季节,走在大环江河岸,成片的桑树长势旺盛、绿意盎然,一眼望不到边。河池"治土模式"的成功实践,遗留场地得到清理整治,遗留污染得到治理修复,这片曾因工业污染而沉寂多年的土地重新焕发生机，让生长在这片土地上的人们仍然能在这片热土上得到大自然的养育和馈赠，这不就恰恰印证了习近平总书记的绿水青山就是金山银山的科学论述。

执笔：姜苹红、钟振宇、万勇

主要参考文献

[1] 昌苗苗、余锋等：《河池模式：土壤污染防治先行区的新模式》，《中国环境报电子报》2019年5月20日。

3. 城市，让生活更美好——记上海世博会规划区域土壤污染治理修复

上海，一颗镶嵌在长江入海口的璀璨明珠，一直扮演着中国各行业的先行者。在土壤修复领域，上海亦早早开始行动。上海世博会、上海迪士尼、上海老工业区转型改造等项目中，都涉及了土壤修复。上海为全国其他省市的土壤污染防治工作提供了值得借鉴的模式。其中，上海世博会规划区域场地污染治理修复，作为土壤修复领域的先行者，开启了我国第一个在大城市中心城区开展大规模污染场地治理修复的新纪元。共处理了30万方污染土壤，是当时中国最大的土壤修复工程项目，直接催生了中国第一部场地土壤质量评价标准和污染土壤修复技术导则，填补了我国在大规模污染场地修复的空白，开创了中国城市土地可持续发展的新纪元。今天，场地修复不仅是我国环境保护和生态安全的一个重要方面，而且已经成为我国经济结构转型和城镇化的一个重要手段。

时间倒回至2002年12月，经过激烈竞争，上海获得2010年世博会的举办权，成为第一个举办综合性世博会的发展中国家的城市。上海世博会园区位于上海黄浦江畔的中心城区，黄浦江是上海的母亲河，曾孕育上海近代工业文明。1882年，在黄浦江畔的杨树浦诞生机器造纸

局，其后又诞生机器织布局、杨树浦电厂、自来水厂等。黄浦江畔的南市老城厢地区出现江南制造局、汉阳铁厂等近代工业企业。经过百年发展，黄浦江两岸码头密布、工厂林立，到 20 世纪 80 年代黄浦江市区段除外滩以外几乎没有公共岸线。上海世博会规划区域 6.28 平方千米面积中有 75% 地块为造船厂、化工厂以及码头仓库等旧工业场地，主要企业有江南造船厂、宝钢集团浦钢公司（原上钢三厂）、南市发电厂、南市水厂、上海溶剂厂、上海助剂厂、求新造船厂、港口机械厂、上海工业锅炉厂和正和染厂等数十家，这些企业大部分历史悠久，经历了从单一的规模扩张到实现可持续发展的过程，场地土壤污染状况复杂，主要是重金属污染。世博会的主题是"城市——让生活更美好"，为了实现这一主题，上海市政府作出了搬迁世博会规划区域内的现有工业企业和仓储码头的重大决策，并对世博会规划区域开展土壤污染治理修复。这项污染治理修复工程凝聚了环保铁军、科研匠人们无数个日夜探索和奋力拼搏，他们是在修复难度极大、要求极高又缺乏相应经验和时间紧迫的条件下，以坚持不懈、顽强拼搏的大国工匠精神完成了这项极具挑战又富有时代意义的世纪工程，开启了城市土地可持续发展的新纪元。这也是我国第一次解决大型污染场地治理问题，对修复技术的考虑，主要是基于污染物的特点，选取快捷、方便、实用的技术，当时考虑的技术有：挖掘—后续处理，这也是世博土壤修复采用的主要方法；其次是固化/稳定化技术，在城市最佳实践区得到应用；再就是针对有机污染物质的生物堆技术。在当时时间紧迫的情况下，挖掘—外运—后续处理及清洁土回填是最为有效的方法，对清洁土亦有严格的要求，除了土壤质量必须符合展览会用地土壤环境质量评价 A 级标准外，对土壤的其他理化指标也提出了要求，以满足回填土与当地土壤环境的协调性。对于挖掘出的土壤进行了隔离暂存，由于具有了宽松的时间，可以采用更具技术经济性的方法进行处理和后续利用。在场地修复方案设计上，当时项目建设方制定了三个工程方案，第一个工程方案：场地土壤污染修复工程方案，是以借鉴外国经验为主的方案；第二个工程方案：自建馆土壤维护方案，则融入了项目建设团队的自主创新和实践经验；第三个工程方案：城市最佳实践区的修复工程方案，这个方案的成功实施，标志着项目建设团队自主研发的技术得到了真正应用，形成了一整套污染场地修复的监测、评价、技术、方案、工程实施和后评估的能力。仅用了短短 3 年时间，共完成了 5400 平方米范围内、深度为 1～4 米的 7 个污染地块的土壤稳定化工程，有力保障了国际大型展会的用地安全和上海世博会的顺利召开，同时，对后续此类技术的实施具有很好的示范和借鉴意义，也形成了我们对城市大型污染场地修复与管理的工程实践经验。

点 评

　　上海世博会园区建设是上海城市更新首次大规模实践，亦是城市，让生活更美好理念的生动实践，开启了城市土地可持续发展的新纪元，为正在"创新驱动发展、经济转型升级"的上海提供发展新动力。上海世博会园区土壤污染治理修复工作可圈可点的不仅是保障了国际大型展会的安全用地，开启了两个新纪元，更为重要的是：在上海这样寸土寸金的国际化大都市，能够在城市中心城区如此大规模的搬迁工业企业和仓储码头，并开展搬迁场地的污染治理工程，这需要政府拿出壮士断腕的决心和气魄，这正是上海落实习近平总书记生态文明思想的伟大实践，也是生态文明思想引领城市经济转型升级的样板工程。这项工作也深刻体现了以人为本的科学发展观，撤离城市工业，腾出更多公共空间，让地于民，给百姓营造更加优美宜居的生活环境，谁说不是一项惠泽上海几千万百姓的民生工程呢？这是一场政府主导，人民创造，永载史册，流芳千古的生态文明实践。

执笔：姜苹红、钟振宇、万勇

主要参考文献

［1］付融冰：《世博园区大型污染场地修复的技术实践与启示》，中国生态修复网，2014 年 1 月 15 日。

4. 为百姓的米袋子安全保驾护航——湖北大冶农田土壤重金属污染修复

万物土中生，土壤是农业生产最基本的生产资料，土壤赋予人类的财富是其他任何物质不可替代的，它的存在实现了人类与自然界的物质与能量交换，使得人与自然界的生态链得以完整。同时，土地是人类获得生存资料的主要来源，有统计表明，人类消耗的 80% 以上的热量、75% 以上的蛋白质和大部分的纤维都直接来源于土壤。长期以来，以大量投入化肥、农药及机械作业为特征的石化农业的发展，使得中国农业生产效率大大提高，并实现了工业现代化的飞速发展，中国经济在过去几十年的时间取得了世界瞩目的成绩。但同时也伴随着我国环境问题的日益突出，大气污染、水污染、耕地污染问题不断突出，人类赖以生存的生态环境被严重破坏，人类赖以生存的土地也面临着前所未有的挑战，主要表现为农产品质量安全问题、人类重大疾病发病率不断升高等问题。近年来发生的"镉大米""毒生姜""砷中毒""癌症村"事件就是最好的证明。

习近平总书记说过"将饭碗牢牢端在自己手上"，这是党的十八大以来实施的粮食安全战略，其中最重要的基础就是守住 18 亿亩耕地红线不动摇。我国目前面临着耕地规模缩小与耕地质量偏低并存，耕地污染威胁人体健康的严峻形势。因此，开展耕地污染治理修复，恢复农田基本功能，确保农产品生态安全和保障人民群众的健康，彻底消除农产品安全隐患刻不容缓。2016 年 5 月 28 日国务院发布《土壤污染防治行动计划》，明确到 2020 年，受污染耕地安全利用率达到 90% 左右，吹响了向耕地污染宣战的攻坚号角。为保障百姓的米袋子、菜篮子安全，保障社会和谐稳定，耕地污染治理修复的国家行动开启了。由于耕地污染治理的复杂性和地域性，国家鼓励典型区域、重点区域先行先试，开展示范试点工作，探索出绿色、经济、适用的治理修复模式和技术。近年来，各地纷纷在探索中积累经验，取得了一定的阶段性成果，耕地质量总体好转，实施分类管理，风险基本得到管控。

———■ 修复前长期撂荒的农田（图片来源：生态修复网）

　　湖北省大冶市作为我国六大土壤污染综合防治先行区之一，在先行先试，大胆探索中走出了耕地污染治理的"大冶模式"。大冶市有近3000年的矿产开采和冶炼历史，是我国重要的有色金属、钢铁和原材料基地，为我国社会经济发展作出了巨大的贡献。由于长期粗放式的金属矿产开采和金属冶炼，大冶市土壤、水体和农产品受到了严重的重金属污染，因此国家《重金属污染综合防治"十二五"规划》和《湖北省重金属污染防治"十二五"规划》将大冶市划为重点防控区域之一。

　　大冶市在近几年的耕地治理修复示范工程中，成功地找到了适合当地社会经济水平、科学适用的重金属污染农田"深翻耕＋"修复模式，为解决大面积农田重金属污染问题提供了成功案例。目前大冶市在成功经验基础上，正在开展一万亩农田土壤重金属修复推广工程。

　　那么大冶市的治土经验和制胜法宝有哪些？总结起来就是："污染源隔离＋农艺措施修复＋植物提取"的"深翻耕＋"联合技术，我们称之为"大冶模式"，实践表明这个修复模式在众多技术中效果最佳，能

经济作物玉米种植与筛选

经济作物小麦种植与筛选

经济作物油菜种植与筛选

经济作物水稻

———■ 农作物种植结构调整（图片来源：生态修复网）

够实现治理修复目标，恢复农田生态和农业生产使用功能，实现"边修复边生产"，农民选择意愿较强，是实施可持续修复的最佳选择。另一方面，"大冶模式"具有较强的代表性，具有大面积推广意义，因为"大冶模式"中治理修复的农田类型囊括了湖北省和我国南方大部分类型的田地。修复理念符合"土十条"对农田土壤提出的安全利用和保障农产品安全的政策要求。基于"大冶模式"的代表性和挑战性，其探索出的修复经验可为今后类似农田土壤重金属污染修复提供样板和借鉴。

点 评

人民对美好生活的向往是我党的奋斗目标，重拳出击治理耕地污染，保障百姓的米袋子和菜篮子安全，大冶市在这场耕地污染防治攻坚战中，探索出了耕地污染治理的"大冶模式"，将饭碗牢牢地端在了自己手上。随着净土保卫战场上的捷报频传，我们的大地母亲正慢慢恢复她昔日的五彩斑斓、生机勃勃，风吹麦浪、稻谷飘香的秋收景象遍布祖国大江南北，百姓获得感满满，这一切得益于党中央在生态文明建设上的英明决策和雷厉风行，生态文明为人民，生态文明靠人民。在习近平生态文明思想引领下，我们的生态文明建设步伐将迈得更稳，更快，更远。

执笔：姜苹红、钟振宇、万勇

主要参考文献

[1] 龚宇阳：《国家农田土壤修复示范——大冶市某农田土壤修复项目》，中国生态修复网，2020年4月30日。

5. 东北黑土地的保护与收获，当好国家粮食安全"压舱石"

2019年的秋天，黑龙江省桦川县玉成现代农机专业合作社传来好消息："今年又是一个丰收年，亩产将达500公斤左右。"在合作社理事长李玉成看来，水稻稳产高产优质，主要得益于这几年黑土地保护。"黑土地有机质含量高了，种出的水稻口感就好。"通过实行秸秆粉碎抛洒、耕地深翻、增施有机肥等方式，黑土耕层变厚，黑土地更有劲儿了。"前些年地比较硬，今年春耕种地时，明显能感觉到黑土变疏松了。"

那么什么是黑土地？为什么要保护黑土地？黑土地是大自然给予人类的得天独厚的宝藏，是一种性状好、肥力高，非常适合植物生长的土壤。是世界最肥沃的土壤，东北黑土地是世界主要黑土带之一。但近年来由于自然因素制约和人为活动破坏，东北黑土区水土流失日益严重，生态环境日趋恶化。出现退化、变瘦、变硬的情况。所以，开展黑土地保护利用非常重要。

2015年国家启动了东北黑土地保护利用试点项目，为期3年。黑龙江省拥有黑土耕地面积2.39亿亩，占东北黑土区耕地面积的50.6%。其中以黑土、黑钙土、草甸土、暗棕壤、白浆土为主的典型黑土耕地面积1.56亿亩，占东北典型黑土区耕地面积的56.1%。黑土地保护比蓝天保卫战难度更大、恢复过程更长、投入成本更高。为此，国家在东北黑土地保护利用试点工作方面给予大力支持：2015—2017 年，年投资 2.6 亿元，支持海伦、双城、北林等 9 个县（市、区）开展第一批黑土地保护利用试点工作，每个县（市、区）年试点补助资金近 3000 万元，实施面积 10 万亩以上，试点总面积 90.2 万亩。2018 年国家安排黑龙江省继续开展东北黑土地保护利用试点，在总结上一周期工作的基础上，黑龙江省制定了工作实施方案，并出台了《黑龙江省黑土耕地保护三年行动计划（2018—2020 年）》，切实做好黑土耕地保护工作，当好国家粮食安全"压舱石"。2018—2020 年，年投入资金 3.8 亿元，支持在宾县、青冈县、宝泉岭农场等 15 个县（市、农场）开展黑土地保护利用试点工作，其中海伦、克山、桦川、龙江等 4 个首批试点的县（市）作为整建制推进县（市）继续实施试点，每个县（市）年补助资金 4000 万元左右，实施面积 50 万亩以上；11 个新增试点项目县（市、农场）年补助资金近 2000 万元，实施面积 20 万亩以上，试点项目总面积 432.4 万亩。

通过抓试点，建机制、推模式，发挥项目示范引领作用，目前黑龙江省已落实黑土耕地保护示范区建设面积 1000 万亩。

试点区耕地质量得到改善，土壤有机质提高 3% 以上，耕层厚度达到 30 厘米以上，比项目实施前增加 10 厘米，农作物秸秆还田率达到 75% 以上，畜禽粪便等有机肥资源利用率显著提高，实现了藏粮于地。

双泉村万亩有机杂粮基地负责人说，在黑土保护试点项目支持下，通过增施有机肥，提高了土壤有机质含量；减少化肥使用量，提升了农作物的品质，目前基地已有 6000 亩农作物获得了绿色食品认证。

在另一个黑土地保护利用试点区黑龙江省海伦市，黑土保护也有了阶段性成效。海伦市双泉村万亩有机杂粮基地原来是低洼易涝的中低产田，从 2015 年开始，村民利用当地秸秆、牛羊粪便和河沟淤泥，按照一定比例堆沤有机肥，然后抛洒还田。同时，采取深松整地秸秆还田、米豆杂粮轮作等技术模式，提升土壤肥力，实现低洼类型区旱田黑土地的保护利用。

6年来，各试点项目区因地制宜，采取秸秆与有机肥还田控污提质、深松耕与少免耕蓄水保墒、控制土壤侵蚀固土保肥、米豆轮作养地补肥、科学施肥用药节肥节药等综合技术措施，有效提升黑土耕地质量，并因地制宜地形成了平原旱田、坡耕地、风沙半干旱及水田等4个类型区9个主推黑土地保护利用集成技术模式。2015年至2017年9个试点县（市、区）项目区土壤监测数据显示，土壤有机质平均含量比2015年试点实施前提高3.6%，耕地质量平均提高0.54个等级。

点评

东北黑土地是我们国家粮食安全的"压舱石"，承载着东北三省乃至更多中国人民的期盼和福祉，国家大力实施黑土地保护，既是保障粮食安全战略需要，更是充分体现了人与自然和谐共生，美丽中国建设的又一次成功实践。实施黑土地保护后，黑土地质量提升的每项评估数据，哪怕是小数点级的提升，意味着土地资源价值的增值和土地产出附加值的提升，这是大自然对人类的恩赐和回馈，更是人类尊重自然、尊重科学规律，人与自然和谐共生结出的累累硕果。这是习近平生态文明思想落地生根、开花结果的又一次成功实践，对黑土地的保护，让东北这片黑土地更加美丽富饶。

执笔：姜苹红、钟振宇、万勇

主要参考文献

［1］王建：《黑龙江：黑土地保护试点"试"出生态高效益》，新华网，2019年10月2日。

———■ 东北黑土地（图片来源：《黑龙江日报》）

（四）矿山环境综合治理与固体废物

1. 福建龙岩：矿山变青山，危山变金山

福建省全面推行废弃矿山恢复治理工程包，采用政府、市场双轮驱动，推动各地多模式开展废弃矿山开发式治理，实现了两个转变：一是从政府主导、财政投入为主的工作模式，转变为政府引导、财政扶持、政策保障、社会参与的新工作模式；二是从单一的责任人约束性治理责任，转变为按照"谁治理谁受益"的新模式，激活治理内生动力。先后涌现出一批废弃矿山治理的生动实践，尤其是龙岩市，将矿山变青山、危山变金山，形成了"紫金山"模式。

龙岩市是福建省最大的产煤市和金、铜矿区，其中紫金山煤矿采矿区先后聚集了虎中煤矿、虎坑山煤矿、盈源煤矿等多家煤矿，开采面积2800多亩。早在2005年，这里的煤矿资源基本采空，留下的是生态受到严重破坏的山体，任意堆放的废弃矿渣，且存在很多地质灾害隐患，加强治理势在必行，但钱从哪里来？龙岩市不走寻常路，出台多项优惠政策，构建政府为主导、企业为主体、社会组织和公众参与的环境治理体系，逐步形成了"紫金山模式"，即由引进的企业负责先期投入资金进行废弃矿山治理，首先解决采矿造成的地质灾害问题。同时，政府支持企业向上争取生态治理项目资金，由企业完成生态修复。在此基础上，治理后新增的建设用地由企业适度开发，既减轻政府压力，又将原来的矿山变成建设用地，达到生态效益、经济效益双赢。

━━━━■ 福建省龙岩市紫金山体育公园鸟瞰（图片来源：中国青年报客户端）

龙岩紫金山体育公园满目苍翠，不少市民在此休闲、散步，是"紫金山模式"的成功典范。几年前，这里还是荒芜破败、矿渣成堆的一片废弃矿山，通过修复工程的实施，一座满目疮痍的废弃矿山已建成运动主题公园和生态宜居新城，崭新的体育健身场馆、优质小区，碧波荡漾，绿草成荫，令人心旷神怡。紫金山体育公园项目业主已累计投资30多亿元治理废弃矿山，整理出绿地1700多亩、建设用地1350亩，复绿改造边坡防护用地近500亩，再造中央公园景观区1300多亩。紫金山的变化是福建省创新模式的成果，通过吸引社会资本参与综合开发，大大减少地方财政压力，实现了废弃矿山治理可持续发展。

另一方面，龙岩市在福建省率先开展上下游补偿试点工作，健全了长汀江上下游补偿机制和生态保护市场体系，同时试点开展生态环境损害赔偿工作，完善环境资源司法保护机制，创新环境保护监管考核机制，不断以改革创新为动力推进生态文明建设。其中，龙岩市上杭县在制度建设方面走出了特色。上杭县检察院与紫金矿业通过建立生态保护

"检企联络机制"，积极参与紫金山矿区地质环境治理工作，助推矿山企业落实环境安全措施，恢复生态治理，合力铸造了可复制、可推广的"紫金典范"。目前，紫金山矿区已恢复矿山植被 8265 亩，紫金山国家矿山公园成为我国首批矿山公园。紫金山金矿和上杭县检察院开展的"检企共建"是绿色矿山生态修复治理最好的案例。

点 评

福建省龙岩市矿山治理是创新矿区治理模式的生动实践。通过盘活社会资本，对矿区进行综合治理与开发，大大减轻了地方财政压力。把废弃矿山变成集运动、教育、人居、旅游、休闲、医疗、养老等功能于一体的宜居之城，实现了生态效益、经济环境双赢，是福建省首个市场化运作的废弃矿山治理项目，也是废弃矿区治理集约节约用地的一个典范。

执笔：戴欣、李二平

主要参考文献

[1]《从废弃矿山到宜居之地　龙岩紫金山体育公园的前世今生》，《中国青年报》2020 年 12 月 8 日。

2. 山西平朔煤矿矿区土地由黑到绿的和谐变奏

山西省煤炭资源丰富，开采历史悠久，采煤以及矿产品加工业曾为当地乃至全国经济社会发展作出了较大贡献。但长期开采和粗放经营，也带来了生态环境的破坏，满目疮痍的山体给人留下了抹不去的"黑色印象"。

山西省平朔矿区地处晋北宁武煤田北端，井田面积 176.3 平方公里，现有煤炭资源储量 96 亿吨，是国内最大的露井联采煤炭生产基地、全国 14 个亿吨级煤炭基地之一。山西中煤能源集团平朔有限公司（以下简称"中煤平朔"）拥有安太堡、安家岭、东露天矿 3 处露天煤矿，这些年来，他们践行"挖煤不毁环境、生态治理显著、产业循环开发、人与自然共生"的转型发展精神，走上了"生态反哺经济"的圆梦之路，将土地复垦纳入整个矿区开采方案，通过联合高等院校、科研单位开展规划设计和跟踪评估，引进有资金保证的施工队伍，走出了"采、运、排、复一体化"的路子，彻底改善了矿区的环境形象，实现了由黑到绿的和谐变奏。

首先，在管理上推行规范设计先导，完善运行管理机制。中煤平朔建矿伊始就将复垦资金列入生产成本或建设项目总投资，土地复垦工作与生产建设活动统一规划、统筹实施。结合矿区的总体规划，对土地复垦工作进行整体性、综合性、超前性的科学规划、设计和布局，实行动态控制管理，使煤炭资源开发与土地复垦紧密结合。公司高度重视表土的处理，将表土排弃位置和数量纳入采矿生产计划统一安排，并制定了相应的年度实施计划。遵照因地制宜、适地适树的原则，消灭绿化死角，大幅提高绿化率。在此基础上，进一步优化绿化的景观性，通过做到点、线、面结合，平面、立体结合，乔、灌、花、草结合，自然植物群落与人工植物群落结合的"四个结合"，使得平朔矿区工业广场已形成了四季有景的园林化景观。

其次，产学研结合层次不断提升。多年来，中煤平朔与科研院校合作，对黄土高原地貌重塑与土壤重构方面进行了深入研究，提出了地貌重塑、土壤重构、植被重建、景观重现、生物多样性重组等五方面理论，构建了黄土高原先锋植被与适生植物"草、灌、乔"结合的立体植被生态恢复模式，成为晋陕蒙黄土高原区矿山生态恢复治理的典范。

最后，在开采技术上进行创新，为复垦土地综合利用奠定良好基础。经过 30 年的持续实践，中煤平朔在露天煤矿剥采工艺更新改进、露井联合开采和露天排土场生态治理复垦等关键技术领域的研究上取得了突破，有效地解决了制约绿色开采技术瓶颈。目前，"表土剥离—采矿—回填—复垦"一体化技术日益成熟，采排规划、复垦造地计划、道路运输系统优化、供配电道路、边坡监测、征地与搬迁等一系列工作顺利推进，为后续土地综合利用奠定了良好基础。在复垦土地上，公司培养种植业、养殖业、旅游业的生态产业，开展了牛、羊、鸡、猪养殖，土豆等蔬菜日光温室种植、食用菌栽培、中药材种植等试验，已投入上亿元用于现代农业的发展，形成"复垦土地—现代生态农业"的资源循环利用产业模式。

此外，中煤平朔也逐步探索如何创新矿业用地旧模式的课题，国土资源部和山西省已将平朔公司列为采矿用地改革试点单位，原则上同意在不改变农村土地所有权性质、不改变土地规划的前提下，采矿用地实现"以租代征"，租用土地经过 3—5 年的综合治理后，将恢复好的耕地和已建设的生态农业设施返还给农民。这一步改革的棋子落地后，必将使政府、企业、农民三方得利，平朔又将为山西乃至全国的矿业用地改革再立新标杆。

————■ 平朔煤矿某矿区土地复垦局部（图片来源：中煤平朔集团有限公司）

点 评

土地资源是重要的自然资源，我国人均土地资源占有量低，耕地、林地少，对合适的矿区土地进行修复、复垦，是生态环境保护与资源保护的切实需求。中煤平朔在山西煤矿矿区资源开采过程中高度重视环境保护和生态修复，遵循"采矿与复垦一体化"原则，不走先污染后治理的老路，将矿区土地复垦纳入项目建设内容，实现高质量绿色发展。通过不断创新开采及复垦技术，最终实现了"生态反哺经济"的构想，是矿区土地修复与复垦的实践典范。

执笔：戴欣、李二平

主要参考文献

［1］刘雅彦等：《雁门关外绿色扎了根》，中国矿业报社 2018 年版。

3. 江苏徐州潘安湖采煤塌陷区由"贾汪"变"真旺"

江苏省徐州市贾汪区有着 130 多年煤炭开采史，坑洼破败、灰头土脸，"黑、脏、乱"是它的真实面孔，"雨天一身泥、晴天一身灰"是当时周边居民的生活写照。通过几年努力，贾汪区成为全国采煤塌陷治理、资源枯竭型城市生态环境修复再造的样板。习近平总书记考察潘安湖时指出，"贾汪"变"真旺"了。

贾汪区是如何实现从"一城煤灰半城土"到"一城青山半城湖"的蜕变？主要是做到了"四个创新"，即项目申报创新、治理理念创新、治理模式创新和治理技术创新。在项目申报方面，首次引进了以当地政府为法人，专家和设计公司为依托的"政府＋公司"的项目申报新模式；在治理理念方面，贾汪区委、区政府依据地形地貌特征因地制宜，以"高效农业、生态修复、湿地景观建设"的标准规划了"三大功能片区"。潘安湖湿地生态经济区建设总规划面积 52.87 平方公里，核心区面积 15.98 平方公里，外围控制面积 36.89 平方公里，力求在生态修复的基础上，通过湖泊、湿地、岛屿的组合，形成层次丰富、空间景观丰富、植被物种丰富的生态湿地空间。该湿地生态经济区 2019 年通过了国家湿地公园试点验收，实现了潘安区采煤塌陷区向中国最美乡村湿地公园的完美蜕变。在治理模式方面，潘安采煤塌陷区综合整治项目首创了"基本农田再造、采煤塌陷地复垦、生态环境修复、湿地景观建设"四位一体的综合整治新模式。通过"耕作层剥离，交错回填"等技术复垦采煤塌陷地 0.94 万亩（含永久基本农田 1044 亩）；通过扩湖筑岛、生态环境修复湖面 0.72 万亩；通过水土污染控制、地灾防治、生物多样性保护、乡村休闲旅游建设等一系列措施，实现湿地景观再造 1.13 万亩。在治理技术创新运用方面，通过与中国矿业大学、中国地质大学合作，针对潘安地区采煤塌陷地形复杂、塌陷程度不一、损毁程度严重等实际情况，创新运用了地貌重塑技术和土壤重构技术。通过"挖低垫高、削高填低、扩湖筑岛"等具体措施，把塌陷土地较深部分挖成鱼塘

—— ■ 潘安湖采煤塌陷区治理前村庄沉陷（图片来源：江苏省自然资源厅网站）

或湖面，并将明显高且突出的地块，进行土方开挖，大面积填充到相应低洼处成为可耕地或就近筑岛成景点，实现了理论与实践的结合。

通过综合整治，原本贾汪面积最大、沉降最严重的采煤塌陷地，蝶变成为拥有"鹭影飞舟何处饮，池杉岸柳初成荫。潘安五月雨蛙鸣，璀璨榴花千里沁"如诗般美景的潘安湖湿地公园，潘安湖地区逐步实现了由"黑色经济"向"绿色经济"的转型发展。

■ 潘安湖采煤塌陷区治理后潘安湖湿地鸟瞰（图片来源：江苏省自然资源厅网站）

点 评

江苏省徐州市潘安湖采煤塌陷区治理案例，充分体现了因地制宜的治理理念，通过四位一体的综合整治模式，实现了塌陷区的高效农业、生态修复、湿地景观建设，是湿地生态修复的典范。随着国家湿地公园试点验收的通过，完成了由"黑色经济"向"绿色经济"转型的成功探索，是践行"绿水青山就是金山银山"理念的又一成果。

执笔：戴欣、李二平

主要参考文献

[1] 耿立君：《近 10 年人工改造的采煤塌陷区让贾汪变"真旺"》，中国青年网，2019 年 11 月 9 日。

4. 山东威海华夏城矿坑治理案例

山东省威海市华夏城景区位于里口山脉南端的龙山区域。20 世纪 70 年代末，因城市建设需要，龙山区域成为建筑石材集中开采区，先后入驻了 26 家企业，经过 30 年左右的开采，区域内矿坑多达 44 个，被毁山体 3767 亩，占整个城中山的 72%。森林植被损毁、粉尘和噪声污染、水土流失、地质灾害等问题突出，导致周边村民无法进行正常的生产生活，区域自然生态系统受损严重甚至部分退化。

从 2003 年开始，威海市采取"政府引导、企业参与、多资本融合"的模式，对龙山区域开展生态修复治理，由民营企业威海市华夏集团先后投资 51.6 亿元，持续开展矿坑生态修复和旅游景区建设，经过 14 年整治，完成了矿山生态修复并成功打造了国家 5A 级景区。2020 年 6 月 12 日，习近平总书记在华夏城调研时，对华夏集团通过生态修复促进文化旅游发展、带动周边村民就业致富的做法给予了肯定，正是在这里，他强调"要把绿水青山就是金山银山的理念印在脑子里、落实在行动上，统筹山水林田湖草系统治理，让祖国大地不断绿起来、美起来"。

华夏城从资本融合、因地施策和生态产业发展等方面努力将矿坑废墟恢复为绿水青山。首先是引导社会资本投入，明确生态修复和产业发展的实施主体。确立了"生态威海"发展战略，把关停龙山区域采石场和修复矿坑工作摆在突出位置，将采矿区调整规划为文化旅游区，同时引入有修复意愿的威海市华夏集团作为修复治理主体。华夏集团将修复与文旅产业、富民兴业相结合，为后续生态管护和景区开发奠定了基础。

其次是以达到最佳生态恢复效果为原则，通过采取多种技术手段，开展矿坑生态修复，将矿坑废墟恢复为绿水青山。根据山体受损情况，通过土方回填、修建隧道、拦堤筑坝、涵养水源、栽植树木等实施方式，分类开展受损山体综合治理和矿坑生态修复工作。针对威海市降水较少、矿坑断面高等实际情况，采用"拉土回填"方式填埋矿坑、修复受损山体；针对部分山体被双面开采，山体破损极其严重、难以修复的情况，通过修建隧道、隧道上方覆土绿化、恢复植被的方式进行修复；对于开采最为严重的矿坑，通过拦堤筑坝、黄泥包底的工艺储蓄水源，共修筑35个大小塘坝，通过天然蓄水、自然渗漏后形成水系，成为区内主要水源。通过因地制宜的技术组合，实现矿坑的最佳生态修复效果。

最后是发展文旅产业，将绿水青山变成金山银山。依托修复后的自然生态系统和地形地势，打造不同形态的文化旅游产品。依托长210米、宽171米的矿坑，创新打造360度旋转行走式的室外演艺节目；依据山势建设1.6万平方米的生态文明展馆，采用"新奇特"技术手段，将观展与体验相结合，集中展现华夏城生态修复过程和成效。

截至2019年，华夏城恢复被毁山体近4000亩，栽种各类树木1189万株，龙区山域植被覆盖率由65%提高到97%，修复了水系、栖息地，提高了动植物的多样性，为周边15万居民和威海市民提供了高质量的生态环境。华夏城项目探索将生态修复与产业发展、富民兴业相结合，整体谋划、系统实施，形成了因矿山修复后生态环境改善而带动社会资本投资、因华夏城建成而带动周边区域的土地增值、因盘活土地利用而带动产业发展、因产业发展而带动生态就业的良性循环，最终实现了生态、经济和社会的综合效益，是"绿水青山就是金山银山"的生动实践。

点评

山东省威海市华夏城矿坑治理前存在着森林植被损毁、粉尘和噪声污染、水土流失、地质灾害等历史遗留突出问题。政府首先确定了高的修复标准，通过引导社会资本投入，以达到最佳生态恢复效果。在矿坑生态修复工作中，当地政府积极协调治理资金，把关治理效果，保障了

　　——■ 华夏城矿坑治理前（图片来源：华夏文化旅游集团股份有限公司）

　　——■ 华夏城矿坑治理后（图片来源：华夏文化旅游集团股份有限公司）

治理工作的顺利开展。华夏城通过恢复被毁山体、水系的生态，解决了矿坑的突出生态环境问题。生态环境的改善不仅满足了周边人民对美好环境的需求，还带动了社会资本投资及产业的发展，带来了较好的社会、环境、经济效益。

执笔：戴欣、李二平

主要参考文献

[1]《山东省威海华夏城矿山生态修复成为推广案例》，《中国矿业报》2020年8月26日。

[2]《"绿水青山就是金山银山" 实践模式与典型案例（2）｜山东省威海华夏城生态修复治理谋转型发展》，生态环境部，2021年7月21日。

5. "白色沙漠"变身"生态福地"——江西寻乌系统推进矿区生态环境修复

近年来，江西省寻乌县在废弃稀土矿山综合治理和生态修复中，探索总结出"三同治"模式，实现治理空间覆盖、治理时间同步、治理目标一致的全覆盖治理，全面践行山水林田湖草沙是一个生命共同体、"绿水青山就是金山银山"等习近平生态文明思想，并积极探索生态资源产品价值转换实现路径，成功地走出了一条"生态＋"产业化治理的绿色发展道路，将昔日的"白色沙漠"转化为今日的"生态福地"，为全国生态产品价值实现探索提供了样板工程和典型案例。

（1）坚持因势利导、因地制宜，让"白色沙漠"回归"绿色家园"。

寻乌拥有世界级大型离子吸附型稀土矿区，自20世纪70年代开始了大规模开采，为国家建设和创汇作了重要贡献。但这种靠山吃山、靠水吃水、有水快流的粗放式、掠夺式发展方式，给生态环境带来了巨大甚至无法挽回的破坏，而这一切人类又迟早会得到大自然的报复。由于生产工艺落后和不重视生态环保，无序矿山开采带来了植被破坏、水土流失、水体污染、土地沙化、河道淤积、田地毁坏、土地酸化和次生地质灾害频发等一系列问题，村民的家园、良田变成了"白色沙漠"。

━━━━━■ 治理前的寻乌废弃稀土矿山（图片来源：客家新闻网）

2016 年，寻乌作为国家级重点生态功能区，抓住国家首批山水林田湖草生态保护修复工程试点政策，正视历史生态问题，下决心还清"历史欠账"，根治"生态伤疤"，先后实施了以文峰乡石排、柯树塘和涵水 3 个片区为核心的废弃矿山综合治理与生态修复工程，累计投资近10 亿元，治理修复矿山面积达 14 平方公里。

按照"宜林则林、宜耕则耕、宜工则工、宜水则水"的原则，寻乌将废弃稀土矿山整治为农业、林业或工业用地，优先针对生态破坏与环境污染严重的区域实施重点治理，统筹推进水域保护、矿山治理、土地整治、植被恢复等。经过几年的综合整治，过去每逢雨季就泥水横流的状况不见了。如今的柯树塘植被葱郁、蜂飞蝶舞、水塘清澈，一排排光伏电池板整齐排列，一条条新修的自行车道蜿蜒山间，山绿了、水清了、田肥了、路通了，村民的美丽家园又回来了。

——■ 治理后的矿区像绿色公园一样（图片来源：江西赣州文旅）

（2）坚持"三同治""生态＋"理念，让"绿色青山"带来"金山银山"。

因修复生态而关停稀土矿后，当地的经济发展受到了制约。如何让绿水青山带来金山银山？没有现成的模式可循，寻乌只能摸着石头过河。

为此，寻乌打破碎片化的治理格局，统筹水域保护、矿山治理、土地整治、植被恢复四大类工程，采用"山上山下同治、地上地下同治、流域上下同治"的"三同治"模式，着力打造旅游观光、体育健身胜地，把废弃矿山变成"金山银山"。寻乌是东江发源地，山水林田湖草兼备，自然资源丰富。把生态作为资本要素，在保护中开发，在开发中保护，寻乌走出了一条生态与经济融合发展的路子。

实践中，寻乌注重将综合治理与生态产业有机结合，坚持"生态＋"理念，走"生态＋农业""生态＋工业""生态＋光伏""生态＋旅游"的发展路径，因地制宜推进生态产业发展，促进生态产品价值实现，解决了环境保护与经济发展的矛盾，有效恢复了生态环境，破解了用地瓶颈，改善了人居环境，提升了经济效益。

寻乌的绿色蝶变，为江西省乃至全国其他地区的生态修复及生态产品价值转换提供了有益借鉴。据介绍，寻乌的山水林田湖草综合整治项目吸引了包括辽宁、山东、湖南、广东、广西等地的大批专家学者，前来参观学习。

（3）坚持生态优先、绿色发展，让"生态高地"再变"生态福地"。

寻乌坚持"生态立县"，在厚植生态优势和增强绿色发展能力两个方面齐发力，种植经济作物，发展绿色能源，利用修复后的废弃矿山建工业园区，推进资源节约高效利用，打造旅游、休闲、度假综合体，形成了"人养山、山养人"的良性循环，保障了生态产品价值的持续输出。

近年来，寻乌改造低质低效林 1050 亩，建成高标准农田 1800 多亩，利用矿区整治修复土地种植油茶、竹柏、百香果、猕猴桃、龙脑樟等经济作物 5600 多亩，走上了多元化发展之路。在石排村的废弃矿山区打造了占地约 6800 亩的工业园区，有效解决了全县工业用地严重不足的问题。昔日寸草不生的荒芜之地变成了厂房林立、绿树成荫的工业园区。目前，园区已吸引了 53 家低能耗、低污染企业落户，新增就业岗位近万个。在石排村、上甲村等矿山治理区建设了总装机容量 35 兆瓦的光伏发电站，年发电量达 4200 万千瓦时，获得了可观的经济效益。同时，大力发展生态旅游、体育健身等产业，贯通了修复治理区与青龙岩旅游风景区，修建自行车道 14.5 公里、步行道 1.2 公里，年接待游客约 10 万人次。生态产业的蓬勃发展，使当地居民的收入实现稳定增长。2019 年 4 月，寻乌县成功退出贫困县。

点 评

近年来，多地纷纷对废弃矿山进行开发式修复，取得了积极成效，如上海佘山世贸深坑酒店、长沙湘江欢乐城等，都成为矿区开发再利用的典范。寻乌县系统推进矿区生态环境修复的思路，并将矿区修复与发展生态农业、生态旅游结合起来，对其他地区开展类似工作也有一定借鉴意义。但是笔者在工作中，还是看到一些废弃已久的矿山、矿区没有得到修复治理，具备投资开发潜力的，也多停留在方案阶段，因为开展矿山修复治理的投入是巨大的、需要持续的，一般地方政府难以承受，投资方也是高度谨慎。所以，各级党委和政府都要深刻反思，当初开采矿山带来的经济收入，能否支撑现在治理修复的投入呢？在新发展阶段，必须贯彻新发展理念、构建新发展格局，坚决摒弃"先污染、后治理"的老路，坚决摒弃损害甚至破坏生态环境的增长模式。

执笔：勒伟青

主要参考文献

[1] 蓝玉林：《寻乌县治理修复废弃矿山实现多赢》，《赣南日报》2018年8月14日。

[2] 胡锦武、赖星、冯松龄：《从废弃矿山到生态"福地"——江西寻乌战荒记》，新华网，2020年9月21日。

6. 无废城市"探路者"——海南三亚

2019年，三亚市入选全国首批11个"无废城市"建设试点城市，成为海南唯一入选城市。建设试点以来，三亚市深入贯彻习近平生态文明思想和在庆祝海南建省办经济特区30周年大会上的重要讲话精神，立足国际滨海旅游城市的特点，结合海滨城市固体废物产生和管理现状，改革创新，先行先试，循序渐进、分类施策，将"无废城市"建设试点作为三亚市生态文明建设的重要组成，与"创文巩卫"、生活垃圾分类、国家级海洋生态文明示范区建设、国家农业绿色发展先行区创建、实施乡村振兴战略等试点示范工作系统集成，探索出了适合三亚市"无废城市"建设的实施路径。

促进生活垃圾减量。生活消费方面，制定下发《三亚市"无废城市"建设游客指南》《三亚市"无废城市"建设市民指导手册》，引导游客和居民从自身做起，优先选择绿色饭店、绿色旅游景区、绿色商场，倡导绿色生活消费；快递物流方面，贯彻落实《海南省加快推进快递业绿色包装应用工作方案》和《三亚市加快推进快递业绿色包装应用工作方案》，持续推广使用电子面单、环保打包袋、包装箱，缩减胶带使用，减少二次包装，并在邮政快递营业网点设置快递包装废弃物回收装置，发挥行业"逆向物流"优势推动包装废弃物回收利用；生活垃圾处理方面，印发《三亚市生活垃圾分类实施工作方案》和《三亚市生活垃圾分类实施工作指南》，分区域、分行业、分层级宣传，普及垃圾分类知识，按照四分类原则，全面实施垃圾分类，建立村收集—区转运—市处理的城乡生活垃圾一体化收运处体系，增加可回收物与有害垃圾收运车辆，基本实现厨余垃圾、可回收物、有害垃圾及其他垃圾分类收集、运输和处理；推广"无废"文化方面，开展"无废机场""无废酒店"和"无废旅游景区""无废岛屿"等 76 个绿色生活细胞工程建设，广泛推广绿色生活、绿色消费理念，

建设"无废"生态岛屿。全面实施"禁塑"方面，制定出台《三亚市禁止生产、销售和使用一次性不可降解塑料制品实施方案》《三亚市禁止生产销售使用一次性不可降解塑料制品试点工作任务分工方案》等"禁塑"系列政策 8 项，建立了市政府统一领导，各行政主管部门分工负责、密切配合的工作机制；海洋垃圾治理机制方面，加强入海垃圾管控能力，推行河长制、湖长制，从流域管控角度，加强对入海河流、海域沿岸垃圾和固体废物堆放等的监督管理和专项整治，加强巡视检查，依法查处并严厉打击各类随意倾倒垃圾入海的违法行为。制定出台《三亚市推进海上环卫工作实施方案》，全面启动海上环卫工作，实现岸滩和 200 米近海海洋垃圾治理全覆盖，构建完整的收集、打捞、运输、处理体系，打通陆海环卫衔接机制，由市住建部门统一统筹、部署，海上垃圾收集分类后，其他垃圾运至就近的垃圾中转站，可回收物进入各区

再生资源回收体系。公众参与及国际合作方面，开展防治塑料污染、管控海洋垃圾、净滩等宣传教育和培训活动，构建全民参与的社会行动体系。2020年超5万人次投入"净塑"宣传及海洋垃圾清理活动。作为国内首个城市加入了WWF（世界自然基金会）净塑城市倡议参与国际"净塑"经验分享，签署"中挪合作—海洋塑料及微塑料管理能力建设合作备忘录"，打造中挪项目"减塑"示范城市，提升三亚市海洋塑料及微塑料管理能力，推动三亚市在塑料污染防治方面的国际影响力。无废岛屿建设方面，以西岛、蜈支洲岛为研究对象，通过固体废物种类、数据和物质流分析，提出固体废物减量化、资源化、无害化处理的可行方案，制定出台了《三亚市"无废岛屿"实施细则》。目前，以西岛、蜈支洲岛为代表的"无废岛屿"建设模式已基本形成。

推进高质循环利用。循环园区建设方面，将固体废物终端处置设施全部规划入园，落实规划用地，有效避开环境敏感受体，破解"邻避效应"。目前已建成生活垃圾焚烧发电厂一期、二期、三期，餐厨废弃物处理厂、建筑废弃物综合利用厂、医疗废物协同处置、垃圾填埋场、渗滤液处理站等8个项目，保障全市生活垃圾、餐厨垃圾、建筑垃圾、医疗废物的资源化利用和无害化处理；废物协同处置方面，以生活垃圾焚烧发电厂为核心，在周边合理布置医疗废弃物处理中心、餐厨废弃物处理厂、粪便无害化处理厂、飞灰填埋厂、渗滤液处理站、再生资源集散与分拣中心、危废预处理和转运中心、炉渣综合利用厂、建筑废弃物综合利用厂、布草洗涤厂等设施，推动形成废物终端处置、可再生资源回收处置、废物储存处置以及配套服务的产业导向发展模式。在多种产业的协同下，各基础设施互为能量和原料提供者，建立园区自循环模式，实现污染物排放最小。目前，已初步形成了餐厨垃圾处理、市政污泥处置、医疗废物处置、生活垃圾焚烧发电、建筑材料制备的产业共生发展模式，实现城市各类固体废物的协同共治和资源耦合的梯级利用；开展工业旅游示范方面，在生活垃圾焚烧厂和餐厨垃圾处理厂增设科普长廊，在园区规划建设管理科教区，定期组织环保设施向公众开放，推进园区向工业旅游示范园区发展，推动解决公众的"邻避"心理。

推动美丽乡村建设。农业污染治理方面，充分发挥绿色防控区和"田洋"示范带头作用，强化技术培训和指导服务，引导和鼓励使用生物农药或高效、低毒、低残留农药和生物降解膜，逐步禁止施用重金属等有毒有害物质超标的肥料，实行测土配方施肥，大力推广水肥一体化、灭虫灯、性引诱剂等绿色农业适用技术。建立以绿色生态为导向的农业补贴制度，深度开展畜禽养殖污染治理和利用设施建设，建立农作物秸秆资源台账制度，提高秸秆回收处理数据统计和监控能力。实施农业投入品、田间废弃物回收利用工程，引进相关资质企业针对集中种植区域推广使用生物降解膜，建立废弃农药瓶、废旧农膜回收点，实现废弃物回收网点全覆盖和无害化收集转运；乡村环境整治方面，加快农村生活垃圾分类试点建设，开展美丽乡村试点生活垃圾分类屋或智能分类柜配置，2020 年完成 30 个美丽乡村生活垃圾分类示范村。狠抓城乡卫生，包括公路沿线、公共场所、河道湖面的卫生清洁，严格落实"门前三包"责任制，加大日常保洁力度，消除卫生死角；发展休闲农业、绿色生活方面。在践行生态农业、推动美丽乡村建设的基础上，发展休闲农业，以三亚海棠湾水稻国家公园、大茅远洋生态村、中廖美丽乡村等为样板项目，以农业、田园风光为基础构建旅游项目，配套生态农业展览、互动性馆廊、博物馆、体验馆等设施，传递"自然绿色是时尚生活方式"的生活理念，倡导无废的绿色生活方式。

点评

无废城市建设是一个系统工程，整体工程，涵盖一、二、三产业，包括衣食住行等方面，不仅要做好末端处理，更要做好源头减量、过程管控，尤其是要广泛发动政府、企业和公众等主体力量。海南三亚积极推进无废城市建设试点工作，充分调动各方力量，随着相关政策落地实施，"减量化、资源化"循环经济初步建立，在生活垃圾减量、"无废"岛屿建设和高质循环利用等方面做出了探索，形成了生活垃圾管理、塑料污染综合治理、旅游行业绿色转型升级及"无废"理念传播和循环经济产业园建设等多种可复制、可推广的滨海无废城市建设模式，为类似城市建设和治理提供了参考。

执笔：令狐兴兵

主要参考文献

［1］《三亚"无废试点"怎么建?》，三亚文明网，2019 年 11 月 16 日。

［2］姚伊乐、陈国友：《三亚"控塑"：白色污染综合治理模式基本形成》，《中国环境报》2020 年 12 月 4 日。

［3］《三亚市"无废城市"建设试点工作总结报告（2021 年 3 月)》，生态环境部官网，2021 年 7 月 9 日。

（五）农村环境治理

1. 千乡万村齐整治，美丽乡村入画来——浙江千万工程

2018 年 9 月，浙江"千万工程"以扎实的农村人居环境整治工作、生态宜居的美丽乡村建设成就，获得联合国环保最高荣誉——"地球卫士奖"，让千万工程成为举世瞩目的焦点。

2003 年 6 月，在时任浙江省委书记习近平的倡导和主持下，以农村生产、生活、生态的"三生"环境改善为重点，浙江省开启了村庄整治建设大行动。目标是花 5 年时间，从全省 4 万个村庄中选择 1 万个左右的行政村进行全面整治，以县级为平台、乡镇为主战场、村一级为主阵地，把 100 个县，每个县 10 个示范村共 1000 个中心村建成全面小康示范村，这个工程就叫"千村示范、万村整治"，也称"千万工程"。

多年来，浙江历届省委、省政府坚持稳扎稳打、久久为功，始终保持"一把手"直接抓"千万工程"的状态，现场会部署落实，使浙江

"千万工程"的整治范围不断延伸，整治内容不断拓展，整治内涵不断提升，已从"千万工程1.0版"升级更新至"千万工程4.0版"。

2003—2007年为示范引领期，推进道路硬化、卫生改厕、河沟清淤等工作，经过5年努力，全省累计投入建设资金600多亿元，建成1181个全面小康示范村和10303个环境整治村。

2008—2012年为整体推进期，以畜禽粪便、化肥农药等面源污染整治和农房改造为重点，全面推进人居环境改善，并制定实施"美丽乡村建设行动计划"，提出了"四美三宜两园"的目标要求，四美即科学规划布局美、村容整洁环境美、创业增收生活美、乡风文明身心美；三宜即宜居、宜业、宜游；两园即农户幸福生活家园、市民休闲旅游乐园，此为"千万工程"的2.0版，3年内对1.7万个村实施了村庄环境综合整治，基本完成第一轮村庄整治。

2013—2016年为深化提升期。围绕"两美浙江"建设新目标，开展四大行动，即"生态人居建设行动""生态环境提升行动""生态经济推进行动""生态文化培育行动"，攻坚生活污水治理、垃圾分类、历史文化村落保护利用，致力打造美丽乡村升级版，这是"千万工程"3.0版。

2017年以后是转型升级期。浙江省第十四次党代会进一步开启了浙江美丽乡村建设的新征程，作出推进万村景区化建设的新决策，要求到2020年累计建成1万个A级景区村庄，其中3A级景区村庄1000个，成为"千村示范、万村整治"工程的4.0版。目前，浙江又提出实施创建千个乡村振兴精品村、万个美丽乡村景区村的"新千万工程"。

"千万工程"一路走来，浙江农村发展思路发生了根本转变，村居面貌发生了质变，村民们的习惯发生了巨变，"美丽转身"的故事俯拾皆是。截至2017年底，浙江省累计有2.7万个建制村完成村庄整治建设，占全省建制村总数的98%；74%的农户厕所污水、厨房污水、洗涤污水得到有效治理；生活垃圾集中收集、有效处理的建制村全覆盖，41%的建制村实施生活垃圾分类处理；建成农村电商服务点1.64万个、建制村覆盖率60%；建成农村文化礼堂10966家；建立2559个古村落项目库，先后开展6批259个重点村、1284个一般村的保护利用，一大批濒临消亡的古村落重放光彩；森林覆盖率提高到61.17%，创历年新高；基本公共服务均等化实现度91.6%。2017年，全省有农家乐休闲旅游特色村1162个，农家乐经营户2.21万户，接待游客3.4亿人次，营业收入353.8亿元，增长20.5%；农产品网络零售额506.2亿元、增长27.8%。全省农民人均纯收入达到24956元，同比增长9.1%，是全国13432元的1.86倍，连续33年居全国各省区之首，城乡居民收入比仅为2.05，差距也是全国最小。"千万工程"让浙江实现了"美丽资源"向"美丽经济"的有效转化，走出了一条可持续发展、绿色发展的富民之路。

点评

　　良好的生态环境是最公平的公共产品、最普惠的民生福祉，浙江"千万工程"是为群众谋利益的民生工程、民心工程，实现了从美丽生态到美丽经济、美好生活的"三美融合"，为实施乡村振兴提供了一个可借鉴的样板，其成功之处在于：一是坚持问题导向，因地制宜，从解决农村迫切的垃圾、污水问题起步，不断延伸拓展整治范围、内涵，注意把握好整治力度、建设程度、推进速度与财力承受度、农民接受度的关系等；二是紧密联系群众，充分调动并发挥他们在建设美丽乡村中的积极性、主动性和创造性；三是一张蓝图绘到底，久久为功。

执笔：彭小丽

主要参考文献

　　[1]《习近平总书记关心推动浙江"千村示范、万村整治"工程纪实》，《浙江日报》2018年4月23日。

[2]《浙江"千万工程"托起美丽乡村》,《人民日报》2018 年 12
月 29 日。

[3]《"千万工程"造就万千"美丽乡村"》,《人民日报》2019 年 7
月 2 日。

2. "恭城沼气"照亮"乡村振兴"——广西恭城打造中国农村绿色循环新模式

位于广西东北山区的恭城瑶族自治县一度是国家级贫困县。长期以来,农户靠养猪或养鸡,在高山种玉米、低洼种水稻维持生计,经济收入来源的匮乏让人们不得不对自然资源无节制地索取,山上的树木越砍越少,土地越种越贫瘠。面对每况愈下的生态环境,恭城痛下决心,从立法治理、建设替代能源、发展生态产业等方面多管齐下,成功使人与自然和谐相处,越来越多的农民吃上"生态饭",年人均纯收入从 1983 年的 265.8 元,提高到 2017 年的 11880 元,获得联合国"发展中国家农村生态经济发展典范""国家可持续发展实验区"等荣誉。

(1) 用最严格的制度、最严密的法治保障"荒山重绿"。

大树砍完砍小树,小树砍完割树苗,树苗割完挖树兜,这曾是恭城县大部分群众每年都要做的事,封山、设卡、禁伐,巡逻、守山、护林,不能解决根本问题。据林业部门统计,彼时,恭城森林砍伐以年均 2 公里左右的速度向深山林区推进。洪灾、旱灾、虫灾等大自然的报复不期而至。20 世纪 90 年代初,人们开始意识到破坏生态环境带来的一系列问题,开始组织各村各寨封山育林,但全县放养的 3 万多只山羊却又让植被面临威胁。

针对这一严峻形势,自治县人大常委会 2001 年颁布了《恭城瑶族自治县关于保护生态环境禁止放养山羊的规定》,为保护恭城的森林资源提供了有力的制度保障。随后恭城又发布了《关于加强保护林地坡地植被的通告》《关于在全县范围内禁伐阔叶林的通告》《恭城瑶族自治县关于在全县范围内禁止开垦林地坡地的规定》,法律的力量让保护生态环境的意识深入人心，恭城的生态环境终于能够"喘一口气"了。全县森林覆盖率从 1987 年的 47% 上升到现在的 83.26%；现有生态公益林 100 万多亩，自治区级自然保护区 2 个，面积 4.66 万公顷，占全县总面积的 21.76%；林业用地绿化率 96%，道路、河流、城乡居民点"四旁"绿化率均在 95% 以上。

（2）"沼气代柴"推动形成绿色发展方式和生活方式。

精准立法从源头堵住了破坏生态环境的行为，但却让山区群众陷入了"不愁没米下锅，只求有柴做饭"的困境。为解决"有米下锅、无柴烧火"困境，恭城开始大规模推广沼气。

建第一座沼气池，远比想象的艰难得多。县里在黄岭村搞试点，但是推广员挨家挨户动员，把沼气的好处说了个遍，也没人愿意建。关键时刻，当过生产队长的黄光林站了出来，带头建沼气池，日夜加班，屡败屡试，一个月后沼气池建好了，黄光林发现，沼气的作用远不止做饭、照明，家里还明显干净多了，乡邻邻居羡慕不已。党委政府于是因势利导、大力推广，缺水泥、政府给，缺资金、政府补，缺技术、送培训。忽如一夜春风来，一簇簇蓝火，陆续在恭城大小村寨点燃。用得久了，烟熏房变净厨房、茅厕坑成卫生间，群众对沼气愈加青睐，恭城于是将沼气池建设与农村改厨、改厕、改水等相结合，让农村群众生活品质大幅提升。

乡亲们还发现，用沼液、沼渣浇树，果子结得又大又甜又多，一些群众在房前屋后搞种植，增加收入。县里乘势提出"一池带四小"（一个沼气池，带一个小猪圈、一个小果园、一个小菜园、一个小鱼塘）的庭院经济发展思路；后又提出"养殖＋沼气＋种植"三位一体生态农业战略。现在恭城的沼气池，已升级迭代到"5.0"版，造型从"方、大、深"到"圆、小、浅"，排渣从手动到自动，用气从只能即产即用到可以贮存使用，恭城的沼气池越变越实用。全县人口不到 30 万，已累计建设沼气池 6.78 万座，入户率高达 89.6%，居全国第一。

──■ 沼气池的沼液、沼渣成为有机肥料，浇灌房前屋后的蔬菜瓜果（图片来源：
《桂林日报》）

（3）不顾发展抓生态是"缘木求鱼"，要走生产、生活、生态融合
发展之路。

恭城没有区位优势、没有富集资源，靠大项目、大工业不实际，但
环境、气候、土壤等，适宜种柿子、椪柑、沙田柚等水果。恭城以沼气
为链接，逐渐摸索出"养殖—沼气—种植"模式，全力发展水果种植，
用沼液、沼渣种植出来的水果又大又甜。目前，全县水果种植面积达
50多万亩，人均水果面积、产量、收入均居广西前列，还获评"全国
农业（水果）标准化示范县""国家级出口食品（水果）农产品质量安
全示范区"。

处处青山绿水，村村果树成林，吸引了众多游客前来观光，恭城顺
势发展乡村旅游。种植月柿闻名于外的红岩村成为3A级景区，正在申
报4A级景区。社山村获得"全国特色景观旅游名村"，红岩、黄竹岗
等一批村屯被评为"全国休闲农业与乡村旅游五星级企业（园区）"，村

民们吃上了"生态旅游饭"，更加注重对自然环境的保护。如今的恭城村寨，干净平整的水泥路穿村而过，清澈的河水缓缓流过村旁，阳光穿过枝叶照耀着红瓦白墙，绿水青山白鹭，如同一幅清雅的水墨画，令人心旷神怡。

看中恭城的"生态金招牌"，中国国电集团、汇源果汁等大型企业纷纷进驻。随着贵广高铁的开通，生态恭城的后发优势进一步凸显。未来，恭城将全力打造生态养生城，创建城乡一体化示范区、现代特色农业示范区，强力发展大旅游、大养生、大文化、大流通，进一步培育新的经济增长点，促进经济转型升级发展。

点评

恭城沼气全国闻名、恭城柿子千里飘香，广西恭城以"沼气"为突破口推进生态文明建设，给我们三点启示：第一，生态文明建设是个大课题，各地应根据自身特点和资源禀赋，坚持以人民为中心，找准突破口，以点带面，形成品牌效应，写好特色文章，而不能撒胡椒面，东一榔头西一棒子，追求面面俱到结果面面不到。第二，与广西恭城同一时期启动农村沼气建设的地区其实并不少，而且其中很多地区的经济水平、自然条件、区位优势都比恭城要好，但是恭城坚持生态文明建设的战略定力不动摇、不松紧，善聚力、敢创新，一张蓝图绘到底，逐步走出了一条以沼气为核心的绿色发展之路。第三，生态环境保护要坚持与经济社会发展相统一，恭城依托沼气形成的聚合效应，将生产、生活、生态有机融合起来，对走生态优先、绿色低碳的高质量发展之路很有启发意义。

执笔：勒伟青

主要参考文献

[1] 周文俊：《"恭城沼气"打造中国农村绿色循环新模式》，《桂林

日报》2015 年 11 月 5 日。

[2]陈创明、黄启超、李振杰：《恭城沼气入户率如何拿下"全国第一"？记者探秘》，广西新闻网，2015 年 3 月 12 日。

3. 江苏常熟村镇污水综合治理示范

近年来，量大面广的农村生活污水如何治理，成为江苏省常熟市改善区域生态环境的重点。常熟按照"政府主导、企业运作、分类指导、统筹推进"原则，探索实践"统一规划、统一建设、统一运行、统一管理"新模式，着力构建"政府购买服务、企业一体化运作、委托第三方监管"新机制。生活污水治理思路从"量小散乱"向"规模统筹"转变，管理运行机制从"多头管理"向"专业运行"转变，规划建设从"各自为阵"向"整体推进"转变。

常熟农村生活污水治理模式中，污水治理统一规划方面，打破行政区划界限，整合小规模污水处理厂，打造较大规模的集中式生活污水处理厂。同时，采用纳管收集与分散处理相结合，确保农户生活污水治理全覆盖，近 70%纳入城镇管网处理，其他根据村庄形态和规模，分类选用相对集中、村组处理和分户处理三种分散处理模式。污水治理设施统一建设方面，组建国资性质的江南水务公司，整合全市资源并负责统一建设，全面解决农村生活污水处理设施多头建设、标准和要求不统一、质量和工艺无保障等问题。统一运行与管理方面，集中式处理设施和分散式设施分别委托专业公司集中运行与管理，组建市给水和排水管理处，负责污水处理设施运行、维护和监督考核。同时，创新第三方监管模式，委托中科院生态环境研究中心实行第三方监管，并根据抽检和考核结果向运营单位支付服务费。此外，为强化资金保障，政府把每年自来水费中按 1.3 元/吨附征的污水处理费纳入建设运维资金。

多年来，常熟把农村生活污水治理作为改善区域生态环境的重点和难点，持续加大工程建设力度，创新举措打造"常熟模式"，推进农村生活污水接管处理和分散处理。截至 2019 底，全市农村生活污水处理率已超过 85%，大部分村道整洁、绿化优美，一排排统一建造的民宅旁都设置了分散式污水处理设施。每家每户产生的生活污水通过出户管道进入分散式污水处理设施，经过处理后排放至河道。分散式污水处理设施投入使用后，村里的卫生状况便有了很大的提升，村容村貌也焕然一新。2020 年，常熟成为"江苏省城镇污水处理提质增效示范城市"中 5 个县级市之一。

点评

农村生活污水收集与治理问题是我国诸多流域水体水质差的主要原因之一，有的村镇虽建成生活污水处理设施，但由于缺乏运维资金等原因，设施无法正常运行，发挥作用。常熟在治理生活污水时，采用"统一规划、统一建设、统一运行、统一管理"的农村生活污水治理模式，启用新思路政府统筹规划，创建企业一体化运作模式，应用第三方监管体系，通过在自来水费附征污水处理费的方式强化资金保障。当前我国农村生活治理率仍然较低，常熟成功的治理模式可为我国农村生活污水治理提供有益借鉴。

执笔：赵媛媛、付广义

主要参考文献

　[1] 荣益、李衍博、严岩：《农村污水治理管理与融资模式的思考与建议：基于常熟农村污水治理进展调研》，《环境工程》2017 年增刊下册。

　4. 畜禽粪污变废为宝，丹棱柑橘扬名外——四川丹棱畜禽养殖污染"三二一一"治理模式

　丹棱县隶属于四川省眉山市，总面积 449 平方公里，辖 5 镇 2 乡，总人口 16.8 万人，其中农村人口占 81.1%，是典型的丘陵农业小县，是全国第一个农村生态文明家园建设试点县、国家可持续发展实验区、国家级生态示范区、中国橘橙之乡。

畜禽粪污资源化利用既是畜牧业污染防治的主战场，又是农业供给侧改革的重要抓手。近年来，丹棱县积极践行绿色生态发展理念，按照"源头减量、过程控制、综合利用"的工作思路，以实现畜禽养殖废弃物无害化处理，资源化利用为目标，探索采取畜禽养殖粪污"三二一"综合利用模式，实施"畜牧→有机肥→种植"循环发展，全域推进种养循环，构建了政府支持、第三方为主体、市场运营、权责清晰、约束有力的粪污综合利用机制，促进了全域生态环境的明显改善。

（1）种养协调，规划引领产业结构调整。

出台《畜牧业发展规划》《畜禽养殖污染防治管理办法》《畜禽养殖污染整治工作绩效考核暂行办法》《禁养区、限养区通告》等文件，为畜禽养殖污染治理工作提供制度保障。首先，鼓励农户"上山进沟、种养结合、适度规模、循环发展"的现代畜牧业发展模式，促进生态养殖与绿色种植相结合。其次，严格畜禽养殖场批建管控。按照"一审批、两同步、四禁止"原则，实行事前审批，同步建设，同步治污，禁止未批先建畜禽圈舍，禁止在禁养区内新建畜禽圈舍，禁止沼气工程不配套就投产，禁止治污设施不达标就补助。确保新建一处，规范一处，实现了产业发展的"污点"变为生态文明建设的"亮点"。该县"以种定养"，按每亩 5~8 头生猪确定畜禽养殖承载量，畜禽养殖废弃物就近就地消纳。近年来，投入专项资金 5200 万元、招引社会资本 2.3 亿元，重点发展种养循环生态畜牧业，实现了"畜牧—有机肥—种植"循环发展。

（2）分次减量，推行"三二一"模式。

"三"即建设沼气池、干粪池、沼液收集池"三池"，按干粪池每立方米 100 元，沼液收集池每立方米 1500 元进行奖补；"二"即做好"二次减量"，第一次减量是通过雨污分流、干湿分离以减少粪污产生量，

───■ 户用沼气池（图片来源：眉山市环保局）

第二次减量是将干粪和养殖户不能利用的多余沼液由沼液运输专业合作社专业服务队转运；第一个"一"即创新建立畜禽养殖废弃物应用配送服务体系，成立沼肥运输专业合作社，养殖户按 10 元/立方米、种植户按 15 元/立方米的标准分别支付沼肥运输专业服务队，经考核验收合格后政府再按 20 元/立方米的标准对沼肥运输专业服务队以奖代补；第二个"一"指一系列处理利用方式，建设田间池用于沼液"淡储旺用"，

───■ 沼渣沼液综合利用（图片来源：眉山市环保局）

异位发酵床处理技术，生物降解循环利用方式等。目前，丹棱县共"以奖代补"投入资金 3000 多万元，新建沼气池 3263 口、干粪池 1634 口、沼液收集池 10 口，成立沼肥运输专业合作社 10 个。

（3）转化利用，深化循环畜牧业发展。

建设了两家生物有机肥厂，年产有机肥达 20 万吨。整合项目资金 400 万元，对使用有机肥的经济作物示范区进行以奖代补。2017 年，全县推广有机肥面积 15 万亩，推广有机肥 22 万吨，既有效解决了粪污处理难题，又为养殖企业找到了新的经济增长点。

通过实施以种定养、"三二一一"种养循环模式，解决了养殖户与橘橙种植户的供需"断层"。2019 年，丹棱县发展畜禽养殖专业户 1700 余家，出栏生猪 21.5 万头、羊 2.4 万头、小家禽畜 419.8 万只，年产畜禽粪污量约 25 万吨，各乡镇人民政府按照区域包干的方式，同 11 支转运队伍签订转运协议，做到了粪污应转尽转，基本实现了全域覆盖。通过发酵还田，全县畜禽粪污综合利用率达到 80% 以上，规模养殖场达到 90% 以上。用发酵后的粪污灌溉果树，每年为果农提供沼肥 20 余万吨，果农因此减少化肥施用量 15% 以上，提高了土壤有机质含量，全面提升了水果等农产品品质，水果产量提高 20% 以上，果品价格提高 200%，尤其是丹棱的春见柑橘和不知火柑橘，平均达到 8~16 元/千克，水果销售实现了由卖难到买难、由论斤到论个、由集市到超市、由线下到网上销售"四大转变"，种植面积、产品价格、农民收入实现三个翻番。2019 年丹棱县橘橙种植面积 18 万亩，总产值已超过 30 亿元，"丹棱橘橙"获农业农村部农产品地理标志认证。

点 评

粪污综合化利用是农村人居环境整治和乡村振兴的重要内容，丹棱县粪污治理成功之处在于：一是科学规划，精准治污，合理划定畜禽养殖区，"以种定养"，不盲目扩大养殖规模，追求经济效益，也不随意设定养殖区域；二是体制机制创新，实现畜禽粪污收集、转运、处理、储存等各个环节环环相扣不脱节，实现了优势互补、资源共享、循环利用、绿色发展。

执笔：彭小丽

主要参考文献

［1］《四川省眉山市丹棱县畜禽养殖污染防治经验交流材料》，眉山市环境保护局，2017 年 6 月 20 日。

［2］《眉山丹棱变废为宝增效益　种养循环促发展》，国际在线，2017 年 9 月 22 日。

［3］《丹棱模式种养循环促进产业健康发展》，四川新闻网，2020 年 5 月 12 日。

5. 昔日鱼塘变绿洲，湿地景美又惠民——天津西青西西海生态湿地

"九河下梢天津卫"，天津地处海河流域最下游、紧靠渤海湾湾底，是打好碧水保卫战的主阵地，也是渤海综合治理攻坚战的最前沿。作为天津市 12 条入海河流之一的独流减河，在很长一段时期内，因河道沿岸工厂企业、渔业养殖多，河道周边淡水鱼养殖户向坑塘投放饵料造成坑塘富营养化，养殖尾水直接排入独流减河造成水体污染。

为深入贯彻习近平生态文明思想，加强渤海生态环境保护，坚决打好渤海综合治理攻坚战，西青区加大攻坚治理力度，为彻底解决独流减河沿岸鱼塘大引大排污染水体问题，投资 2.56 亿元开展独流减河沿岸生态修复工程——"西西海生态湿地"建设，实施区域生态修复，实现生态提升。

"西西海"生态湿地项目位于独流减河左岸，西起陈台子泵站、东至津王公路，跨度约 9 公里，覆盖了西青区内 3 个街镇、6 个村庄，工程总占地面积约 10465 亩，总投资 2.56 亿元，工程于 2020 年 4 月开工

──────■ 正在建设中的"西西海"生态湿地（图片来源：天津支部生活网）

建设，计划 2021 年内完工。主要做法：一是改变养殖模式。引导传统水产养殖模式有序退出，西青区先后制定了《西青区水体污染防治总体实施方案》《西青区退渔还湿工程实施方案》，对独流减河沿线 300 米范围内的渔业养殖水域进行清退，退出池塘面积 7124.98 亩，对于已退出的池塘进行口门封堵，设置退渔公示牌，严格管控；优化调整原有鱼塘地形地貌，开启"人放天养"生态模式，发展绿色生态渔业，通过修建进水闸、引水闸、节制闸等 80 座水工建筑物，实现湿地全域的水系连通。二是有效治理污染。大力推进水处理系统建设，通过"预处理系统＋强化复合式潜流湿地＋表面流人工湿地＋自然湿地"的组合处理工艺，最大限度提升独流减河沿岸周边水域系统的水质和生态环境，预计每年可降低水体中各类污染物 6000 余吨，实现由劣 V 类向优于 V 类水质的提升，为区域增添新的生态补水水源。三是提升生态承载力。深入挖掘西西海湿地的生态效能和经济效能，适度打造生态场景，营造构建"一轴、三环、多节点"生态景观和"水清岸绿、绿意盎然"的绿色空间。大力引进生态项目，加强植被绿化、路网及周边配套设施建设，确保陆域绿化面积占总面积 38.2%、水域面积占总面积 57.1%。项目充分利用芦苇等当地原有植被，选用元宝枫、白蜡、垂柳、国槐、银杏、海棠等30余种乔灌木，打造生态环保宣教平台，包括湿地系统控制中心、湿地博物馆、湿地系统展示区、环保知识宣传区、多功能演艺厅等，同时增设中央景观大道、荷花池、鸟岛、观鸟塔、苇荡迷津、房车营地、漫步休闲、鱼谷垂钓区域等多样化体验项目，让百姓与湿地零距离接触，提高生态湿地的综合价值。

目前"西西海"生态湿地项目跨河桥梁施工已全部完成，实现项目区内道路贯通，水生植物生长旺盛，引来水鸟栖息，生态效益初显，其余工程正在迅速推进，项目建成后，将实现区域生态修复提升，打造人与自然和谐共生的绿意空间。

点 评

习近平总书记指出，农业发展不仅要杜绝生态环境欠新账，而且要逐步还旧账，要打好农业面源污染防治攻坚战。党中央、国务院高度关注农业面源污染防治工作，先后出台了一系列政策措施，对农业面源污染防治发挥了有效作用。近年来，水产养殖污染作为农业面源污染之一越来越受到人民的关注。"西西海"生态湿地通过一系列管理和工程措施，将鱼塘变为湿地，既实现了区域水环境的改善，又为周边居民提供了可休憩的场所，实现生态惠民、生态利民、生态为民，为全国水产养殖面源污染治理和修复提供了可借鉴的模式。

执笔：彭小丽

主要参考文献

[1]《西青区加快建设西西海生态湿地　全面提升生态效能》，西青区政府网，2021年6月3日。

[2]《西青区实施"西西海"生态修复项目　鱼塘变湿地　生态更

利民》，天津支部生活网，2020 年 9 月 11 日。

[3]《天津市西青区深入开展水产养殖污染防治工作》，天津水产养殖网，2019 年 6 月 26 日。

第四章

以治理体系和治理能力现代化为保障的生态文明制度体系

一 概述

只有实行最严格的制度、最严密的法治，才能为生态文明建设提供可靠保障。保护生态环境必须依靠制度、依靠法治。用最严格制度最严密法治保护生态环境，加快制度创新，强化制度执行，补齐制度短板，为生态文明建设夯实保障。习近平总书记指出，要加快建立和健全"以治理体系和治理能力现代化为保障的生态文明制度体系"。要求从治理手段入手，提高治理能力，把资源消耗、环境损害、生态效益等体现生态文明建设状况的指标纳入经济社会发展评价体系，建立体现生态文明要求的目标体系、考核办法、奖惩机制，使之成为推进生态文明建设的重要导向和约束。

习近平总书记指出："从制度上来说，我们要建立健全资源生态环境管理制度，加快建立国土空间开发保护制度，强化水、大气、土壤等污染防治制度，建立反映市场供求和资源稀缺程度、体现生态价值、代际补偿的资源有偿使用制度和生态补偿制度，健全生态环境保护责任追究制度和环境损害赔偿制度，强化制度约束作用。"党的十八届三中全会通过的《中共中央关于全面深化改革若干重大问题的决定》首次确立了生态文明制度体系，从源头、过程、后果的全过程，按照"源头严防、过程严管、后果严惩"的思路，阐述了生态文明制度体系的构成及其改革方向、重点任务。党的十八届三中全会以来，体现"源头严防、过程严管、后果严惩"思路的生态文明制度的"四梁八柱"基本形成，改革落实全面铺开。生态文明制度体系建设十分重视补齐制度短板、提升治理能力、狠抓落地见效。将生态文明建设全面融入经济社会发展全过程和各方面，建立健全绿色生产和消费的法律制度与政策导向。按照"山水林田湖草是生命共同体"的原则，建立健全一体化生态修复、保护和监管制度体系。制度体系还充分考虑城乡统筹发展，建立健全农村环境治理的制度体系。建立健全全民参与的行动制度体系。

党的十九届四中全会作出"坚持和完善中国特色社会主义制度，推进国家治理体系和治理能力现代化"的决定，构建现代环境治理体系实现生态环境治理能力现代化，是建设生态文明的必要前提和必然结果。

落实党中央国务院的改革部署，以解决生态环境领域突出问题为导向，抓好生态文明体制改革和制度建设，抓好已出台的改革举措的落实。近年来我国相继推动了省以下环保机构监测监察执法垂直管理改革（简称"环保垂改"），以机构改革为契机，整合组建生态环境综合执法队伍，加强基层队伍能力建设，建立健全有效运转的生态环境保护与管理分级领导和工作推进体制。进一步完善了环境监管制度，完善和提升了航测、实测、在线监测等监管手段，加强信息化平台建设，提高监管效率。深入开展了生态补偿制度建设试点示范，强化环境执法，建立了排污者责任制度，健全环保信用评价、信息强制性披露等制度。在河长制、林长制等改革工作中，也深入落实生态文明理念，融入生态环境保护与管理的制度要求。通过制度建设，切实提高各级政府运用法治思维和法治方式解决生态环境保护问题的能力。强化环境保护法律的普及，增强全社会爱护环境、保护生态的意识。也通过建章立制，严厉打击各类环境违法行为，建立生态损害赔偿制度，体现环境有价，损害担责的原则，促使赔偿义务人对受损的生态环境进行修复。

制度体系是生态文明体系的根本制度保障，生态文明建设需要制度体系支撑。按照中央确定的生态文明体制改革设计，结合实际深化生态文明建设领域改革，建立健全生态环保督察、生态环境损害赔偿等制度，推进生态环境领域机构改革，完善配套制度体系是近年来的工作重点。本章从生态环保督察、生态环境管理体制机制、生态补偿机制、生态环境损害赔偿制度等方面选取了 17 个案例，对构建以治理体系和治理能力现代化为保障的生态文明制度体系进行分析。

二 案例分析

（一）生态环保督察制度

1. 中央生态环保督察

中央生态环境保护督察是党中央、国务院推进生态文明建设和生态环境保护工作的重大制度创新，充分吸收从严治党背景下全面加强党内监督的成功经验，在机构人员、工作程序和责任处理上借鉴《中国共产党巡视工作条例》中对中央巡视组的有关规定，紧盯推动监督环保主体责任落实，形成了特色鲜明的生态环境保护督察模式。其中《中央生态环境保护督察工作规定》明确了督察领导小组及督察办公室、督察组、生态环境部以及被督察对象的工作职责、工作权限和有关纪律要求。为体现生态环境保护督察工作的权威性和专业性，督察实行组长负责制，一次一授权，组长由省部级领导同志担任，副组长由生态环境部现职部领导担任，成员以生态环境部各督察局人员为主体。在督察形式上包括例行督察、专项督察和"回头看"三种。在督察程序上一般包括督察准备、督察进驻、督察报告、督察反馈、移交移送、整改落实和立卷归档等环节。

近年来，中央生态环境保护督察取得了明显成效：

一是推动了习近平生态文明思想的贯彻落实。借助中央生态环境保护督察的力量，推动了习近平生态文明思想深入人心，凝聚起了全社会生态环境保护广泛的思想共识，同时也推动了"党政同责、一岗双责"大环保体系的构建。更为可贵的是，全国上上下下干部群众对生态环境保护的重视程度、责任意识，和过去相比发生了根本性的变化。

二是推动解决了一大批老百姓身边的突出生态环境问题。自 2015 年底启动对河北省的督察试点以来，历时 2 年分 4 批实现了首轮对全国

31 个省（区、市）的督察全覆盖，同时还分两批完成了对全国 20 个省（区、市）"回头看"和专项督察。第一轮督察及"回头看"共推动解决群众身边的生态环境问题约 15 万个，向地方移交责任追究问题 509 个，问责干部 4218 人，有力地压实了各地生态环境保护工作责任。

三是推动了生态环境保护制度的长效化。2019 年 6 月，中共中央办公厅、国务院办公厅印发《中央生态环境保护督察工作规定》，首次以正式规章的形式明确了我国生态环境保护督察的制度框架、程序规范、权限责任等。各省（区、市）先后建立了省级环保督察制度，明确了各部门的生态环境保护责任清单，同时参照中央生态环境保护督察有关做法，开展了对所辖地市的省级生态环境保护督察。

中央生态环境保护督察是党中央、国务院为加强环境保护工作采取的一项重大举措，对加强生态文明建设，解决人民群众反映强烈的环境污染和生态破坏问题具有重要意义；督察既是"工作体检"也是"政治体检"，其强化责任担当，以高度的政治自觉、思想自觉、行动自觉来推动生态环境保护督察工作落实；发现问题是督察工作生命线，解决问题是督察工作的落脚点。

执笔：张伏中

主要参考文献

[1]《生态环境部部长黄润秋在两会"部长通道"接受媒体采访》，新华网，2020 年 5 月 25 日。

2. 陕西西安秦岭违建别墅拆除典型案例

秦岭是中国地理上的南北方分界线、气候上的暖温带与亚热带分界线，水文上的黄河水系与长江水系的分界线，也是嘉陵江、汉江及其支流丹江的源头区和主要水源地，我国珍稀野生动植物的重要分布区。但是一段时间来，秦岭遭遇了前所未有的开发及破坏。2017 年 4 月 11日，中央第六环境保护督察组向陕西省委、省政府的反馈意见显示，近年来秦岭地区采矿采石破坏生态情况突出，根据 2016 年卫星遥感监测数据分析情况，区域 270 多处矿山开采点中，60%以上存在违法违规问题，生态破坏面积达到 3500 多公顷。2019 年 5 月 13 日，中央第二生态环境保护督察组向陕西省委、省政府的反馈意见显示，陕西省一些地方和部门思想认识不到位。习近平总书记对秦岭违规建别墅问题先后作出6 次重要批示指示，但陕西省、西安市在秦岭北麓西安境内违规建别墅问题上严重违反政治纪律、政治规矩，教训深刻，令人警醒。2017 年修订《陕西省秦岭生态环境保护条例》时放松要求，在适度开发区开发建设活动管理方面，以负面清单方式代替"划定建设控制地带"，并删除"巴山生态环境保护活动参照本条例规定执行"条款，致使与秦岭同为我国中部重要生态安全屏障的巴山生态环境保护无据可依。2018 年出台的秦岭生态环境保护总体规划，仅要求对列入国家重点生态功能区的 19 个县按照负面清单管理，对其他 20 个县的开发建设活动未作出规范。

2018 年 7 月以来，"秦岭违建别墅拆除"备受社会关注。中央、省、市三级打响秦岭保卫战，秦岭北麓西安段共有 1194 栋违建别墅被列为查处整治对象。根据习近平总书记的重要批示指示，扭住不放清顽疾，一抓到底正风纪。紧接着陕西省委出台了《中共陕西省委关于全面加强秦岭生态环境保护工作的决定》，2019 年，陕西省政府印发《秦岭生态环境保护行动方案》，并规定每年 7 月 15 日召开全省秦岭生态环境保护大会，持之以恒有效保护秦岭这一国家重要生态安全屏障。2020年，陕西省生态环境厅围绕涉及秦岭生态环境的 10 个方面内容开展了联合执法检查和专项督查，印发了《陕西省秦岭污染防治专项规划》和《陕西省秦岭生物多样性保护专项规划》，划定了环境管控单元 466 个，还开展了秦岭区域自然保护区遥感监测线索实地核查等工作。监测数据表明，2015年以来，秦岭区域生态环境质量持续改善，地表水环境质量总体为优并呈现持续向好的趋势，生物多样性稳步恢复，珍稀野生动植物数量不断增加，秦岭大熊猫野外种群增幅、密度、DNA调查获取率均为全国第一。2020年4月20日，习近平总书记在陕西考察调研，第一站就来到位于商洛市柞水县的秦岭牛背梁国家级自然保护区，现场考察秦岭生态保护情况。

点评

秦岭别墅事件不仅是一个破坏自然环境的事件，而且也是个破坏党的政治环境的恶性事件。表面上看秦岭别墅事件是个破坏自然环境的事件，透过现象看本质，从秦岭别墅事件这面镜子里，我们看到了一些领导干部胆大妄为，肆意践踏和破坏党的政治纪律和政治规矩，一些官员和富豪为了自己的利益，贪图享受，打着改革和开发资源的幌子，不惜破坏环境，不惜侵害群众利益，无视人民疾苦，无视百姓利益，无视国家法令，大兴土木，将美丽的大秦岭，挖得千疮百孔，满目疮痍，惨不忍睹。

执笔：张伏中

主要参考文献

[1]《中央第六环境保护督察组向陕西省反馈督察情况》，生态环境部官网，2017年4月11日。

[2]《中央第二生态环境保护督察组向陕西省反馈"回头看"及专项督察情况》，生态环境部官网，2019年5月13日。

3. 甘肃祁连山环保督察问题整改

祁连山是我国西部重要生态安全屏障，是黄河流域重要水源产流地，是我国生物多样性保护优先区域，国家早在 1988 年就批准设立了甘肃祁连山国家级自然保护区。长期以来，祁连山局部生态破坏问题十分突出。针对祁连山的生态破坏问题，习近平总书记多次作出重要批示，要求抓紧整改。在中央有关部门督促下，甘肃省虽然做了一些工作，但情况没有明显改善。2017 年 1 月央视曝光祁连山生态环境问题后，2017 年 2 月 12 日至 3 月 3 日，党中央、国务院有关部门组成中央督查组就此开展专项督查。2017 年 6 月，中共中央办公厅、国务院办公厅印发了《关于甘肃祁连山国家级自然保护区生态环境问题督查处理情况及其教训的通报》（以下简称《通报》），指出甘肃祁连山国家级自然保护区存在的四方面生态环境破坏突出问题：一是违法违规开发矿产资源问题严重。长期以来大规模的探矿、采矿活动，造成保护区局部植被破坏、水土流失、地表塌陷。二是部分水电设施违法建设、违规运行。当地在祁连山区域黑河、石羊河、疏勒河等流域高强度开发水电项目，水生态系统遭到严重破坏。三是周边企业偷排偷放问题突出。部分企业环保投入严重不足，污染治理设施缺乏，偷排偷放现象屡禁不止。四是生态环境突出问题整改不力。2015 年 9 月，原环境保护部会同原国家林业局就保护区生态环境问题，对甘肃省林业厅、张掖市政府进行公开约谈。甘肃省没有引起足够重视，约谈整治方案瞒报、漏报 31 个探采矿项目，生态修复和整治工作进展缓慢，截至 2016 年底仍有 72 处生产设施未按要求清理到位。

2017 年 4 月，中央第七环境保护督察组向甘肃省委、省政府反馈督察意见指出：祁连山等自然保护区生态破坏问题严重，甘肃祁连山国家级自然保护区内已设置采矿、探矿权 144 宗，2014 年国务院批准调整保护区划界后，省国土资源厅仍然违法违规在保护区内审批和延续采矿权 9 宗、探矿权 5 宗。大规模无序采探矿活动，造成祁连山地表植被破坏、水土流失加剧、地表塌陷等问题突出。祁连山区域现有水电站 150 余座，其中 42 座位于保护区内，带来的水生态碎片化问题较为突出。

针对甘肃省祁连山自然保护区生态环境破坏严重问题，甘肃省委、省政府高度重视，成立了省委书记、省长任组长的"祁连山自然保护区问题整改工作领导小组"，召开省委常委会、省政府常务会、生态建设和环境保护协调推进领导小组等会议，深入一线实地指导调研，制定了《甘肃祁连山自然保护区生态环境问题整改落实方案》。对整改工作实行"一周一汇总、一月一调度、一季一报告"的工作机制，出台了矿业权分类退出办法、水电站关停退出整治方案、旅游项目设施差别化整治和补偿方案，扎实推进问题整改落实。通过一年时间，祁连山沿线各地政府采取封堵探洞、回填矿坑、拆除建筑物以及种草、植树等综合措施，基本完成祁连山保护区内 144 宗持证和 111 宗历史遗留无主矿业权的矿山地质环境恢复治理；保护区 42 座水电站全部完成分类处置，25 个旅游项目完成整改和差别化整治。祁连山保护区核心区张掖段农牧民全部搬迁。在经历"环保问责风暴"后，祁连山沿线各地正在绿色发展的全新定位中，探寻符合自身实际的产业转型之路。2017 年 9 月，中共中央办公厅、国务院办公厅印发《祁连山国家公园体制试点方案》，确定了祁连山国家公园范围面积。2018 年 4 月，甘肃省政府常务会议通过《祁连山国家公园甘肃省片区范围和功能区优化勘界方案》。这意味着，从体制机制上对祁连山进行全方位、长效保护的国家公园试点工作，又向前迈进了一步。经过努力，目前祁连山保护区问题整改已取得阶段性成效。

———■ 整治后的甘肃省肃南县九个泉选矿厂面貌（图片来源：《人民日报》）

————■ 祁连山的雪山、森林和草地（图片来源：生态环境部官网）

中央对甘肃祁连山国家级自然保护区生态环境问题督查处理情况及其教训的通报，严厉指出了问题之所在，深刻剖析了问题发生的根源，对各地扎实推进生态文明建设是一次深刻警醒和有力鞭策。这一事件对加强生态环境保护、推进生态文明建设有着积极的借鉴意义。甘肃在立法层面为破坏生态行为"放水"等问题，对各地是一个深刻教训。无论开展哪一项工作，必须有完善的制度体系来保障。保护生态环境必须依靠制度、依靠法治，只有编密织牢制度笼子，构建起科学有效的制度体系，才能更加有力有效地推进生态文明建设。

执笔：张伏中

主要参考文献

[1]《中央第七环境保护督察组向甘肃省反馈督察情况》，生态环境

部网, 2017 年 4 月 13 日。

[2]《中共中央办公厅、国务院办公厅就甘肃祁连山国家级自然保护区生态环境问题的通报》, 新华网, 2017 年 7 月 20 日。

[3]《贯彻落实习近平新时代中国特色社会主义思想在改革发展稳定中攻坚克难案例·生态文明建设》, 党建读物出版社 2019 年版。

4. 江西率先出台省级生态环境保护督察工作实施办法

中央生态环境保护督察坚持以习近平生态文明思想为根本遵循, 以解决突出生态环境问题、改善生态环境质量、推动经济高质量发展为重点, 其力度之大、影响之广、效果之好, 前所未有。自《中央生态环境保护督察工作规定》在 2019 年 6 月出台后, 江西省迅速启动《江西省生态环境保护督察工作实施办法》的起草工作, 对省生态环境保护督察方式、内容、程序等进行了细化补充, 增加了专项督察、派驻监察等内容, 注重与中央生态环境保护督察工作的有机结合, 由此形成完备的生态环境保护督察体系。2020 年 1 月, 江西省委、省政府正式印发《江西省生态环境保护督察工作实施办法》(以下简称《督察办法》), 共六章四十三条, 分别对制度框架、指导思想、基本要求、督察类型、督察管理, 以及组织机构和人员、督察对象和内容、督察程序和权限、督察纪律和责任等内容进行了明确。《督察办法》严格参照《中央生态环境保护督察工作规定》, 既与中央规定保持一致, 又彰显地方特色, 对于涉及督察的重大原则, 如督察体制、程序、权限和责任等内容, 做到不放宽, 不超越中央规定; 同时对江西省督察工作严格要求, 做到不失严, 执行中央标准, 并结合江西省实际, 对江西省生态环境保护督察体制、职责、督察对象、督察内容等进行了细化补充, 对派驻监察的组织形式、内容、方式进行了明确和规范。《督察办法》还将中央生态环境保护督察问题整改落实情况纳入江西省生态环境保护督察内容, 进一步强化省级生态环境保护督察与中央生态环境保护督察的互补, 形成督察合力。《江西省生态环境保护督察工作实施办法》是全国第一个出台的地方性生态环境保护督察制度。

此外，江西省要求，原则上在每届省委任期内，对各设区市党委、政府，省直有关部门以及有关省属国有企业开展一次省生态环境保护例行督察，并根据需要对督察整改情况实施省生态环境保护督察"回头看"。例行督察及"回头看"督察结果作为对被督察对象领导班子和领导干部综合考核评价、奖惩任免的重要依据。为加强生态环境日常监督，江西省还围绕贯彻落实生态文明建设和生态环境保护决定部署情况、生态环境保护责任制落实情况、突出生态环境问题解决情况、中央和省生态环境保护督察整改情况等，实施生态环境保护派驻监察。对派驻监察发现的重大生态环境问题将提出监察意见，包括通报批评、约谈、挂牌督办、区域限批等内容。

点评

《江西省生态环境保护督察工作实施办法》对标中央要求，做到督察重点原则不放宽、工作标准不失严，将生态环境保护督察基本制度框架、程序规范、权限责任等固化下来。同时，强化与中央生态环境保护督察工作的衔接互补，形成督察合力，并在全国率先实现省级例行督察和"回头看"全覆盖。坚持每周编制污染防治攻坚战工作简报，通报环境质量和工作任务进展，每月定期调度各地污染防治攻坚战进展。

执笔：张伏中

主要参考文献

[1] 张林霞、陈光胜：《江西建立完备生态环保督察体系》，《中国环境报》2020 年 1 月 10 日。

（二）生态文明体制机制

1. 山东省生态环境管理改革

保护环境是我国的一项基本国策。进入 21 世纪以来，党中央、国务院把保护环境摆在更加重要的位置，积极探索环境保护新路，大力推进生态文明建设，环境保护取得了很大成绩。但是，我国环境形势依然严峻，老的环境问题尚未得到解决，新的环境问题又不断出现，呈现明显的结构型、压缩型、复合型特征，环境质量与人民群众期待还有不小差距。这迫切要求改革生态环境保护管理体制，充分发挥体制的活力和效率，为解决生态环境领域的深层次矛盾和问题提供体制保障。

山东省按上级要求完成了生态环境系统垂改工作，省市生态环境机构已调整到位，生态环境督察体系、监测机构、按流域设置环境监管和行政执法机构也组建调整完成，各项责任体系和新的工作运行机制基本建立。

2017 年，山东省出台了《山东省环保机构监测监察执法垂直管理制度改革实施方案》和"1＋4"配套文件，完成对环保垂改的顶层设计。2018 年，又印发了《山东省环境保护厅主要职责内设机构和人员编制规定》等文件，完成了区域环境监察机构组建工作。2019 年 12 月 26 日，山东省生态环境厅人事处负责同志与济南市委组织部负责同志签署干部管理事项移交，标志着济南市生态环境局干部管理工作正式交接。

山东省委、省政府始终高度重视生态环境系统体制机制改革工作，省委、省政府主要领导亲自谋划、亲自部署。成立了由省长任组长、常务副省长和省委组织部部长任副组长的环保垂改工作领导小组，统筹推进全省垂改工作。省委、省政府先后 6 次专题研究环保垂改和按流域设置环保机构改革工作。

在改革中，山东省生态环境厅作为牵头部门，在完成好自身改革任务的前提下，加强与各有关部门协调沟通，实现上下左右联动，确保了改革的顺利开展。建立了改革工作定期调度通报机制，坚持每周一调度、一汇总、一通报，全面掌握任务进度；适时召开座谈会、交流会，及时推广先进市的经验做法，供全省学习借鉴；深入基层调研，加强对各市级垂改工作的指导，帮助解决推进过程中的实际问题。

改革就是要解决原有体制机制与当前生态环境工作需要不相适应的问题。山东省在改革中，坚持问题导向，突出改革重点，着力建立好生态环境督察体制，落实好以省厅为主的市局领导班子双重管理制度，切实加强党组织建设和纪检监察机构配置，做好高新区、开发区生态环境管理体制机制调整。

在改革中，山东省设立了省生态环境保护督察办公室、区域生态环境保护督察第一至第六办公室等生态环境保护督察机构，经省委、省政府授权，对市、县党委和政府及相关部门生态环境保护责任落实情况进行督察并及时向省委、省政府报告。为确保督察工作权威高效，督察系统全部使用行政编制。

山东省注重地方生态环境系统干部交流工作，并印发文件，积极支持生态环境系统干部与外系统干部的"横向交流"，开展了市生态环境局班子成员与省厅干部的"纵向交流"。

为确保改革后体制高效、顺畅运行，山东省积极鼓励探索创新，强化机制建设。在扎实落实建立省市县三级生态环境（保护）委员会议事协调机构的基础上，山东省部分市进行了有益探索，建立了实体机构，从有关市直部门和县（市、区）抽调优秀青年干部，完全与原单位脱钩，专职负责环委会办公室工作，切实发挥了综合协调职能。

为更好适应生态环境执法工作的新形势、新任务、新要求，破解在不增加机构编制的情况下，如何加强基层环境执法力量的难题，日照市生态环境局率先启动"局队合一、执法下沉"改革试点。根据"局队合一"的改革要求，日照市生态环境局岚山分局明确了5个执法科室为全区环境执法主体，建立了1个科室牵总、4个科室分片，重大执法活动全员参与的"一支队伍多个领域管执法"的基层综合执法新机制。

山东省制定出台了《驻市生态环境监测中心有关管理暂行规定》，

市级环境监测机构上收后，各驻市生态环境监测中心按要求做好驻地市有关执法监测等工作，确保生态环境监测工作的连续性、及时性和有效性，避免了市级生态环境部门监测机构重复建设的问题。

实行省以下生态环境监测机构垂直管理，在省级层面上有效统筹监测能力和工作部署，更加系统科学地实施跨区域、流域联动监测，集成分析监测成果，更加精准地查清污染成因和制订控制方法路径，明确各方责任。

点 评

山东省垂改工作达到了国家改革试点要求，初步构建了新的污染防治体系，全省生态环境系统机构和队伍进一步壮大，新的生态环境督察体系初步构建，生态环境监测管理体制调整顺利完成，生态环境执法工作不断加强，按流域设置生态环境监管和执法机构试点工作基本到位，生态环境局班子管理体制基本实现以上级管理为主，对于进一步加强生态环境保护、大力推进生态文明建设具有重大作用。

执笔：苏艳蓉

主要参考文献

[1] 周雁凌、季英德：《山东垂改初步构建起新的污防体系》，《中国环境报》2020年2月24日。

[2] 周生贤：《改革生态环境保护管理体制》，环境保护部网，2014年2月10日。

2. 问渠那得清如许，河长起源在无锡——江苏无锡河长制工作创新

2017年元旦，习近平总书记在新年贺词中发出"每条河流要有

'河长'"的号令。截至 2018 年 6 月底，全国 31 个省（自治区、直辖市）已全面建立河长制，共明确省、市、县、乡四级河长 30 多万名，另有 29 个省份设立村级河长 76 万多名。河长制的建立在保护水资源、防治水污染、改善水环境、修复水生态方面起到了至关重要的作用，为维护河湖健康生命、实现河湖功能永续利用提供了制度保障。

2007 年 5 月，太湖蓝藻暴发，宽阔湖面上宛如覆盖上了厚厚的一层绿色毛毯，就连位于湖中的江苏省无锡市自来水厂的取水口也受到影响，早起的人们在刷牙洗脸水中嗅到了异味。一时间，超市的瓶装水被抢购一空，整个城市陷入了不安。这一事件持续发酵引发了各方高度关注，党中央、国务院以及江苏省委省政府都高度重视。如何化危为机？无锡市在应急处理的同时，组织开展了"如何破解水污染困局"的大讨论，广集良策。

2007 年 9 月，《无锡市河（湖、库、荡、氿）断面水质控制目标及考核办法（试行）》（以下简称《办法》）应运而生，明确将 79 个河流断面水质的监测结果纳入市县区主要负责人政绩考核，主要负责人也因此有了一个新的头衔——河长。河长的职责不仅要改善水质，恢复水生态，而且要全面提升河道功能。《办法》内容涉及水系调整优化、河道清淤与驳岸建设、控源截污、企业达标排放、产业结构升级、企业搬迁、农业面源污染治理等方方面面。这份文件，后来被认定是无锡实施河长制的起源。河长制成为了当时太湖水治理、无锡水环境综合改善的重要举措。

2008 年，无锡河湖整治立竿见影，79 个考核断面水质明显改善，达标率从 53.2% 提高到 71.1%。这一成效得到了省内外的高度重视和充分肯定。江苏省政府决定在太湖流域借鉴和推广无锡首创的河长制。2009 年底，815 条镇级以上河道全部明确了河长。2010 年 8 月，河长制覆盖到全市所有村级以上河道，总计 6519 条（段）。

无锡市委、市政府关于全面建立"河（湖、库、荡、氿）长制"、全面加强河（湖、库、荡、氿）综合整治和管理的决定几经讨论酝酿，条款清晰全面，操作性强。文件从建立机构、加强领导，明确河长、落实责任，摸清现状、科学规划，明确目标、分级负责，突出重点、统筹推进，强化管理、严格执法，协调互动、区域联动，监测监控、跟踪督查，严格考核、责任追究，社会发动、全民参与，完善机制、长效管理共11个方面25条进行了详细规定。

在纵向上，从市委书记、市长到区委书记、区长，镇党委书记、镇长，村党支部书记、村委会主任，形成了一连串的责任链，一个环节脱钩或不到位，直接影响上一级政府领导的形象和声誉，把行政力量发挥到了极致。

在横向上，发改、财政、水利、规划、国土、环保、城管、公安等部门，充分利用各自政策、技术、资金、宣传、执法等位能，变过去的单兵作战为联合作战，变"九龙分治"为"九龙合治"，啃下了一个个整治中的"硬骨头"，把职能部门的优势发挥到了极致。

无锡市成立了河长制领导小组，领导小组下设综合管理办公室和检查考核小组。综合管理办公室由分管水利的副市长挂帅，市水利局牵头负责河长制日常具体工作。检查考核小组由市纪委书记挂帅，机构设在市监察局，负责对工作落实情况进行督促检查和考核问责。

此外，无锡市还配套出台了《无锡市治理太湖保护水源工作问责办法》《无锡市委组织部关于对市委市政府重大决策部署执行不力实行"一票否决"的意见》，对治污不力者实行严厉问责。

河长的压力除来自行政问责外，还有一部分来源于社会监督。目前，按照河长制管理综合办公室的统一要求，无锡市对镇级以上共815条河道制作和竖立了"河长制管理公示牌"。公示牌标明了河道基本情况、河长姓名和电话、河长职责等内容，竖立在河岸醒目位置，广泛接受来自社会的监督、投诉和举报。

更深的影响还在岸上，随着河长制的层层推进，环境倒逼加快经济发展方式转型升级。一批超标排污企业被关停，有环保自觉的企业开始寻求清洁生产方式，循环经济得到发展。河长制也进一步壮大了民间治

—— 江阴市月城镇级河道（图片来源：中国水利网站）

水的信心和热情，全市河道义务监督员网络、水环境监督岗先后建立起来，机关干部、党团员、青年学生中宣传环保的积极性高涨，群众广泛参与，全市水环境治理的氛围空前良好。

—— 梁溪河畔（图片来源：中国水利网站）

点 评

进入新时代，"河长制"成为中国生态文明建设的新实践。中国治水理念和实践已经站在了新的起点上。河长制在美丽中国建设中展现了中国智慧，借鉴"无锡模式"，河长制在各地生根发芽，河长制经验逐步走向全国，开辟了我国治水管水的新思路，解决了一批河湖管理保护难题，很多河湖实现了从"没人管"到"有人管"、从"管不住"到"管得好"的转变，河湖状况逐步好转，助推生态文明建设落地生根。

执笔：苏艳蓉

主要参考文献

[1] 刘耀祥、陈必勇、王浩渊：《现代河长从这里走向全国——江苏无锡市河长制实施十年调查》，《中国水利报》2016 年 12 月 8 日。

[2] 鄂竟平：《推动河长制从全面建立到全面见效》，人民网—《人民日报》2018 年 7 月 17 日。

3. 江苏先试先行划定并严守生态保护红线

生态保护红线是我国生态环境保护的重要制度创新，继"18 亿亩耕地红线"后，另一条被提到国家层面的"生命线"。原环境保护部2014—2015 年先后出台了《国家生态保护红线——生态功能基线划定技术指南（试行)》《生态保护红线划定技术指南》（环发〔2015〕56号）等文件，2017 年环境保护部办公厅、发展改革委办公厅共同印发《生态保护红线划定指南》（环办生态〔2017〕48 号），江苏率先开展生态保护红线划定工作，先试先行，对全国生态保护红线的划定及严守提供了较好借鉴。

江苏作为经济大省和人口大省，利用全国 1% 的土地养育了全国

6%的人口，却创造了全国10%的经济总量。但是伴随着经济社会的高速发展，江苏这个人口密度全国最大、人均环境容量全国最小的省份，开始位列单位国土面积工业污染负荷全国最高的位置。环境污染造成了人与自然关系的逐步紧张，也影响到了人与人、人与社会的关系，进而造成的环境纠纷也层出不穷，使之成为影响江苏稳定的"着火点"和社会管理的"新命题"。

既要把经济发展搞上去，又要把生态环境保护好，关键是把握好两者之间的平衡点。在这种紧迫情况下，划定生态红线，可以从根本上预防和限制各类不合理的经济开发建设活动对生态环境的破坏，进而妥善处理好保护与发展的关系，并能充分利用江苏省的区域资源和环境优势，促进江苏省区域经济社会的可持续发展。江苏省委、省政府高度重视生态保护红线划定工作，将"划定并严守生态保护红线"列为全面深化生态文明和环保体制改革的重点任务。2013年省政府出台《江苏省生态红线区域保护规划》，提出要把生态红线作为维护生态平衡的控制线、保障生态安全的警戒线、禁止和限制开发建设活动的高压线、推进可持续发展的生命线，形成国土空间开发格局的刚性约束。

江苏省政府授权由省环保部门牵头、各相关部门配合开展红线划定工作。划定红线遵循四条原则，第一，保护优先，对全省具有重要生态功能的区域，坚持能保则保，尽可能扩大红线区面积，保障生态安全。第二，行业管理，红线划定以法律法规为重要依据，凡法律法规已明确规定的生态保护区域，全部纳入生态红线。第三，分级划定，对全省生态安全有直接影响的，具有流域性、区域性特征的重点保护区域划为省级生态红线，市、县可按分级保护要求，划定市、县级红线。针对具体红线区域，根据类别划定为一级管控区和二级管控区，实施分级管控。第四，相对稳定，生态红线区域关系到全省的生态安全和可持续发展，未经省政府批准不得擅自调整。

基于以上原则，根据《江苏省生态红线区域保护规划（省政府印发稿)》（苏政发〔2013〕113号）文件，全省共划定15类、779块生态红线区域，明确各块红线区域主导生态功能、范围、面积。

作为生态安全的底线，关键要有完善的监督管理机制。为全面推动生态红线区域保护规划实施，江苏省政府出台了"两办法一细则"的配套政策：《江苏省生态红线区域保护监督管理考核暂行办法》《生态补偿转移支付暂行办法》《监督管理评估考核细则（暂行）》，明确市县（区）政府对行政区域内生态红线负主体责任。省生态环境厅、财政厅牵头负责生态红线保护评估考核，制定考核程序、考核要求、评分标准。市县政府对行政区域生态红线保护情况进行年度评估，形成自评报告，报上一级人民政府。省自然资源、生态环境、住房城乡建设、农业、水利、海洋与渔业、林业、太湖水污染防治办公室8个行政主管部门，形成部门的考核意见和各类红线评估分值。省生态环境厅、财政厅综合各部门的考核意见，形成各市、县生态红线区域保护情况年度考核结果，作为省财政安排下一年度生态补偿转移支付资金的重要依据。截至2019年，江苏省财政累计安排生态补偿资金100亿元，生态空间管控措施基本落地。

江苏省生态保护红线区域不仅有明确的分类分级保护要求，更重要的是相继出台了保护政策，包括生态补偿措施、监督管理办法、考核评估要求等。同时，各省辖市也制定了本辖区的生态红线区域保护规划，以及配套政策，比如，南京市出台了《南京市生态红线区域保护监督管理和考核暂行规定》、苏州市出台了《苏州市生态补偿条例》等，有力地促进了生态红线区域的保护，为提高生态产品提供，保障区域生态安全发挥了极其重要的作用。

点 评

生态保护红线的划定能够使国土空间开发、利用和保护边界更为清晰，明确哪里该保护，哪里能开发，对于落实一系列生态文明制度建设具有重要作用。划定红线是基础，严守生态保护红线才是关键。强化生态保护红线刚性约束，应形成了一整套管控和激励措施。生态保护红线能否守得住、有权威、效果好，应当有一个对保护效果进行衡量的"尺子"和对地方政府工作成效进行评判的机制，生态保护红线评估和考核显得尤为重要。

执笔：范翘

主要参考文献

[1]《江苏省绘制"生态地图"划定"生态红线"》，新华社，2013年1月30日。

[2]《江苏省生态空间管控区域规划》，江苏省政府官网，2020年2月27日。

[3] 冯彬、张小强、黄娟、王立：《生态红线保护在江苏的探索与实践研究》，《环境科学与管理》2019年第4期。

[4] 燕守广：《生态红线的划分、保护与监管——以江苏省为例》，中国环境科学学会学术年会论文集，2016年。

4. 全国第一个开展省域"多规合一"改革试点的省份——海南

凡事预则立，不预则废，城市发展更是如此，必须要有好的规划。习近平总书记就对此强调，"考察一个城市首先看规划，规划科学是最大的效益，规划失误是最大的浪费，规划折腾是最大的忌讳"。《中共中央国务院关于进一步加强城市规划建设管理工作的若干指导意见》明确提出要强化城市规划工作。解决普遍存在的"规划打架"等问题，"多规合一"是一剂良药。

2015年6月5日，中央全面深化改革领导小组第十三次会议同意海南省开展省域"多规合一"改革试点。"多规合一"是指将国民经济和社会发展规划、城乡规划、土地利用规划、生态环境保护规划等多个规划融合到一个区域上，实现一个市县一本规划、一张蓝图，解决现有各类规划自成体系、内容冲突、缺乏衔接等问题。

为什么要进行这项试点？海南部分地方重复建设，产业单一、资源浪费；有的地区基础设施不足，发展机遇不能落地；有的部门行政审批手续仍比较多，行政效率较低；还有各种规划"打架"，阻碍了发展……尤其是规划打架这个重要的矛盾，一块地是林地，又是耕地，又是建设用地，为何会这样？是因为以前做规划各自为政，互不通信息，导致一个土地多个性质，进而影响了行政审批效率。

5年来，海南坚持"一张蓝图绘到底"。通过不断推进"多规合一"改革实践，形成了一张蓝图，构建了一套法规体系，创新了规划的管理体制机制，探索了一套以极简审批为代表的行政审批的新模式，建立了全省统一的"多规合一"信息综合管理平台，不断推动形成全省统一空间规划体系。

（1）构建一张蓝图。通过整合主体功能区规划、生态保护红线、土地利用规划、城乡规划、林地保护利用规划、海洋功能区划等六个方面的空间规划，形成一张蓝图，编制海南省总体规划，并在此基础上提出建立国土空间规划体系。

（2）制定一套法规体系。为处理好改革探索和依法推进的关系，海南省人大常委会颁布实施了《海南经济特区海岸带保护与开发管理规定》《海南省生态保护红线管理规定》《关于实施海南省总体规划的决定》《关于加强重要规划控制区规划管理的决定》等一批法规，修订了《海南省城乡规划条例》《海南经济特区土地管理条例》《海南经济特区林地管理条例》《海南省实施中华人民共和国海域使用管理办法》等法规，为下一步在全国探索国土空间规划法规体系提供了借鉴。

（3）成立一个部门管规划。海南是全国第一个成立省级规划委员会的地方，规划委员会把六个部门的规划职能合到一个部门，也为后来的全国机构改革积累了经验。

（4）建立一套行政审批的新模式。依托"多规合一"改革推行极简审批，为全国做出示范，率先把用地、用林、用海审批权合到一个部门，探索只转不征、只征不转、不征不转等土地制度，构建了"多规合一"的国土空间用途管制制度，提高行政审批效率。

（5）打造全省统一的"多规合一"信息综合管理平台。打开椰城市民云App，在"多规合一"信息综合管理平台，可以看到一张涵盖12个厅局、65套空间数据的蓝图。而平台提供四大模块功能，既可以查询统计，又可以进行审查审批，还能通过平台进行监测督察甚至还可以辅助决策。这套系统可以为海南省国土空间治理体系治理能力的提升打下一个良好的基础。

海南省域"多规合一"改革获得第一届"海南改革和制度创新奖"一等奖，并在全国作为优化营商环境典型做法进行通报，被选入国家发改委《国家生态文明试验区改革举措和经验做法推广清单》。同时，"多规合一"信息综合管理平台也于2018年获得首届数字中国建设峰会年度最佳实践奖。经过"多规合一"改革，海南守住了生态保护红线、永久基本农田、城镇开发边界，提升了国土空间开发质量和效益，提高了建设项目审批效率，为建设国家生态文明实验区奠定了坚实基础，也为全国国土空间规划体系改革起到了积极的示范带动作用。截至2020年底，全省现有耕地、林地保有面积分别超出国家下达指标12万亩和1.7万亩，较好地执行了规划指标管控要求。

点评

实施"多规合一"，能够让城市发展有一张总蓝图的引领，实现城市的科学、良性和可持续发展。"多规合一"是协调融合各部门规划、建立统一的发展目标和空间蓝图的规划方法，也是利用信息化手段，实现城乡统筹发展、提高管理效率的平台。"多规合一"是手段，不是目的。其最终落脚点是推动政府自身的改革，促进科学决策、民主决策和依法决策，转变政府职能，推动实现城市治理体系和治理能力的现代化。

执笔：范翘

主要参考文献

[1]《海南重点改革迈出新步伐"多规合一"改革显成效》，快资讯，2021年1月12日。

[2]《线上一小步，便民一大步——海南省"多规合一"一张蓝图系统上线啦》，海南省自然资源和规划厅官网，2020年9月16日。

5. 我国第一个批复体制试点的国家公园——三江源国家公园

建立国家公园体制是党的十八届三中全会提出的重点改革任务，是我国生态文明制度建设的重要内容，对于推进自然资源科学保护和合理利用，促进人与自然和谐共生，推进美丽中国建设，具有极其重要的意义。

三江源地处地球"第三极"青藏高原腹地，是长江、黄河、澜沧江的发源地，是我国淡水资源的重要补给地，也是亚洲、北半球乃至全球气候变化的敏感区和重要启动区，拥有世界独一无二的高原湿地系统。2016年开始，青海省对照中央要求，推进三江源国家公园体制试点工作。几年来，青海省发挥先行先试政策优势，把体制机制创新作为三江源国家公园体制试点的"根"与"魂"，先后实施了一系列原创性改革，三江源地区生态系统退化趋势得到有效遏制，生态建设工程区生态环境明显好转，走出了一条具有三江源特点、青海特色的国家公园体制探索之路。

（1）打破"九龙治水"制约。2016年，随着《三江源国家公园体制试点方案》的实施，着力破解"九龙治水"，在无路径可复、无经验可循的情况下，青海省在实践中走出了具有三江源特色的治水路径。首先成立了三江源国家公园管理局，下设长江源、黄河源、澜沧江源三个园区管委会，并派出治多、曲麻莱和可可西里三个管理处，明确权责关系，从根本上解决了政出多门、职能交叉、职责分割的管理体制弊端。青海省整合果洛藏族自治州玛多县、玉树藏族自治州治多县、杂多县和曲麻莱县的林业、国土、环保、水利、农牧等部门的生态保护管理职责，设立生态环境和自然资源管理局；整合林业站、草原工作站、水土保持站、湿地保护站等设立生态保护站；国家公园范围内的 12 个乡镇政府加挂保护管理站牌子，增加国家公园相关管理职责。此外，青海省积极开展自然资源资产管理体制试点，组建成立三江源国有自然资源资产管理局和管理分局，积极探索自然资源资产管理与国土空间用途管制"两个统一行使"的有效实现途径，将三江源国家公园全部自然资源统一确权登记为国家所有。

步履坚实、硕果累累。如今，三江源国家公园范围内的自然保护区、重要湿地等各类保护地功能重组，实现了整体保护、系统修复、一体化管理。在一系列原创性改革中，"九龙治水"的局面被打破，执法监管"碎片化"问题得到彻底解决，自然资源所有权和行政管理权关系被理顺，走出了一条富有青海特色的治水之路。

（2）推进"一户一岗"制度。生态管护公益岗位的"一户一岗"制度让牧民华丽转身，成了生态保护的知情者、参与者、监督者，成为建设国家公园的生力军。目前，三江源国家公园已全面实现了园区"一户一岗"，共有 17211 名牧民转变身份成为生态管护员，户均年收入增加21600 元。

三江源国家公园体制试点以来，青海在原有林地、湿地单一生态管护岗位的基础上，按照精准脱贫的原则，先从园区建档立卡贫困户入手，按月发放报酬，实行动态管理。同时，推进山水林草湖组织化管护、网格化巡查，组建乡镇管护站、村级管护队和管护小分队，构建远距离"点成线、网成面"的管护体系，促进人的发展与生态环境和谐共生。

同时，青海省积极探索生态保护和民生改善共赢之路，将生态保护与精准脱贫相结合，鼓励引导并扶持牧民从事公园生态体验、环境教育服务以及生态保护工程劳务、生态监测等工作，使牧民在参与生态保护、公园管理中获得稳定的收益。

青海省开设了"三江源生态班"，招收三江源地区 42 名牧民子弟开展为期三年的中职学历教育；对园区内外 9000 余人次开展民族手工艺品加工、民间艺术技能、农业技术等技能培训，并积极开展特许经营试点；在澜沧江源园区昂赛大峡谷开展生态体验项目特许经营试点，2019 年接待国内外生态体验团队 98 个，体验访客 302 人次，实现经营收入 101 万元。

这些措施、办法、制度使牧民逐步由原来的草原利用者转变为如今的生态保护者。他们在三江源生态保护中，对野生动物保护、自然资源保护、生态环境保护，都起到了非常大的作用。

三江源国家公园体制改革取得积极成效。国家发改委生态成效阶段性综合评估报告显示，三江源区主要保护对象都得到了更好的保护和修复，生态环境质量得以提升，生态功能得以巩固，水涵养量逐年增长，草地覆盖率、产草量分别比 10 年前提高了 11%、30% 以上。三江源地区生物多样性得到有效保护，水体与湿地生态系统面积净增加 308.91 平方公里，监测区域内黑颈鹤、斑头雁等鸟类以及藏野驴、藏原羚等种群数量不断增加。

点 评

在国家公园建设过程中应以系统保护理论为指导，强化综合管理，通过健全自然资源资产产权制度和用途管制制度、实行资源有偿使用制度和生态补偿制度、改革生态环境保护管理体制等，打破部门利益局限，形成合力，加强自然生态系统保护。国家公园的全民公益性主要体现在共有共建共享，应提高全民共有比例、增强共建能力、提高共享水平，妥善处理国家公园与当地社区居民的关系，积极调动当地民众参与国家公园建设和保护的积极性，实现保护与发展和谐统一。

执笔：范翘

主要参考文献

[1]《三江源国家公园体制试点成效初显》，国家林业和草原局国家公园管理局官网，2020 年 12 月 11 日。

[2]《三江源：中国第一个国家公园》，搜狐网，2020 年 5 月 26 日。

6. 变革创新　推进生态治理现代化——湖南排污权交易和环境信用评价制度改革

排污权是政府给予企业对环境容量资源或者是污染物排放总量指标的使用权。排污权交易是指在一定区域内，在污染物排放总量不超过允许排放量的前提下，内部各污染源之间通过货币交换的方式相互调剂排污量，从而达到减少排污量、保护环境的目的。在环境保护工作中引入信用机制，是引导企业环保自律和创新环保监管方式的有力举措。近年来，湖南省在生态治理现代化道路上开展了无数个"率先"，如开展排污权有偿交易、实施企业环保信用评价等，表现了湖南省在生态治理现代化方面的努力探索与成功经验。

湖南省是最早进行排污权交易试点的省份之一，2010 年 6 月，财政部、原环保部和发改委批准湖南省开展排污权交易试点。2011 年 4 月 6 日，湖南省排污权交易中心在长沙正式成立，湖南省范围内全面启动了排污权交易试点工作。2012 年 10 月，湖南省首个主要污染物排污权交易平台在株洲市正式投入运营。交易平台启动当天，株洲市排污权储备交易所拿出 2 吨化学需氧量排放权进行交易，引来了多家企业激烈争夺。作为湖南主要污染物初始排污权分配及有偿使用的首批试点城市，株洲针对化工、石化、火电、钢铁、有色、医药、造纸、食品、建材九大试点行业的 669 家企业，开展了二氧化硫、化学需氧量初始排污权的分配和有偿使用。2014 年，原湖南省环境保护厅发布正式了《湖南省主要污染物排污权有偿使用和交易管理办法》，在全省范围内的工业企业全面实施排污权有偿使用和交易工作，交易因子增加为化学需氧量、二氧化硫、氨氮、氮氧化物、铅、镉、砷七项。目前，湖南省已出台30多项政策规章和工作制度，形成了以《湖南省环境保护条例》为基础，其他相关政策和制度文件为支撑的排污权交易制度体系。

湖南省排污权制度运行模式主要有以下几个特点：一是将工业企业纳入排污权制度管理，对制度执行前的"老"企业经核实总量后免费分配排污权，对制度执行后的新建企业（项目）采取购买方式获取排污权。经过几轮的排污权初始分配，截至2019年，全省共有9000余家企业纳入排污权管理，基本实现了工业企业排污权管理覆盖；二是围绕资源有价理念，实行排污有偿使用，即"谁占有，谁付费"，以有偿使用提高环境资源利用成本，促进企业少占资源，少付费；三是通过构建排污权交易体系，发挥市场配置环境资源的作用。企业减排后的富余排污权可以通过市场交易获取减排的经济补偿，甚至获取收益；四是以总量制度为基础，以环评制度为手段，对新、改、扩建项目实行排污权准入管理，即新、改、扩建项目环境影响评价文件审批前，必须在核实其排放总量的基础上，获取主要污染物排污权。

湖南省排污权交易工作开展十年来，取得了一定成效。2010—2014年，排污权交易数量、规模、金额总体偏少；2015年，随着全省范围内的工业企业排污权有偿使用和交易工作的全面实施，市场交易逐步开始活跃，其中：2015年二级市场交易121笔，交易金额约1800万元；2016年二级市场交易201笔，交易金额约1500万元；2017年二级市场交易442笔，交易金额4400万元；2018年二级市场交易774笔，交易金额约8000万元；2019年二级市场交易850笔，交易金额约5300万元。通过排污权交易，实现行政命令为主导的减排方式向市场驱动为主导的减排方式转变、单纯通过投入进行减排向通过减排获取收益的模式转变，进一步提高企业主动减排的积极性。

2012年6月5日，湖南省正式启动企业环境行为信用评价工作，将企业分成四个级别，分别以绿牌、蓝牌、黄牌、红牌标识并进行动态管理，对绿牌企业，环保部门将在评优评先、企业上市环保核查、治理项目和资金安排等方面给予支持，以鼓励企业的环境友好行为；对黄牌、红牌企业，在项目审批、资金安排、资质管理、上市核查、行政许可等方面采取一定的限制措施，督促企业加强污染防治。每年省级环保部门会向社会公布上个年度各企业年度评价结果。从 2014 年开始，"湖南省企业环境信用评价管理平台"正式上线启用，各级环保部门可以通过该软件平台，随时记录和保存辖区内的企业环境违法违规信息，立即获知该企业的环境信用评价等级，真正实现环境信用评价工作网络化、信息化，查询结果更加便捷，工作效率大大提高。

2020 年 7 月 16 日，湖南省生态环境厅发布湖南省 2019 年度企业环境信用评价结果，实际参与评价企业 1585 家，最终评价环境诚信企业 37 家，环境合格企业 1442 家，环境风险企业 73 家，环境不合格企业 33 家。

2020 年 12 月 31 日，湖南省正式发布了《湖南省企事业单位环保信用评价管理办法》《湖南省产业园区环保信用评价管理办法（试行）》，在修订原有管理办法的基础上，全国首创性地将产业园区纳入了环保信用评价体系。全省产业园区环保信用评价工作在湖南省生态环境厅的统一组织下实施。湖南省环保信用评价工作办公室负责省级及以上产业园区环保信用评价工作，负责发布全省产业园区环保信用评价管理办法及评价标准，建设全省产业园区环保信用评价管理系统，市级生态环境部门配合相关工作。随着越来越多工业企业入园，这一举措有利于今后完善环保信用基本制度、加强企事业单位和产业园区生态环境保护工作，将提高环境管理水平，推动绿色发展。

点 评

利用经济手段解决环境问题是环境保护的发展趋势，利用排污权交易政策手段实现环境目标目前已经更多地被采纳和运用。湖南省排污权交易经过一定时间对排污权交易制度的实践探索，在排污权交易制度体系、平台建设、市场机制方面取得了不错的成效。节能减排是不可逆转的趋势，建立全国统一的排污权交易制度，以经济手段促进资源合理利用与企业发展也是大势所趋。

《湖南省产业园区环保信用评价管理办法（试行）》的编制属于全国初创。管理办法的制定紧紧围绕 2020 年省五部门联合印发的《关于进一步规范和加强产业园区生态环境管理的通知》要求，甄选了评价指标，明确了惩戒措施。在此之前，全国范围内还没有专门针对产业园区实行环保信用评价的先例，湖南省相关制度研究及未来的实践工作将是该领域的一个重大突破。

执笔：钱文涛

主要参考文献

［1］谭芙蓉：《湖南省排污权交易实践的评价研究》，湖南大学 2016 年硕士论文。

［2］欧中浩、易文杰、方晓萍：《排污权交易制度评析——以湖南省为例》，《中南林业科技大学学报（社会科学版）》2020 年第 3 期。

7. 古时大禹治水、今日公众护河——湖北宜昌民间河长制"实优榜样"

治水历来是国泰民安的重要保障，随着人口增加、经济增长，治水不光是要防洪排涝，还要应对复杂的水环境危机、水资源危机。目前，各级河长制已在全国范围内全面推行，为治水护水构建起了强有力的领导责任体系。然而，许多河长并非专职，对河道巡查管理难免力不从心，各地纷纷出现民间力量加入治水护水队伍，公众力量的凝聚形成了全民治水的强大合力，打开了治水新格局。

湖北省宜昌市远安县是中华民族之母嫘祖故里和楚文化发源地，国土面积 1752 平方公里，总人口 19.5 万人，县域生态环境优良，森林覆盖率 75.6%，是湖北省绿化达标第一县、湖北省级生态县，绿色发展指数位居宜昌市 14 个县（市、区）第一。境内有中小河流 50 条、总长

774.4 公里，其中沮河、漳河、黄柏河呈"川"字形分布境内，是宜昌、荆门两个市的饮用水源地。良好的生态本底和资源禀赋，让远安人民十分热爱和珍惜这方水土，也孕育出了一批关心关爱生态环境保护的有志之士。

远安县在宜昌市率先聘用民间河长，将企业、教育、志愿者等社会各界资源整合聚拢，并以一个个仪式感的方式，赋予了其光荣的责任感使命感，让"民间河长"们干得有身份感、存在感、荣誉感、获得感、幸福感，也让"民间河长"的工作干得越来越实、越来越优，让远安的水变得越来越清、越来越美。

"民间河长"巡河不发通知、不打招呼、不听汇报、不要陪同接待，采取直奔基层、直插现场的方式，对全县河库进行巡查，保证了巡河公开、公平、公正。"民间河长"们发挥骑行、摄影、写作等方面的特长，巡河的脚步遍布了远安的大小河库，完成了一次又一次艰辛的巡河任务。

在《远安论坛》的"生态远安"栏目中开贴报道巡河情况，建立"民间河长巡河台账"，进行动态管理，实时更新河库问题，巡河情况及发现的河库问题直接通过网络公之于众，督促各项问题及时解决。

"民间河长"每年召开两次工作总结会，邀请县河长办公室人员参与。会上，民间总河长通报半年来民间巡河情况，并安排部署下一阶段工作任务，各位"民间河长"畅所欲言，交流巡河过程中的趣闻、经验和对巡河工作的建议。县河长办对民间河长的工作提出指导建议和方向性的意见。可谓"官方河长 + 民间河长"齐聚一堂共议生态，拧成一股绳共建生态。

三年来，"民间河长"累计巡河 1000 余次，发布巡河小记 800 余篇，曝光电鱼、毒鱼、环境污染等各类问题 500 余个，全部整改销号；自发组织 500 余人次开展清除流域垃圾等公益活动 40 余次；开展河流保护宣传活动 40 余次。2019 年，因为他们的志愿行为，感动和影响了许多群众，带来了满满的"正能量"，陈光文等分别被评为"宜昌市十大民间新闻人物"和"宜昌楷模"。

"官方河长"是"民间河长"的坚强后盾,"民间河长"是"官方河长"的有力补充,只有"官方和民间河长"的共同努力,才能凝聚起治水的最大合力。

"民间河长"在工作中,广泛宣传了党和国家的各项水资源保护政策,激发了全社会的"爱水护水节水惜水"意识,在"调整人的行为、纠正人的错误行为"上迈出重要一步。通过不断总结完善,逐步建立起"党政+民间+企业+教育"的四维聚力新机制,开启了全民治水新格局。

点 评

民间河长制是民间与官方的桥梁,是监督河流及其两岸的生态绿化与水污染环境的重要成员,通过"民间河长"这种形式,广泛宣传了党和国家的各项水资源保护政策,激发了全社会的"爱水护水节水惜水"意识,在信息收集、观念引导、多元监督等方面发挥积极作用,进一步织密了河湖管护网络,形成了全民共管共治的强大合力。

执笔:苏艳蓉

主要参考文献

[1] 许和明、谢玉林:《从国务院河湖长制激励谈到民间河长制"实优榜样"》,十堰河长制,2020 年 5 月 9 日。

(三)生态补偿制度

1. 成本共担利益共享——新安江流域治水命运共同体

"源头活水出新安,百转千回入钱塘",一条横跨浙皖的新安江,连

————■ 黄山歙县新安江流域现状（图片来源：澎湃新闻）

接起了下游的杭州与上游的黄山。发源于安徽省黄山市休宁县境内六股尖的新安江流域，干流总长 359 公里，近 2/3 在安徽境内，经黄山市歙县街口镇进入浙江境内，流入下游千岛湖、富春江，汇入钱塘江。千岛湖超过 68% 的水源来自新安江，新安江水质优劣很大程度决定了千岛湖的水质好坏，关乎长三角生态安全。为贯彻落实习近平生态文明思想，践行"绿水青山就是金山银山"理念，2012 年全国首个跨省生态保护补偿试点在新安江流域启动实施。截至目前，新安江流域生态保护补偿试点已经实施了三轮，共安排补偿资金 52.1 亿元，其中，中央出资 20.5 亿元，浙江出资 15 亿元，安徽出资 16.6 亿元。通过试点，新安江流域水质逐年改善，千岛湖营养状态指数呈下降趋势，达到了以生态保护补偿为纽带，促进流域上下游共同保护和协同发展的目的，探索出了一条生态保护、互利共赢之路。

（1）背景情况。

21世纪初，黄山进入工业化、城镇化加速发展的阶段，大量污水和垃圾通过新安江进入千岛湖，2010年左右水质富营养化趋势明显，流域生态安全面临严峻挑战。在新安江流域水环境保护与管理上，由于上下游分属不同行政区域，致使上游新安江与下游千岛湖水质保护长期单打独斗，各自为政，缺乏合作共治的机制和平台，实现跨省生态保护补偿更是难度倍增。如何统筹兼顾上下游的利益，破解经济发展与环境保护之间的困境，确保流域生态安全，成为摆在上下游面前的一道难题。

2011年2月，习近平同志在全国政协《关于千岛湖水资源保护情况的调研报告》上作出重要批示："千岛湖是我国极为难得的优质水资源，加强千岛湖水资源保护意义重大，浙江、安徽两省要着眼大局，从源头控制污染，走互利共赢之路"。为贯彻落实习近平同志重要指示精神和党中央、国务院工作部署，在财政部、原环境保护部组织协调下，2012年全国首个跨省生态保护补偿试点在新安江流域启动实施。中央财政安排奖励资金，皖浙两省高位推动，以互利共赢为目标，不断加大补偿力度，推进流域上下游协同共治，探索了绿水青山向金山银山转化的有效路径。

（2）主要做法。

在新安江流域生态保护补偿机制酝酿并实施的过程中，皖浙两省不断统一思想、深化认识，突出新安江水质改善结果导向，基于"成本共担、利益共享"的共识，把保护流域生态环境作为首要任务，以绿色发展为路径，以互利共赢为目标，以体制机制建设为保障，坚定不移走生态优先、绿色发展的路子。在财政部、原环境保护部推动下，两省分别于2012年9月、2016年12月、2018年11月签订生态保护补偿协议，先后启动三期共9年试点工作，建立起跨省流域横向生态保护补偿机制。

第一，建立流域补偿机制框架。为确保试点顺利开展，相继出台了

《新安江流域水环境补偿试点实施方案》《关于加快建立流域上下游横向生态保护补偿机制的指导意见》等政策文件，有效解决两省存在的意见分歧，统一思想理念，推动皖浙两省及时签订补偿协议，明确细化责任，为试点的高效实施和整体推进提供了政策保障。试点以生态环境部公布的省界断面监测水质为依据，通过协议方式明确流域上下游省份各自职责和义务。协议确定以新安江皖浙交界的街口断面作为考核断面，以高锰酸盐指数、氨氮、总磷、总氮为考核指标。三轮协议中的流域补偿标准并不是一成不变的，而是结合治水需要不断完善，第三轮的考核要求更高，尤其是在水质考核中加大了总磷、总氮的权重，同时相应地提高了水质稳定系数。

第二，上下游共享共建，协调发展。浙皖两省联合编制了《千岛湖及新安江上游流域水资源与生态环境保护综合规划》，浙皖两省政府作为该规划实施的责任主体，分别制定并实施流域水资源与生态环境保护方案，共同承担规划目标和重点任务的落实；为实现交界断面水质监测

———■ 新安江安徽与浙江街口联合监测断面（图片来源：《中国环境报》）

的长期性和科学性，在浙皖交界口断面共同布设了9个环境监测点位。采用统一的监测方法、统一的监测标准和统一的质控要求，获取上下游双方都认可的跨界断面水质监测数据，真正做到监测数据互惠共享；为强化区域协同发展，黄山、杭州两市围绕双方签署的多项合作协议，在生态环境共治、交通互联互通、旅游资源合作、产业联动协作、公共服务共享领域等方面不断深化区域协同发展。

第三，实施流域污染治理与生态修复。根据流域水质目标和主体功能区规划要求，上游黄山市以及下游淳安县大力开展流域污染治理与生态修复，在工业点源污染治理、城乡垃圾污水治理、农业面源污染防治方面加大整治力度。黄山市深入实施千万亩森林增长工程和林业增绿增效行动，森林覆盖率达82.9%，被授予"国家森林城市"称号。下游淳安县严格源头生态保护，开展封山育林，加大植树造林力度，森林覆盖率达到87.3%，名列浙江省第一。

第四，深入推动新安江流域绿色发展。优化产业结构，推进绿色产业实现良性发展。随着生态环境逐渐向好，上下游地区大力发展特色产业、乡村旅游等绿色产业，着力打通"绿水青山就是金山银山"转化通道。黄山市累计关停污染企业220多家，整体搬迁企业90多家，优化升级项目500余个，带动乡村旅游、休闲度假、徽州民宿等多种业态蓬勃发展，七成以上村庄、10多万农民参与旅游服务，全域旅游格局初步形成。生态保护补偿试点不仅推动了全流域生态文明建设，而且以生态保护补偿为契机，探索了绿水青山向金山银山转化的有效路径，实现了生态效益和经济效益同步提升。

（3）主要成效。

新安江流域生态保护补偿三轮试点实施以来，新安江流域水环境质量持续保持优良，同时流域生态经济保持较快发展，实现了保护与发展的良性互动。千岛湖水质保持稳定。在全国61个重点湖泊中名列前茅，被列入首批5个"中国好水"水源地之一。淳安县全域88条河流Ⅰ类水质占比达70%以上，连续三年夺得浙江"五水共治"大禹鼎。黄山市累计退耕还林 36 万亩，森林覆盖率由 77.4% 提高到 82.9%，湿地、草地面积逐年增加，自然生态景观在流域占比达 85% 以上。

新安江流域上下游横向生态补偿试点作为全国首个跨省流域生态补偿机制试点，实现了流域上下游发展与保护的协调，充分表明保护生态环境就是保护生产力，改善生态环境就是发展生产力。试点探索出了一条生态保护、互利共赢之路，是我国跨省流域横向生态补偿的具体实践，是生态文明体制和制度改革的重大创新。试点工作入选 2015 年中央改革办评选的全国十大改革案例，并被纳入中央《生态文明体制改革总体方案》和《关于健全生态保护补偿机制的意见》。目前正在推进建立的东江、汀江、九洲江、潮白河以及长江等跨省流域横向生态保护补偿机制，总体上都沿用了新安江模式，证明了该项机制推动流域上下游协调发展、促进保护治理的有效性。

执笔：钱文涛

主要参考文献

[1]《生态补偿典型案例（1）建立跨省流域生态保护补偿机制，成本共担利益共享　推动形成新安江流域治水命运共同体》，生态环境部官网，2021 年 2 月 22 日。

[2]《美丽中国先锋榜（16）全国首个跨省流域生态保护补偿机制的"新安江模式"》，生态环境部官网，2019 年 9 月 6 日。

[3] 李奇伟：《我国流域横向生态补偿制度的建设实施与完善建议》，《环境保护》2020 年第 11 期。

[4] 徐峰：《健全生态补偿机制　推动生态文明建设——浙江省流域横向生态补偿的制度实践及对策建议》，《财政科学》2020 年第 2 期。

2. 山东：环境空气质量补偿带来什么？

2020年7月28日，山东省生态环境厅在其管网上公布了"2020年上半年全省空气质量生态补偿情况"，依据2020年第一、二季度环境空气质量监测数据，测算得出2020年上半年环境空气质量补偿资金即省级需向各市补偿资金额度为36882万元。其中，第一季度生态补偿资金为30026万元，第二季度生态补偿资金为6856万元。上半年获得补偿资金额度在前3位的市为临沂、枣庄、潍坊3市，补偿资金分别为3464万元、3062万元、2966万元。这是山东省从2014年开展环境空气质量生态补偿试点以来，第7年公布全省空气质量生态补偿结果。

山东16市2020年上半年环境空气质量生态补偿资金（单位：万元）

市	上半年合计	第一季度补偿资金额度	第二季度补偿资金额度
合计	36882	30026	6856
济南	2550	1876	674
青岛	1926	1924	2
淄博	2456	1746	710
枣庄	3062	2674	388
东营	1786	1448	338
烟台	2020	2126	−106
潍坊	2966	2346	620
济宁	1414	846	568
泰安	2354	1976	378
威海	1820	1532	288
日照	2330	2162	168
临沂	3464	3014	450
德州	2028	1298	730
聊城	2556	1758	798
滨州	2190	1706	484
菏泽	1960	1594	366

数据来源：山东省生态环境厅官网。

（1）背景情况。

随着经济社会快速发展，各地工业化建设逐渐成熟，大气污染问题也愈演愈烈，大气污染防治任务十分艰巨。山东省高度重视大气污染防治工作，在国家《大气污染防治行动计划》（简称"国十条"）出台之前，就率先制定实施了《山东省 2013—2020 年大气污染防治规划》（鲁政发〔2013〕12 号），明确了未来八年全省大气污染防治的总体思路、目标以及实现目标的时间表和路线图。2014 年，山东按照"谁保护、谁受益；谁污染、谁付费"原则，发布了《山东省环境空气质量生态补偿暂行办法》（以下简称《办法》），建立了基于环境质量改善的考核奖惩和生态补偿机制，旨在通过实施生态补偿，充分发挥公共财政资金的引导作用，进一步调动各市大气污染治理的积极性和主观能动性。办法实行 6 年来，历经三次修改，更加注重各指标的协同控制。

（2）总体思路。

根据经济学的外部性理论，外部性分为外部正效应和外部负效应。大气污染防治的最终成果体现在环境空气质量上，因此，各市环境空气质量的改善对于全省而言属于外部正效应，对全省及其他市环境空气质量的改善产生正贡献；各市环境空气质量恶化对于全省而言属外部负效应，对全省及其他市环境空气质量改善产生负贡献。《办法》出台之前，各市环境空气质量改善或恶化的外部环境成本不能体现到其自身的经济社会发展成本中。为解决上述问题，激发各市大气污染防治的积极性，需要采取一定的经济政策措施，将各市大气污染治理或排污活动产生的外部收益或外部成本内部化，促使其"内化"到各市自身的经济社会发展成本中，这一政策体现了生态补偿"谁保护、谁受益；谁污染、谁付费"的基本原则。市级环境空气质量改善，对全省空气质量改善作出正贡献，省级向市级补偿；市级环境空气质量恶化，对全省空气质量改善作出负贡献，市级向省级补偿。市级向省级交纳的资金纳入省级生态补偿资金进行统筹，用于补偿环境空气质量改善的市，实质上是建立了环境空气质量恶化城市向改善城市进行补偿的横向机制，兼具纵向生态补偿和横向生态补偿的双重特征。

（3）主要做法。

第一，根据自然气象对大气污染物的稀释扩散条件，将全省17个城市划分为两类进行考核。据气象部门观测，青岛、烟台、威海、日照4市年均风速是其他城市的1.6倍，大气污染物稀释扩散条件较好，环境空气质量受扩散条件影响较大，因此，将这4个市的稀释扩散调整系数设置为1.5，其他13市的稀释扩散调整系数为1。利用稀释扩散调整系数进行调整，可以较为客观地反映青岛、烟台、威海、日照4市为改善环境空气质量付出的努力。

第二，按照对全省空气质量改善的贡献大小核算各市补偿资金。全省空气质量实际是各市空气质量的平均值。因此某市同比改善的绝对量越多，对全省空气改善的贡献率就越大。依据各市同比变化的绝对量计算补偿额度，物理意义明确，也比较简单。

第三，在考核因子的设置上，把目前影响空气质量的PM2.5、PM10、SO_2、NO_2四项常规因子全部纳入，并增加"空气质量优良天数比例"考核指标，按照国家《环境空气质量标准》（GB3095—2012）评价。

第四，省级对各市实行季度考核。如果按月来考核，受自然气象条件的影响可能太大；如果以年为尺度考核，则由于时间跨度较长，不利于推动工作。因此，权衡下来，按季度考核较为合适。另外，考核数据采用山东省环境信息与监控中心提供的各城市环境空气质量自动监测数据。自动监测数据每月通过《山东环保要情简报》，省环保厅官方网站发布。数据和计算方式公开透明，各市每季度上缴或省级下拨的资金额度公开透明，便于公众监督。

（4）经验总结。

山东省成立生态补偿机制六年来，拨付各地市约17亿元生态补偿资金改善环境空气质量，撬动地方千亿元资金投入治气。在生态补偿制度的助力下，2020年，山东省PM2.5平均浓度46微克/立方米，较2015年下降37.0%，优良天数比例69.1%，较2015年提高14.2%，均超额完成国家下达的"十三五"目标任务；SO$_2$、NO$_2$平均浓度达到国家一级标准；重污染天数明显减少。在省级政策的带动引领下，济南、烟台等市也制定出台了相应的生态补偿办法，进一步将考核奖励机制延伸到区县，形成"省、市、县"三级齐抓共管，共同推进生态文明建设的良好态势。

点 评

环境空气质量补偿是运用经济和行政手段促进大气污染综合治理工作的创新，是生态文明体制建设的重要实践。算好"环境空气质量生态补偿经济账"关键在思路，从长远看，绿色经济、低碳经济已是大势所趋，企业、政府对生态环境保护不能被动，更不能不作为、慢作为，只有主动开动脑筋、开拓思路、不断创新，这样才能走出一条经济效益和生态效益双赢的路子。

执笔：钱文涛

主要参考文献

[1]《2020 年上半年全省空气质量生态补偿情况》，山东省生态环境厅官网，2020 年 7 月 20 日。

[2] 赵泽渊：《环境空气质量生态补偿地方立法比较研究》，山西大学 2018 年硕士论文。

[3] 聂鹏：《空气生态补偿的立法实践及路径推广——以山东省空气生态补偿机制为核心》，全国环境资源法学研讨会 2014 年版。

（四）生态损害赔偿制度

1. 腾格里沙漠污染系列公益诉讼案

2014 年 9 月，媒体曝光，内蒙古自治区腾格里工业园区部分企业将未经处理的废水排入排污池，让其自然蒸发，然后将黏稠的沉淀物用铲车铲出，直接埋在沙漠里，不仅对沙漠沙地及地下水系造成严重污染，而且对附近的黄河造成一定程度的威胁。该报道引起中央高度重视。

2014年12月，习近平总书记作出重要批示，国务院专门成立督察组，敦促腾格里工业园区进行大规模整改。原环保部会同内蒙古自治区和宁夏回族自治区有关部门展开调查，对相关责任人进行了问责，涉案企业也被责令停产治理。

────■ 隐藏在林区内的污染地（图片来源：《新京报》）

2015年8月13日，中国生物多样性保护与绿色发展基金会（以下简称"中国绿发会"）以腾格里沙漠污染地点的修复工作进展缓慢，部分整改出现停滞为由，对8家涉嫌污染腾格里沙漠的企业，分别为中卫市美利源水务有限公司、宁夏蓝丰精细化工有限公司、宁夏华御化工有限公司、宁夏大漠药业有限公司、宁夏中卫市大龙化工科技有限公司、宁夏瑞泰科技股份有限公司、宁夏明盛染化有限公司、中卫市鑫三元化工有限公司提起环境民事公益诉讼，提出包括被告消除环境污染危险，

————— 清理固体污染物现场（图片来源：《新京报》）

————— 从空中俯瞰被污染区域，白色是装有污染物的大型防渗污泥袋（图片来源：新华社）

恢复生态环境或成立沙漠环境修复专项基金，并委托第三方进行修复，由环保专家、人大代表等进行验收，同时赔偿环境修复前造成的生态功能损失等8项诉讼请求。

生产废水排入蒸发池；1家企业污水处理设施运行不正常，长期进行废水超标排放，并形成了巨大污水池；1家企业在沙地内填埋大量未经处理的废渣，导致地面泛出斑驳红褐色；1家企业向沙地偷排生产废水，上述8家企业的违法行为对周边土壤环境造成了不同程度的污染。

2017年8月28日，中卫中院开庭审理了此案，对案件双方当事人的调解协议进行了审定和确认。调解书确定由涉案8家企业在支付5.69亿元用于修复和预防土壤污染的资金基础上，同时承担环境损失公益金600万元；宁夏蓝丰精细化工有限公司、宁夏明盛染化有限公司、宁夏华御化工有限公司继续按照专家认定的地下水修复方案完成地下水修复工作，并承担相应费用，直至实现设定的修复目标。截至2018年7月31日，所有执行款已全部到位。

点评

腾格里沙漠污染系列公益诉讼案历时5年时间，污染环境的企业得到了应有的处罚，相关公职人员被追责问责，受污染的环境在最短的时间内得到较好恢复，真正做到了"环境有价，损害担责"。本案是推进生态文明建设的重要案件，阐明了环境保护公益活动，不仅包括直接改善生态环境的行为，还包括有利于完善环境治理体系，提高环境治理能力，促进全社会形成环境保护广泛共识的活动。

执笔：胡韬

主要参考文献

[1]周崇华：《宁夏腾格里沙漠污染公益诉讼系列案—审调解结

案》，《人民法院报》2017 年 9 月 1 日。

〔2〕张庆水：《最高人民法院发布环境公益诉讼典型案例》，新华网，2017 年 3 月 7 日。

2. 江苏省人民政府诉安徽海德化工科技有限公司生态环境损害赔偿案

2014 年 4 月至 5 月间，安徽海德化工科技有限公司（以下简称海德公司）营销部经理杨峰分三次将海德公司生产过程中产生的 102.44 吨废碱液，以每吨 1300 元的价格交给没有危险废物处置资质的李宏生等人处置，李宏生等人又以每吨 500 元、600 元不等的价格转交给无资质的孙志才、丁卫东等人。上述废碱液未经处置，直接排入长江水系，严重污染环境。其中，排入长江的 20 吨废碱液，导致江苏省靖江市城区集中式饮用水源中断取水 40 多个小时；排入新通扬运河的 53.34 吨废碱液，导致江苏省兴化市城区集中式饮水源中断取水超过 14 个小时。靖江市有关部门采取了添加活性炭吸附、调用内河备用水源稀释等应急处置措施，兴化市自来水厂、兴化市戴南镇自来水厂、兴化市张郭镇自来水厂等分别采取了停止供水、投放活性炭吸附、加高锰酸钾处理等应急处置措施。经评估，本次事件共造成生态环境损害 5482.85 万元，其中环境修复费用 3637.90 万元、生态环境服务功能损失 1818.95 万元、评估鉴定费 26 万元。

法院最终裁判认为，海德公司作为化工企业，对其在生产经营过程中产生的危险废物废碱液，负有防止污染环境的义务。海德公司放任该公司营销部负责人杨峰将废碱液交给不具备危险废物处置资质的个人进行处置，导致废碱液被倾倒进长江和新通扬运河，严重污染环境。《中华人民共和国环境保护法》第六十四条规定，因污染环境和破坏生态造成损害的，应当依照《中华人民共和国侵权责任法》的有关规定承担侵权责任。《中华人民共和国侵权责任法》第六十五条规定，因污染环境造成损害的，污染者应当承担侵权责任。《中华人民共和国侵权责任法》

第十五条将恢复原状、赔偿损失确定为承担责任的方式。环境修复费用、生态环境服务功能损失、评估费等均为恢复原状、赔偿损失等法律责任的具体表现形式。依照《中华人民共和国侵权责任法》第十五条第一款第六项、第六十五条，《最高人民法院关于审理环境侵权责任纠纷案件适用法律若干问题的解释》第一条第一款、第十三条之规定，判决海德公司承担侵权赔偿责任，将5482.85万元生态环境损害赔偿金额支付至泰州市环境公益诉讼资金账户。同时，杨峰、李宏生等人均构成污染环境罪，被依法追究刑事责任。

点 评

本案是《生态环境损害赔偿制度改革试点方案》探索确立生态环境损害赔偿制度后，人民法院最早受理的省级人民政府诉讼企业生态环境损害赔偿案件之一。长江是中华民族的母亲河。目前沿江化工企业分布密集，违规排放问题突出，已经成为威胁流域生态系统安全的重大隐患。本案判决明确宣示，不能仅以水体具备自净能力为由主张污染物尚未对水体造成损害以及无须再行修复，水的环境容量是有限的，污染物的排放必然会损害水体、水生物、河床甚至是河岸土壤等生态环境，根据"环境有价，损害担责"原则，污染者应当赔偿环境修复费用和生态环境服务功能损失，要充分运用司法手段修复受损生态环境，推动长江流域生态环境质量不断改善，助力长江经济带高质量发展。

执笔：胡韬

主要参考文献

[1] 沈圆圆：《生态环境保护典型案例》，《人民法院报》2019年3月3日。

3. 济南章丘非法倾倒危险废物生态环境损害赔偿案

2015 年 10 月 21 日凌晨，山东省济南市原章丘市公安局 110 接到报警，称在普集街道办上皋村废弃三号煤井（明皋二号副井）所在院落内发现有人中毒死亡。事发院落内发现四具男性尸体，淄博牌照黑色轿车和罐车各一辆。罐车标示容积 42 立方米，罐内废液已经全部倒空。经调查，山东弘聚新能源有限公司于 2015 年 9 月 28 日至 2015 年 10 月 13 日间，共向上皋村三号废弃煤井（明皋二号副井）倾倒废水 17 车，约 640 吨。经监测，废液井壁、井底土壤被污染，对地下水也造成污染。废水来源为该公司废硫酸储罐内，主要来自液化气深加工项目。倾倒废酸呈强酸性，鉴定结论为危险废物。淄博市的山东金诚重油化工有限公司于 2015 年 10 月 20 日向上皋村三号废弃煤井（明皋二号副井）倾倒废液一车，来源是该公司加氢车间，重量 23.7 吨，属于废碱液。经监测，废液井壁、井底土壤被污染，对地下水也造成污染。废液呈强碱性，含有机物成分，为石油类，鉴定结论为危险废物。废酸液和废碱液被先后倾倒入废弃煤井内，混合后产生有毒气体，造成 4 人当场死亡。该事件为重大突发环境事件，造成了土壤及地下水污染。事件发生后，原章丘市人民政府进行了应急处置，并开展环境修复工作。通过进一步调查与鉴定评估，该案件涉及 6 家企业非法处置危险废物，对济南市章丘区 3 个街道造成生态环境污染，支出的应急处置费用为 4030.818 万元（包括直接经济损失 2189.582 万元和期间功能损失 1841.236 万元），生态环境损害费用 19991.05 万元。

原山东省环境保护厅代表赔偿权利人与赔偿义务人涉案的六家企业开展了四轮磋商。磋商过程中，原山东省环境保护厅与涉案的四家企业达成一致，签订了四份共计 1357.5 万余元的生态环境损害赔偿协议。其他两家企业对排放污染物的时间、种类、数量不能达成共识，原山东省环境保护厅提起生态环境损害赔偿诉讼。法院判决其中一家企业承担 20% 的赔偿责任，另一家企业承担 80% 的赔偿责任。

————■ 案发地挖出的危险废弃物（图片来源：中国青年网）

点 评

　　本案件为重大突发环境事件，生态环境损害金额达到2.4亿元，在全国范围有较大的影响，具有积极的宣传、教育和警示意义。一是本案涉及环境危害较大、修复难度和费用高、责任界定困难、磋商难度大，其处理过程和方式对其他类似案件具有较好的借鉴意义；二是索赔部门运用了磋商和诉讼两种途径索赔，及时对生态环境进行了有效修复，实现了社会效益和环境效益的双赢；三是使造成生态环境损害的责任者不仅要承担行政责任、刑事责任，还要承担损害赔偿责任，修复受损生态环境，有助于破解"企业污染、群众受害、政府买单"的困局，真正做到"谁污染谁买单，谁破坏谁治理"。

执笔：胡韬

主要参考文献

［1］生态环境部：《关于印发生态环境损害赔偿磋商十大典型案例的通知》，2020 年 4 月 30 日。

［2］王玮：《济南章丘区 6 企业非法倾倒危废导致 2.4 亿元损害 磋商和诉讼并举 及时修复生态环境》，《中国环境报》2020 年 5 月 11 日。

4. 中国生物多样性保护与绿色发展基金会诉秦皇岛方圆包装玻璃有限公司大气污染责任民事公益诉讼案

秦皇岛方圆包装玻璃有限公司（以下简称"方圆公司"）是一家主要从事各种玻璃包装瓶生产加工的企业，拥有玻璃窑炉四座。在生产过程中，因超标排污被秦皇岛市海港区环境保护局（以下简称"海港区环保局"）多次作出行政处罚。2015 年 2 月 12 日，方圆公司与无锡格润环保科技有限公司签订《玻璃窑炉脱硝脱硫除尘总承包合同》，对方圆公司的四座窑炉进行脱硝脱硫除尘改造。

2016 年中国生物多样性保护与绿色发展基金会（以下简称"中国绿发会"）对方圆公司提起环境公益诉讼后，方圆公司加快了脱硝脱硫除尘改造提升进程。2016 年 6 月 15 日，方圆公司通过了海港区环保局的环保验收。2016 年 7 月 22 日，中国绿发会组织相关专家对方圆公司脱硝脱硫除尘设备运行状况进行了考察，并提出相关建议。2016 年 6 月 17 日、2017 年 6 月 17 日，环保部门为方圆公司颁发《河北省排放污染物许可证》。2016 年 12 月 2 日，方圆公司再次投入 1965 万元，为四座窑炉增设脱硝脱硫除尘备用设备一套。

方圆公司于 2015 年 3 月 18 日缴纳行政罚款 8 万元。中国绿发会 2016 年提起公益诉讼后，方圆公司自 2016 年 4 月 13 日起至 2016 年 11 月 23 日止，分 24 次缴纳行政罚款共计 1281 万元。

2017 年 7 月 25 日，中国绿发会向法院提交《关于诉讼请求及证据说明》，确认方圆公司非法排放大气污染物而对环境造成的损害期间从行政处罚认定发生损害时起至环保部门验收合格为止。法院委托环保护部环境规划院环境风险与损害鉴定评估研究中心对方圆公司因排放大气污染物对环境造成的损害数额及采取替代修复措施修复被污染的大气环境所需费用进行鉴定，起止日期为 2015 年 10 月 28 日（行政处罚认定损害发生日）至 2016 年 6 月 15 日（环保达标日）。

2017 年 11 月，鉴定机构作出《方圆公司大气污染物超标排放环境损害鉴定意见》，按照虚拟成本法计算方圆公司在鉴定时间段内向大气超标排放颗粒物总量约为 2.06 吨，二氧化硫超标排放总量约为 33.45 吨，氮氧化物超标排放总量约为 75.33 吨，方圆公司所在秦皇岛地区为空气功能区Ⅱ类。按照规定，环境空气Ⅱ类区生态损害数额为虚拟治理成本的 3～5 倍，鉴定报告中取 3 倍计算对大气环境造成损害数额分别约为 0.74 万元、27.10 万元和 127.12 万元，共计 154.96 万元。

最终法院判决方圆公司赔偿损失 154.96 万元，分三期支付至秦皇岛市专项资金账户，用于该地区的环境修复；在全国性媒体上刊登致歉声明；向中国绿发会支付因本案支出的合理费用 3 万元。

点 评

本案系京津冀地区受理的首例大气污染公益诉讼案。大气污染防治是污染防治三大攻坚战之一，京津冀及周边地区是蓝天保卫战的重点区域。本案审理法院正确适用《最高人民法院关于审理环境民事公益诉讼案件适用法律若干问题的解释》，结合中国绿发会的具体诉讼请求，对方圆公司非法排放大气污染物造成的环境损害进行了界定和评估，积极探索公益诉讼专项资金账户运作模式，确保环境损害赔偿金用于受损环境的修复。本案的审理和公开宣判对保障京津冀及周边地区环境治理和经济社会发展具有重要的示范效应，将对京津冀及周边地区大气污染防治和区域生态文明建设起到积极的促进作用。

执笔：胡韬

主要参考文献

［1］沈圆圆：《生态环境保护典型案例》，《人民法院报》2019 年 3 月 3 日。

第五章

以生态系统良性循环和环境风险有效防控为重点的生态安全体系

一 概述

生态安全关系人民群众福祉、经济社会可持续发展和社会长久稳定，是国家安全体系的重要基石。建立生态安全体系是加强生态文明建设的题中应有之义，是必须守住的基本底线。习近平总书记指出，要加快建立健全"以生态系统良性循环和环境风险有效防控为重点的生态安全体系"。首先就是要维护生态系统的完整性、稳定性和功能性，确保生态系统的良性循环；其次要处理好涉及生态环境的重大问题，包括妥善处理好国内发展面临的资源环境瓶颈、生态承载力不足的问题，以及突发环境事件问题。这是维护生态安全的重要着力点，是最具有现实性和紧迫性的问题。

生态系统的良性循环是生态平衡的基本特征，是生态安全的标志，也是人与自然和谐的象征。建设美丽中国，就是要让中华大地上各类生态系统具有合理的规模、稳定的结构、良性的物质循环、丰富多样的生态服务功能。我国生态安全体系建设，必须坚持统筹规划，优化布局。加快实施"多规合一"，构建统一的空间规划体系。通过政策导向激励、建立长效机制等，切实保护好生态功能区；加强城乡统筹，抓好生态修复和管控。降低生态系统退化风险，通过实施国土空间管制和生态红线制度、采取生态系统修复和保护措施，确保物种和各类生态系统的规模和结构的稳定，提升生态服务功能水平。牢固树立底线思维，把生态环境风险纳入常态化管理，系统构建全过程、多层级生态环境风险防范体系。把生态环境风险纳入常态化管理，构建全过程、多层级生态环境风险防范体系。防范和化解生态环境问题引发的社会风险，维护正常生产生活秩序。

生态安全体系是生态文明体系的自然基础，生态安全才有社会安全。坚持节约优先、保护优先、自然恢复为主，实施山水林田湖草系统保护修复工程，提升自然生态系统稳定性和生态服务功能，筑牢生态安全屏障；在重要生态功能区、陆地和海洋生态环境敏感区、脆弱区，划定并严守生态红线，构建科学合理的生态安全格局；建立生态补偿政策，使生态产品提供区域和个人得到合理补偿；建立监测预警体系，提高生态环境质量预防和污染预警水平，有效防范生态环境风险。本章从生态系统保护、生态修复与治理、生物多样性保护、环境风险防控等方面筛选了 19 个案例进行分析。

二 案例分析

（一）生态系统保护

1. 西藏生态保护筑起"绿色屋脊"

青藏高原是亚洲内陆高原，是中国最大、世界海拔最高的高原，被称为"世界屋脊""第三极"，是世界上山地冰川最发育的地区和河流发育最多的地区，是长江、黄河、澜沧江、雅鲁藏布江等大江大河的发源地，湿地面积约为 1800 万公顷，占全国的 1/3。由于高海拔、低纬度的作用，西藏总体气候呈现出高寒缺氧、复杂多变的特征，是中国、亚洲乃至北半球气候变化的启动区和调节区。

正是由于西藏高原地区独特的自然环境和特殊的气候条件，孕育了世界上独一无二的高寒湖泊、高山湿地、高寒干旱草原、高寒干旱荒漠以及地处北半球纬度最高的热带雨林、季雨林等独特的生态系统，使其在影响中国地理格局、稳定气候、保障水源及生物多样性等方面具有重要的生态战略地位，是世界上生物多样性最为丰富的地区之一，是生物多样性重要基因库。西藏有野生植物 9600 多种，高等植物 6400 多种（其中，维管束植物 5700 多种，苔藓植物 700 多种），隶属 270 多科，1510 余属，有 855 种为西藏特有。有特殊用途的藏药材 300 多种。西

———■ 可可西里地区的藏野驴（图片来源：新华网）

藏有野生脊椎动物 798 种，已有 125 种被列为国家重点保护野生动物，占全国重点保护野生动物的 1/3 以上，有 196 种为西藏特有。藏羚羊、西藏野驴、野牦牛等物种为我国特有的珍稀保护动物。

青藏高原面临多种生态安全问题。受全球气候变化和人类活动共同影响，高原生态系统受到一定损害，青藏高原面临冰川消融、草地退化、土地沙化、生物多样性受损等生态问题。超过 70% 的草原存在不同程度的退化问题；天敌的减少导致草原鼠害严重；在强盛风力和气候干旱共同作用下，土地沙化加剧；水土流失加剧。西藏地区生态环境的变化不仅会危害西藏自身生态安全，甚至对中国乃至亚洲的生态安全产生重大影响。

西藏自治区持续推进生物多样性保护战略。为维护青藏高原生态安全，西藏自治区全面落实了《西藏生态安全屏障保护与建设规划(2008—2030 年)》，制定出台了《西藏自治区生物多样性保护战略与行动计划》。对天然草地保护、森林保护、重要湿地保护等 3 大类 10 项实施生态环境保护与建设工程，大力推进自然生态系统保护和修复。颁布实施了主体功能区规划，对重点区域、重点流域、重点行业和产业布局进行规划环境评估，将 95% 的国土面积划定为禁止或限制开发区域；严格环境准入条件，杜绝环境污染重、生态影响大的"三高"项目进入西藏。西藏地区持续完善了重点生态功能区转移支付和各类生态补偿机制，实施长江上游横向生态补偿政策，在怒江流域的那曲、昌都、林芝三市建立流域上下游横向生态保护补偿机制试点。

通过工程的实施，西藏生态系统服务功能增幅比例为 3%～5%，生态安全屏障功能得到有效维持。目前，西藏自治区建立了各级各类自然保护区 47 个，总面积 41.22 万平方公里，约占全区国土面积的 34.35%。部分珍稀野生动植物种群在保护区内呈现恢复性增长：藏羚羊由 1995 年的约 5 万只上升到超过 20 万只；野牦牛数量增加到 2 万余头；黑颈鹤数量由 2000 余只上升到 8000 余只，占全球 80% 以上；过去认为已经灭绝的西藏马鹿总数已突破 1000 只；滇金丝猴发展到 700 多只，约占全国种群数量的 33%。

点评

青藏高原是全球污染最轻微的地区之一，又是我国水资源最富集的地区之一，分布有大量的珍稀保护物种，具有重要的生态保护价值。西藏地区以草原、戈壁为主，生态系统较为脆弱，一旦破坏恢复难度较大，因此其生态环境保护更为重要，西藏自治区通过主体功能区规划、生态补偿、保护区建设、生态旅游等措施，使得生态环境稳步向好，物种种群数量逐步回升，生态系统进入良性循环，对我国的生态环境保护具有重大意义。

执笔：赵桂芳

主要参考文献

[1]《西藏自治区近年来不断加强生物多样性保护工作》，《西藏日

报》2012 年 11 月 19 日。

[2]《西藏自然生态系统保护和修复取得显著成效》，国务院新闻办公室，2016 年 7 月 8 日。

2. 广东红树林保护

红树林是生长在热带、亚热带低能海岸潮间带上部，受周期性潮水浸淹，以红树植物为主体的常绿灌木或乔木组成的潮滩湿地木本生物群落。红树林生态系统一般包括红树林、滩涂和基围鱼塘三部分。中国福建、台湾、广东、广西部分沿海滩涂地区均有分布。红树林主要分布在江河入海口及沿海岸线的海湾内，是陆地向海洋过渡的重要生态系统，有"海底森林"和"水上绿洲"之称。由于红树林具有热带、亚热带河口地区湿地生态系统的典型特征以及特殊的咸淡水交叠的生态环境，为众多的鱼、虾、蟹、水禽和候鸟提供了栖息和觅食的场所。因此，红树林蕴藏着丰富的生物资源和物种多样性。

广东省海岸线绵长，适宜红树林生长的滩涂长 496 千米，是全国红树林分布最广、面积最大、种类最丰富的地区之一。沿海各市均有红树林分布，主要断续分布在西起廉江市高桥镇，南至徐闻县五里，北至饶平县海山之间的泥质滩涂上，其中以粤西段（尤其湛江）最为繁茂，约占全省现有红树林的 84.8%。红树林对海浪和潮汐的冲击有着很强的适应能力，可以护堤固滩、防风浪冲击、保护农田、降低盐害侵袭，作为一种海岸防护林。红树林最重要的作用就是减灾防灾、保持生物多样性和污染物生态修复。2003 年 8 月 25 日台风"科罗旺"在徐闻县前山镇沿海登陆后，湛江各县区地处东面海岸的堤围、涵闸等水利设施损坏十分严重，造成湛江市 9.2 亿元的经济损失。灾后调查表明，有红树林的海岸损失明显较无红树林的海岸要小，多数海堤由于受到堤外红树林的保护而安然无恙。因此，构建广东省海岸带红树林生态防护体系，促其发挥较高的防灾减灾作用对保护社会经济的安全极为关键。

————■ 广东湛江红树林自然保护区（图片来源：湛江新闻网）

改革开放以来，广东的经济发展一直位居全国前列，沿海地区更是独占鳌头，但由于长期以来人们对红树林的重要作用认识不足，对红树林的保护与管理不严，人为破坏使得红树林面积锐减、林分质量和防护效能不断下降，沿海自然灾害日趋严重。根据有关资料，20世纪50年代初广东的红树林面积约为21289公顷，到90年代末已减少了83%。面积缩小，物种也减少，生物多样性受到威胁。

按照《海岸线保护与利用管理办法》《国务院关于加强滨海湿地保护严格管控围填海的通知》《围填海管控办法》《关于海域、无居民海岛有偿使用的意见》等一系列文件要求，广东省加强海岸线分类保护，严格保护自然岸线，整治修复受损岸线。广东省对涉及红树林保护区的建设项目，依据自然保护区开发建设活动监督管理有关政策，开展相关生态环境影响论证工作，对生态环境影响较大的重新选址，最大限度减少项目建设对红树林保护区的影响。各地政府高度重视红树林保护的问题，积极推进红树林保护工作。广东省共设立了12个不同类型的保护区，保护了红树林总面积的85.5%。湛江市制订了《湛江红树林国家级自然保护区4800公顷养殖塘清退方案》并努力推动各项工程的实施。

据统计，目前广东红树林总面积约 1.4 万公顷，为全国第一，占全国红树林总面积 2.46 万公顷的 56.9%。深圳市政府投资建设的福田红树林生态公园，已成为广东省环境教育基地、深圳市环境教育基地、福田区水情教育基地。近年来，许久不来的珍稀物种相继出现，水獭、豹猫、小灵猫、黑鹳、珍稀水禽黄嘴白鹭、罗纹鸭均出现在公园内，是红树林生态公园生态建设成效最直接的佐证。

点　评

　　红树林是海陆过渡地带最重要的生态系统，是海岸众多动植物、微生物系统存在的生态基础，蕴藏着丰富的生物资源和物种多样性，对海洋水质净化、海岸防护、海洋生态系统保护具有重要作用。红树林保护是海岸生态系统保护的基础，广东省通过几个红树林自然保护区建设等一系列措施，红树林保护成效明显，目前广东省已成为国内红树林面积最大的省份，红树林的生物资源和物种多样性得到不断修复。

执笔：赵桂芳

主要参考文献

　　[1] 杨加志：《广东省红树林分布现状与动态变化研究》，《林业与环境科学》2018 年第 10 期。

　　[2]《广东红树林总面积约 1.4 万公顷位居全国第一》，中国新闻网，2020 年 5 月 30 日。

　　[3]《福田红树林生态公园获评"国家生态环境科普基地"》，《深圳特区报》2021 年 1 月 8 日。

3. "杭州之肾"：西溪国家湿地公园

西溪发现于东晋，发展于唐宋，兴盛于明清，历史上占地面积达到

60 平方公里。古称河渚，"曲水弯环，群山四绕，名园古刹，前后踵接，又多芦汀沙溆"。曾经是浙江省杭州市最优美的画卷，以"一曲溪流一曲烟"的典型江南水乡风光而著称，属于国内罕见的集城市湿地、农耕湿地、文化湿地于一体的次生湿地。杭州历史上有"西湖、西溪、西泠"并称"三西"之说，杭州西溪国家湿地公园被誉为最美的湿地之一，是罕见的城中次生湿地。

（1）西溪湿地的伤与痛。

在经济发展和人类活动的过程中，西溪这一不可多得的城市湿地资源受到了破坏。自 20 世纪 90 年代开始，由于城市扩张，大量房地产商在这里从事开发建设，最多时竟达 60 多家。当地农民自发形成的养猪业，影响了西溪水质。据 2002 年的统计，当地蒋村乡有 415 户家庭从事这个行当，生猪头数超过了 2.5 万，污染严重。西溪湿地面临生态被严重污染，面积被蚕食 5/6 的局面。

（2）西溪湿地的修复与保护。

2003 年，西溪湿地综合保护工程正式启动，西溪湿地综合保护工程定下"六大原则"——生态优先、最小干预、修旧如旧、注重文化、可持续发展、以人为本，编制了《西溪国家湿地公园总体规划》等综合性规划。对湿地 11.5 平方千米区域实施拆迁，建筑面积减少至 4.8 平方千米，农用地面积由原来的 190 公顷增加至 295 公顷，新增植被 80 公顷。同时，西溪湿地的河堤完全用河泥自然堆成，水壁由陡坡改为缓坡，种植芦苇、野茭白等根系密集发达的植物，有效抵御河水对堤岸的冲击。

西溪湿地通过功能分区的方式，将生态系统保持较完整、自然的区域划分为保育区，除保护与科研，尽量隔绝人为活动；将生态系统已遭到一定破坏的区域划为恢复重建区，重点开展生态修复相关工作；将人文历史资源集中分布的区域，划分为旅游及科普教育合理利用区。西溪湿地一期工程的东部 2.4 平方公里培育区实行完全封闭，西部 1.78 平方公里封育区实行一定年限的全封闭保护。同时，针对湿地外围及上游区域开展面源污染治理，对湿地外围周边及上游区域聚焦产业转型，逐渐淘汰低效及对生态有影响的产业，促进周边区域产业结构从低效、高污染的产业和生产方式向绿色产业、绿色生产转变。对流入公园的水系上游农居点进行雨污分流，使流入西溪湿地的污水全部实现截污纳管，控制外源对湿地公园内河道水体的干扰。

西溪之胜，独在于水；西溪之重，重在生态。习近平总书记在2005年4月30日给西溪湿地开园的贺信中指出，希望进一步做好西溪湿地保护、管理、经营、研究工作，把西溪变得更美，把杭州扮得更靓。"西溪之胜，独在于水"，水是西溪的灵魂和生命，综合整治后，现在湿地内河流总长100多公里，约70%的面积为河港、池塘、湖漾、沼泽等水域，其间水道如巷、河汉如网，鱼塘栉比、诸岛棋布。"西溪之重，重在生态"，园区内芦白柿红、桑青水碧、竹翠梅香、鹭舞燕翔，冷、野、淡、雅，皆成天趣，动植物资源极其丰富，其陆地绿化率在85%以上。作为杭州绿地生态系统的重要组成部分，西溪国家湿地公园

———■ 坐船游西溪（图片来源：新浪网）

具有保持水源、净化水质、蓄洪防旱、调节气候、清新大气和维护生物多样性等多种重要生态功能，发挥了"杭州之肾"的作用。

15年来，西溪湿地始终遵循"两山"理念，坚持保护第一、应保尽保，切实保护好西溪湿地的生态环境、自然景观和人文景观，获得了国际重要湿地、全球文化产业特色园区创新引领奖等多项国家级荣誉。自2005年开园以来，累计入园游客达4500万人次，经营收入22亿元，形成了投入和产出的良性循环机制，确保了可持续发展。

点 评

西溪湿地作为国内建设最为成功的湿地公园之一，湿地生态得到了充分修复，生态系统和物种种群数量不断稳定提升，是对湿地生态环境的修复与文化旅游建设相结合的典型代表，完美呈现了自然生态、农耕文明、历史文脉、民俗风情的交合演替，对国内其他湿地生态系统修复具有重要的借鉴意义。

执笔：赵桂芳

主要参考文献

[1] 方益波：《"天堂绿肺"养成记——西溪湿地：从污水横流到城市生态建设标杆》，新华网，2020年4月2日。

[2] 胡盛东：《生态底色更浓"两山"成色更亮》，《中国自然资源报》2020年8月7日。

（二）生态修复与治理

1. 有一种奇迹叫库布其沙漠

人们眼中的奇迹通常是极难做到却成功了的事，库布其沙漠生态治理便是一种奇迹,一种中国奇迹。在生态环境如此恶劣的情况下,能实现人与自然和谐共处,足以体现山水林田湖草是一个生命共同体的新系统观。

早在几十年以前,坐落在中国内蒙古的有一个名叫库布其的沙漠,说它是不毛之地,没人会反驳。当然,现在称它是一片绿洲,也不会有人站出来说"我不相信"。

以前,当地人们为了改变这种不堪的现状,在当地政府的领导下开始挖坑种树,但由于环境恶劣,能成活下来的树却极少。

——■ 原库布其沙漠(图片来源:鄂尔多斯新闻网)

尽管如此,当地人们心中仍然有一种执着信念,没有放弃,依旧将种树的激情和汗水义无反顾地倾注在这片没有希望的大沙漠之中。他们在不断探索中发现,不能仅仅进行单纯的种树种草,水源涵养也很重要,同时对生物多样性的保护和修复,构建一个完整的生态系统,对库布其沙漠的生态环境治理也尤为重要。

在探索的过程中,他们不仅学习了如何保护种植资源与繁育技术,还对荒漠栖息地修复技术、珍稀濒危植物种群恢复技术、生态大数据监测与人工智能等多项核心科技进行了研究，将所学的理论知识在库布其沙漠治理中进行了很好的运用，使得库布其沙漠生物多样性水平有了显著提升。同时，库布其生态大数据平台也实现了同步创建，呈现"空天地一体化"的动态监测和管理，实时动态更新库布其生物多样性数据变化情况。

世人付出的汗水没有白费，经过一代又一代的库布其人的辛劳付出，一眼望去毫无生机的库布其沙漠渐渐地多了几分绿意。

库布其的初夏也多了几分雨水的滋润，罕见的夏雨背后，感受到的是库布其生态环境的改变。据不完全统计，库布其过去的降雨量一年不足 100mm，而现在一年已经超过 300mm。今天的"绿水青山"正是无数的库布其人持之以恒的努力换来的。

库布其治沙奇迹是中国治沙奇迹的典型，它的传奇当然不止在国内流传，在国际舞台的影响力也非同凡响。目前全球唯一一个全力推动世界荒漠化防治和绿色经济发展的大型国际论坛就是库布其国际沙漠论坛。该论坛从 2007 年开始已成功举办七届，是目前全球公认的防沙治沙经验交流的重要平台，同样也成为推动建设绿色"一带一路"的重要途径和传播"山水林田湖是一个生命共同体的新系统观"生态文明理念的一个重要窗口。

点评

库布其治沙经验给外界传递了"沙漠虽可怕但却可治理"的信息，想把沙漠治理好，要多方面进行考虑，不是只进行简单的种树，在科技越来越发达的今天更是如此，构建尽可能完善的生态系统，才能使得生态环境持续变好。

执笔：杨媚

主要参考文献

［1］刘发为：《库布其沙漠，雨水越来越多……（生态治理的中国奇迹）》，《人民日报（海外版）》2020 年 6 月 17 日。

［2］刘海全：《杭锦旗库布其沙漠重点水生态综合治理的探索与实践》，《内蒙古水利》2017 年第 7 期。

［3］乔牡丹：《库布其沙漠不同地类生态治理技术应用探讨》，《内蒙古林业》2017 年第 4 期。

2. "一棵树"的无穷力量

只要看到了希望的影子，便会有更多影子出现。塞罕坝人做到了，从"一棵树"到"一片林"，他们没有放弃，并且坚信，一棵树能成活，一片森林一定也可以成活。在这样一种信念的支撑下，几代塞罕坝人将自己的辛劳汗水奉献在了这片荒漠之中，将一望无际的大沙漠变成了现在的绿水青山，这样的绿水青山也给塞罕坝人带来了"金山银山"，塞罕坝的旅游产业迅速发展和崛起，给塞罕坝人带来了可观的经济收入，在改善生态环境的同时也改善了民生，为"绿水青山就是金山银山"作了生动诠释。

塞罕坝地处内蒙古和河北交界处，生态环境十分恶劣，据数据统计，平均每年积雪时长达 7 个月，最低气温达到－43.3℃。以前的塞罕坝一眼望去除了风沙，几乎看不到其他任何景色。当地流传着这样一种说法："塞罕坝以前一年只刮一场风，从春刮到冬，地上都是沙，百里不见树"，然而这种说法一点也不夸张。

这种现象一直持续到新中国成立之初，当初这片土地已经变成了人迹罕至的荒原，也是距离北京最近的一片沙源。为了防止"风沙紧逼北京城"，原林业部组建了一支仅有 369 人的拓荒建设队伍，一起建设塞罕坝林场，一场拯救塞罕坝的林场建设行动被拉开序幕。

经过 50 多年的努力，塞罕坝森林覆盖率已达 80%，1993 年被批准为国家级森林公园；2007 年被批准为国家级自然保护区；2017 年，塞罕坝林场的建设者荣获"地球卫士奖",这一系列的荣誉是对几代塞罕坝人辛苦付出最好的点赞和见证。如今的塞罕坝,也被誉为"天然氧吧",它所释放的氧气可供199.2万人呼吸一年所用。目前,塞罕坝林场是全世界面积最大的人工林场,也是京津地区坚不可摧的一道绿色生态屏障。

几代塞罕坝人秉持不畏艰苦、以苦为荣、以苦为乐的精神,凭着坚韧不拔的顽强斗志,面对困难、勇往直前,从一开始的拓荒、传承再到攻坚,一步一步让"沙地变林海,荒原成绿洲"。

绿洲带来的森林资源价值已超过200亿元,塞罕坝也成为国内闻名的生态旅游胜地,现塞罕坝林场每年的旅游收入达4000万元以上。很多外地游客慕名而来,在喧闹的城市待久了,就想来"天然氧吧"呼吸一下清新的空气,洗洗肺,放松一下疲惫的身心,尽情地感受大自然之美。

塞罕坝,已经不是简简单单的一片林,也是发展绿色生态的一张重要的名片,它的治沙经验已成为全国生态建设的旗帜和标兵,是践行人与自然和谐相处的典范。几代塞罕坝人用行动深刻诠释了"绿水青山就是金山银山"的生态文明理念。

点 评

如何从"绿水青山"转换为"金山银山",塞罕坝人为我们作出了成功示范,塞罕坝人种下的不仅仅是树,更是一座受人敬仰的"精神领地"。面向未来,我们应厚植新发展理念,坚守生态红线、坚决不用昂贵的生态代价换取一时的经济发展,要将生态优势转化为经济优势,为建设美丽中国发力,为子孙后代留下蔚蓝天空、山清水秀的优美环境。

执笔:杨媚

主要参考文献

［1］刘凡：《塞罕坝：从一棵树到一片林 三代人传递的绿色接力》，人民网，2017 年 8 月 1 日。

［2］刘爱萍：《奋斗，是"那时风华"的最美底色》，《万象》2020 年第 36 期。

［3］范雨田、马然：《神奇的塞罕坝》，《连环画报》2020 年第 11 期。

［4］赵狄娜：《东部四省市 围场满族蒙古族自治县：绿色奇迹塞罕坝》，《小康》2020 年第 31 期。

［5］《中国工人》编辑部：《塞罕坝的绿色奇迹》，《中国工人》2020 年第 10 期。

［6］崔萌、赵占永：《塞罕坝林场森林草原生态保护规划探讨》，《安徽农学通报》2020 年第 19 期。

3. 右玉精神是如何孕育形成的

右玉县用行动诠释了什么是"环境就是民生，人民群众对美好生活的向往就是我们的奋斗目标的新民生政绩观"。右玉精神便是在诠释的过程中产生的，那什么是右玉精神，它又是如何形成的呢？

由于地理位置特殊，外接内蒙古大草原，并且处于中国北方毛乌素沙漠边缘，其植被稀少，土质松散，再者对土地资源不合理利用和乱砍滥伐，导致整个县的水土流失情况变得十分严重。据不完全统计，山西省朔州市右玉县以前的沙化面积达 225 万亩，占全县国土面积的 76.4%，仅有残次林 8000 亩，森林覆盖率为 0.3%。

以前的右玉县山上没有树，风沙从不停歇，人们出门不仅睁不开眼，沙子打在脸上更是生疼，白天风沙把家里的光遮挡无几，在屋中都要点上油灯。

在 20 世纪 50 年代，面对这严峻的生态形势，右玉县第一任县委书记打出了植树造林的执政旗帜，带领群众百姓付出了艰辛努力。以"哪能栽树栽哪，先让局部绿起来"为原则开始建设，生态建设的行动已初步启动；60年代，坚持"有风的地方，锁住风沙"，加强对风沙的控制；70年代，坚持"哪有空栽哪，把窟窿补起来"，狠抓"三北"防护林建设；80年代，提出"哪里合适种哪种树就在哪里栽，把三松引进来"，建设重点是规模造林、集约化经营。90年代，引入立体造林概念，构筑"立体乔灌混植、绿化屏障"的构想；进入21世纪以来，以发展生态畜牧业和生态旅游为重点，提出"退耕还林连片栽，山川遍地靓起来"。

经过几十年的努力，右玉县共完成水土保持和生态综合治理917.30平方公里，其中梯田1649.4公顷，坝地面积1209.04公顷，沟滩地及小片水地面积9074.5公顷，水保乔木林32321公顷，水保灌木林23196.9公顷，种草3630.5公顷，封禁治理20648.1公顷，建设淤地坝45座。新中国成立初期，全县治理土地580公顷，现已治理土地91730公顷，治理率61.2%，林草覆盖率60.2%。"山上治本立体化、周边景观绿化、生态富集产业化、环境保护社会化"，右玉成功搭建了繁荣、和谐、幸福的绿洲。

——■ 右玉县生态治理前后对比图（图片来源：生态修复网）

右玉县在坚持植树造林的同时，提出了"生态产业化、产业生态化"的生态发展理念。同时，依托该县丰富的生态资源和得天独厚的自然地形条件，充分挖掘生态环境、边疆风情、人文古迹三大旅游资源，促进生态、民俗、特色体育"三大"特色开发。现在生态文化旅游已逐步形成规模，被评为国家生态示范区和国家4A级旅游景区，同时还获得了"中国魅力小城""最值得向世界推荐的旅游县"和"联合国最佳宜居生态县"等荣誉称号。据不完全统计，2011年，全县生态旅游高达70多万人，旅游产值明显提高，年收入近8亿元，成为县域经济的新增长点。

右玉精神是在这近70年艰苦创业中孕育形成的，根植于右玉人民勤俭质朴、忠勇坚毅的地域文化中，生成于植树造林、改善环境的艰苦历程中，习近平总书记先后四次对"右玉精神"作出重要批示和指示，并强调右玉精神是宝贵财富，一定要大力学习和弘扬。

点 评

右玉精神内涵总结为：迎难而上、艰苦奋斗，久久为功、利在长远。"右玉精神"体现的是我党全心全意为人民服务的宗旨，自始至终把人民群众的根本利益作为谋划发展的出发点和落脚点，才能执着前进，才能经受考验、战胜困难、做出成绩，这也正是右玉精神的动力源泉。

执笔：杨媚

主要参考文献

[1] 王炳林、孙存良：《发扬"右玉精神"建设美丽中国》，《光明日报》2020年6月5日。

[2] 张二星：《论右玉精神的价值意义与传承》，《青年与社会》2020年第21期。

[3] 杨莉：《右玉县水土保持综合治理的成效及经验做法》，《山西

水利》2019 年第 10 期。

［4］杨鹏晓：《右玉县水土保持生态建设成效及经验》，《山西水土保持科技》2015 年第 1 期。

［5］梁婧：《右玉精神的传承：艰苦奋斗久久为功》，《经济日报》2021 年 3 月 18 日。

4."绿色"与"黄色"的视觉冲击——陕西榆林治理黄土高原

习近平总书记曾在黄土高坡待了七年，看到黄土高坡上的一片黄色，最大的感受是荒山秃岭是贫穷的根源。黄土高原是中华民族的发祥地之一，历史文化悠久，但许多文明古国，因遭受生态破坏而导致文明衰落，所以习近平担任总书记以来，将生态文明建设的顶层设计成为国家战略。习近平总书记提出了"生态兴则文明兴，生态衰则文明衰"这一重要论断，揭示了生态与文明的内在关系，更把生态保护的重要性提升到了关系国家和民族命运的高度。

陕西省榆林市是黄土高原的中心地带，过度开垦、气候变化等原因导致榆林市植被遭到严重破坏，生态环境逐渐恶化。据数据统计，在 20 世纪 40 年代，榆林市森林覆盖率仅有 0.9%，是全国土地荒漠化和沙化危害最严重地区之一。

面对沙进人退、生态环境日渐恶化的窘况，榆林市政府高度重视，为改变现状，在生态修复、生态重建等工作上加大力度，持续不断地实施三北防护林、防沙治沙、退耕还林还草等林业重点建设工程，以及通过探索山顶大型集雨窖，山坡种植生态经济林，山脚发展连片鱼塘等系列措施，使榆林市市域内 860 万亩流沙全部得到固定，沙化土地面积也减少了 1569 万亩，经过 70 多年的不懈努力和坚持，榆林市生态环境有了明显改善。榆林市在 2019 年荣获"国家森林城市"称号，实现了从"沙进人退"到"绿进沙退"的历史性转变，形成了鲜明的色彩对比，让人们在视觉上享受黄色与绿色的视觉冲击。

榆林市米脂县作为改造成功的典型，实现了"水不下山，泥不出沟"。米脂县通过经济林建设、文化旅游等产业开发发展，让当地的绿水青山逐步转换成"金山银山"。多地建成采摘水果园、生态观光路，积极发展农家乐，来观光、旅游、学习、考察的人越来越多。当地政府有意打造生态家园式的生产结构，建成 3A 级旅游景点，实现生产生活方式逐渐向绿色生态高效高收入转型。改善生态环境，除了给当地带来实际收益，同样将黄土高原地带的悠久历史文化进行宣扬，有夯实的文化底蕴是黄土高原发展的优势。

━━━■ 黄土高原现状（图片来源：生态修复网）

生态兴则文明兴，人人都是绿山青山的受益者，人人也都应该是绿水青山的守护者，站在历史的长卷中，我们都要吸取教训，警钟长鸣，秉持"山水林田湖草是一个生命共同体"的大生态观，功成不必在我，功成一定有我。

执笔：杨媚

主要参考文献

[1] 舒隆焕：《榆林高西沟：打造黄土高原生态修复治理样板》，西部网，2018年6月15日。

[2] 龚仕建、孙亚慧、吴超：《生态治理的中国奇迹"绿进沙退"看榆林》，《人民日报（海外版）》2020年6月10日。

5. 贵州黔南——中国石漠化治理"贵州样本"的"黔南示范"

位于滇黔桂石漠化片区的贵州省黔南布依族苗族自治州，广泛分布着喀斯特岩溶地貌，94%的国土面积属石漠化片区，占贵州省石漠化片区土地面积的28%，是石漠化的"重灾区"。面对石多土少、生态脆弱、发展基础差的现实难题，黔南坚持创新发展理念，牢守发展和生态两条底线，走出了"生态文明建设"的新路子，将荒山石山变成绿水青山、金山银山，生存与生态从"对抗"走向"共赢"，全面推进石漠化片区的区域发展，以茶叶、刺梨、果树、森林旅游等为主的林业生态产业，正源源不断地释放出绿色红利，保护了绿水青山的同时，也富了一方百姓。

中央资金规划指引治理方向。黔南州自2008年实施石漠化综合治理工程以来，逐步完善石漠化综合治理项目及规划，抓好特色优势产业培育，科学有序指引治理方向。配合中央资金，积极组织全州开展石漠化项目谋划储备工作，狠抓项目设计和施工管理工作，主动争取中央预算内资金支持石漠化综合治理工作，全州累计争取到中央预算内资金9.47亿元支持州石漠化综合治理工作，累计实施完成石漠化治理1799平方公里，其中"十三五"期间争取到中央预算内资金3.7亿元，完成石漠化治理621.5平方公里（2020年度正在实施）。根据国家林业局组织的第三次石漠化监测数据，与开展石漠化治理前相比，黔南州石漠化面积减少3590多平方公里，石漠化土地面积由全省第一位下降到第二位，占国土面积比例由全省第四位下降到第六位，依托中央资金引领石漠化治理取得显著成效。

————■ 荔波县蜜柚种植基地（图片来源：荔波资讯—荔波县全媒体中心）

工程措施补治理短板。石漠化地区地表裂缝众多，即便是"天无三日晴"还是"有水难存"，雨水直接从石头缝隙流入地下，要缓冲和改变此现象，要依靠科学技术治理石漠化。面对恶劣的生存环境，黔南不断强化水利等基础设施工程建设，努力补齐发展短板，着力解决石漠化片区贫困群众最关心、最直接、最现实的饮水难问题。据了解，全州累计建成中小型水库292座、引提水工程4419处，供水能力从10.97亿立方米提高到13.3亿立方米，初步形成"丰枯互济、互联互通"的水利基础设施网络体系，工程性缺水难题逐年缓解。

以恢复林草植被为主，通过封山育林、高效林灌草种植，促进生态环境自然恢复，增加石漠化地区植被覆盖率，构筑区域性生态防线，由点到面带动石漠化地区生态状况整体好转，建立起了一道多林种多树种有机结合、乔灌草科学配置的绿色生态屏障；辅以小型水利水保工程、人畜饮水工程、坡改梯工程等，减少水土流失，遏制石漠化土地扩大；同时调整产业结构，发展特色产业和改善农村能源结构，促进农民增收，建立区域可持续发展的生态体系，促进石漠化地区经济快速发展。通过山水林田湖草一体化系统统筹，在继续推进各项重点工程的同时，切实提高石漠化区域的生态环境自然修复能力。

种养适宜高产良种，打造石漠化地区特色产业。近年来，黔南州石漠化地区依托独特的光热水土条件，因地制宜培育了都匀毛尖、龙里刺梨、长顺高钙苹果、罗甸火龙果、福泉金谷福梨、贵定酥李、三都葡萄、荔波蜜柚、独山无患子等林业生态产品品牌，特色经济果林发展已成为巩固石漠化片区群众脱贫增收的重要渠道。

黔南州针对石漠化坡耕地刺梨种植中存在的生产技术问题，提出的石漠化坡耕地刺梨丰产栽培配套技术，在生产实践中推广应用，实现了丰产，为贵州石漠化治理提供了有效范本，成为山区老百姓"点绿成金"的经典案例，不仅涵养了绿水青山，更是培育了金山银山。对15度以下坡耕地改种蔬菜、草本中药材等高效作物，15～25度坡耕地改种中药材、茶叶、精品水果，25度以上坡耕地全部退耕还林还草，调整了当地农业结构，优化了山地土地利用方式，构建了绿色产业体系。

■ 独山县刺梨基地（图片来源：独山县融媒体中心）

与此同时，贵州省黔南州石漠化片区通过引导大批农民融入石漠化治理和生态产业链条，在生态改善的基础上培育了生态修复、生态农业、生态旅游等多个特色产业，带动了区域经济发展。

作为全国首批生态文明城市建设试点，黔南州严管生态红线，强化培育保护，给自然多"种绿"，给生态多"留白"，着力绘就石漠化片区生态底色，生态状况由持续恶化向逐步改善转变，区域经济正由举步维艰向全面发展转变。

贵州省黔南布依族苗族自治州通过中央资金引导，支持石漠化综合治理重点工程，依托工程措施补治理短板，由点及面，打造石漠化地区特色产业，既守牢了生态屏障，又优化了石漠化区域土地利用结构，构建绿色产业体系，走出了"生态文明建设"的新路子，将荒山石山变成绿水青山、金山银山，生存与生态从"对抗"走向"共赢"，全面推进石漠化片区区域发展。石漠化治理，依靠"美丽"告别"贫困"，"贵州样本"中，黔南"示范"可复制、可借鉴、可操作。

执笔：蒋尔宜

主要参考文献

[1] 刘雪红、车泗亭：《黔南：石漠化治理"贵州样本"的"黔南示范"》，《黔南日报》2019 年 5 月 29 日。

[2] 刘雪红、车泗亭：《石漠化治理：奏响幸福黔南绿色发展旋律》，《贵州日报》2019 年 5 月 30 日。

[3]《绿色发展守底线　开创幸福黔南新未来》，黔南新闻联播，2021 年 6 月 20 日。

[4]《黔南州石漠化综合治理成效显著》，贵州省人民政府网，2020

年9月29日。

6.滆湖湖滨带生态修复与规划

滆湖，地处北亚热带季风区，位于太湖上游，是苏南地区第二大淡水湖，江苏省第六大湖泊，是一个集饮水水源、农业灌溉、运输、旅游休闲和水产养殖等多重功能为一体的中型浅水型湖泊，也是太湖流域湖泊群中的重要组成部分。近年来，环滆湖地区经济发展迅猛，导致最近十年滆湖水生植被退化严重，水质迅速恶化，大部分水域已处于富营养状态。湖滨带是湖泊的天然屏障，滆湖通过湖滨带生态修复与规划，打造生态系统，净化水体，实现湖泊系统良性循环，取得了很好的效果。

划定生态带功能区，引导差异化治理。围绕湖滨带人工干扰的程度、湖岸稳定性、湖滨带植被覆盖情况、受污染程度，常州对湖滨带及环湖地区进行功能区划，以健康湖滨带微地貌景观结构为目标，并充分考虑湖滨带在流域中的生态环境功能以及人们对湖滨带的利用方式，结合湖滨带生态环境条件、具体气候水文条件以及植被分布现状等因素，湖滨带功能分别定位为非点源污染防治、旅游开发、湿地生态保护、生态重建等，针对各功能区提出生态修复措施并提出分区生态修复重点。以功能区划分为基础，开展各段湖滨带生态修复差异化治理，以各段湖滨带功能区划为单元，融合周边土地利用规划，结合实际，进行植被恢复、景观打造。

工程措施构筑良性生态循环系统。滆湖北部底泥沉积较厚，水华频发。综合治理工程对滆湖北部进行了内源清理，对底泥进行了疏浚。底泥疏浚是削减沉积物内源负荷的有效手段，一定程度上减少了滆湖北部发生蓝藻水华的风险。

滆湖主要入湖河流扁担河和夏溪河的氮、磷贡献比例较高，如何解决入湖河流污染问题呢？滆湖采用了前置库工程。工程选址于夏溪河和扁担河汇合进入滆湖的湖口处，目的是解决入湖氮、磷污染物的拦截与负荷削减问题。前置库包括5个分区，即调蓄缓冲区、生态拦截区、强化净化区、深度净化区和生态稳定区。调蓄缓冲区，位于系统最前端，通过一条溢流坝与下游生态拦截区隔开，可改善系统进水水质并减缓进水流速，促进大颗粒物质的沉降，还可通过跌水曝气增氧进一步去除水体中部分有机物和营养盐。在生态拦截区，通过对该区水下地形及边坡进行改造并种植大型挺水植物——芦苇，建成生物格栅，目的在于对河水中颗粒物和泥沙进行拦截和沉降处理，同时也去除水体中的氮、磷及有机物等。在强化净化区，主要应用漂浮植物强化净化技术、生态浮床强化净化技术和附着生物强化净化技术等进一步净化水质。而在深度净化区，主要应用技术有生态回廊技术，在该区以原生芦苇为优势种作为净化主体，通过增加水力停留时间，以及挺水植物对营养盐的吸收和导流坝的土壤吸附等过程达到进一步净化水体的目的。生态稳定区主要通过构建由水生植物、水生动物和微生物组成的稳定生态系统，形成稳定、复杂的食物网，在生态系统内实现稳定的物质转化和能量循环，最终将营养盐富集到人工饲养的鱼类、蚌类和螺类等具有经济价值的生物体内，并通过收获得到利用。

通过底泥疏浚、前置库等工程技术治理措施，滆湖水质得到提升，可用于渔业、景观和农业灌溉等，实现湖泊湿地系统良性循环，取得了很好的效果。

打造新的产业集群，引导工业企业合理布局。常州《环滆湖地区规划》首次系统性考虑滆湖地区整体定位，以打造"蓝绿互融涵养区、产城融合示范区、六次产业创新区、休闲旅游特色区"为总体目标，对167平方公里的滆湖、180平方公里的滨湖区域实施生态修复保护、产业引导、国际合作、旅游开发，为环滆湖地区的长远发展提供新思路与设想。

在空间布局上，形成一核，滆湖生态核，生态涵养保护区；一环：打造环湖景观旅游带、保护开发湖滨岸线、串联沿湖节点，构建约180平方公里的沿湖生态休闲旅游带；六区：按照空间布局将环滆湖地区划分为6个片区——产城融合创新区、都市商务休闲区、花木休闲度假区、城乡生态休闲区、田园文化体验区、渔情乡野闲适区。

基于湖滨带生态修复基础上的环滆湖地区规划，对区域项目空间布局提出了明确要求，推动产业有序、集中、链式发展，有利于提高资源利用效率、优化产业布局。

点 评

常州通过滆湖湖滨带生态修复和环滆湖地区的规划，在生态修复的基础上，追根溯源、系统治疗，确保滆湖生态功能与生态完整性，从周边土地利用及流域的角度合理规划，系统性进行生态风险防范，提高了区域环境承载力。规划引导工业企业合理布局，打造新的产业集群，体现了长江三角洲城市群以外地级城市的支撑作用，是充分发挥长江经济带的区位优势、推动长江上中下游地区协调发展和沿江地区高质量发展的良好范例。

执笔：蒋尔宜

主要参考文献

［1］蒋欢、常州：《〈环滆湖地区规划〉出炉、还你"三生三世"的世外桃源》，搜狐网，2017年2月28日。

［2］吴晓东、潘继征：《滆湖东岸生态修复试验区的水质净化效果》，《生态与农村环境学报》2013年第3期。

［3］张毅敏：《河口前置库系统在滆湖富营养化控制中的应用研究》，《生态与农村环境学报》2013年第29卷。

7. 一幅生机勃勃的新画卷——赣州

"绿水青山就是金山银山"的生态文明理念，关键是让绿水青山充分发挥经济社会效益，关键是要树立正确的发展思路，因地制宜选择好发展产业，赣州市的生态文明建设充分证实了这一理念，且践行着山水林田湖是一个生命共同体的理念。

在赣州市赣南地区的塘背水保科技示范园曾是一片红壤裸露、水土流失严重的"红色沙漠"。现如今，举目望去，青山如黛，碧水潺潺，漫山遍野充盈着生机勃勃的绿意。

赣南地区曾重点以小流域为单元进行水土保持综合治理，不仅生态治理效果突出，还为当地村民带来了创收机会，当地村民建了120多亩"花果山"，眼看着从光秃秃的荒凉景色到现在郁郁葱葱、生态环境良好，并且百姓口袋丰盈的转变。

地方有关部门表示，赣州市正在借鉴塘北小流域综合治理的成功经验，积极开拓试点，统筹山河治理，科学推进国家水土保持改革试验区建设，总结生态综合治理新思路。短短三年时间，治理小流域101个，治理水土流失面积1801.4平方公里。治理后的每一个小流域，都成为山清水秀、林木丰茂的生态源泉，财富之源。

2016年，在党中央、国务院、财政部、原国土资源部、原环保部的关心支持下，赣州市与陕西黄土高原、京津冀水源保护区、甘肃祁连山入围全国第一批开展林、湖、草生态保护修复试点。赣州开展山水林田湖生态保护修复工作以来，取得以下显著成效。

一是流域水环境质量稳定向好。赣州市水环境质量优良形势得到巩固，地表水考核断面水质总体优于《水污染防治行动计划》水质考核目标。

二是森林质量有较明显提高。2016年以来赣州市完成68.23万亩低质低效林改造，建立395个示范基地，森林质量、生态功能均有所提高。全市森林覆盖率稳定在76.4%以上，生态环境竞争力进入全国前20强。

三是有效控制水土流失。水土流失治理面积1221.76平方公里。

四是稳步推进废弃矿山综合治理。基本实现全市废弃稀土、钨矿治理全覆盖。

五是有效整治了沟坡丘壑土地。开展土壤改良修复试点，建立化肥减量增效核心示范区 5000 亩，推进水肥一体化 2.5 万亩，增加有机肥施用量 2.5 万亩。

短短几年间，废弃的矿井毅然披上了绿衣，被污染的河流变得清澈，人民群众在山、水、林、田、湖、草的生态保护和恢复过程中，逐步脱贫致富。赣州市用实际行动贯彻落实了"山水林田湖草是生命共同体"的重要指导精神，按照国家三部门要求，高质量推进山水林田湖草生态保护修复试点工作，成为全国试点示范典型案例。

点评

在推进山水林田湖草综合治理过程中，赣州积极探索体制机制、修复模式、治理技术创新，统筹推进矿山治理、土地整治、植被恢复和水域保护，以沃土壤、增绿量、提水质为目标，实施种树、植草、固土、定沙、洁水、净流等生态系列措施，并且取得了明显的成效。随着山水林田湖草生态保护修复试点工作稳步推进，赣州生态环境质量得到有效改善。一幅生机勃勃的赣南画卷正在舒展。

执笔：杨媚

主要参考文献

[1]《赣州科学打造全国水土保持改革试验区》，江西省人民政府网，2018 年 7 月 12 日。

[2] 温居林：《让红土绿水更秀美——赣州市山水林田湖草保护修复试点观照》，《当代江西》2018 年第 9 期。

[3] 吴运连、谢国华：《赣州山水林田湖草生态保护修复试点的实践与创新》，《环境保护》2018 年第 13 期。

[4] 吴良灿、朱逸、陈日东：《江西赣州：山水林田湖生态保护修复试点工作的实践与思考》，《中国财政》2018 年第 12 期。

8. 用大数据"智慧"解决内蒙古生态修复之"难"

蒙草集团是内蒙古一家环境治理修复为主营业务的企业，通过搜集、整合草原生态基础数据，将内蒙古118万平方公里的生态数据汇成一张网，建立了"草原生态产业大数据平台"和种质资源库，为草原系统修复与科学保护进行精准指导。依托大数据，完成了多个矿山修复、盐碱地治理、阿拉善荒漠化治理、乌拉盖草原沙化草地修复、科尔沁沙地治理、制种基地生态修复等项目，积累了丰富的草原生态修复实践经验。

内蒙古自治区地处祖国的北部边疆，多年来，这里的草原生态受自然、人为诸多因素的影响，生态环境退化，存在的典型生态环境问题主要表现在以下几个方面：一是矿山生态环境问题突出。位于内蒙古自治区呼伦贝尔草原的扎赉诺尔矿山曾是内蒙古东部地区主要褐煤矿区之一，矿区先后被开采数十年，该矿山在修复前，矿区附近由于开采技术问题，废弃的矿山时常冒火，山体寸草不生，排土场尘土飞扬。二是土壤盐碱化严重。巴彦淖尔地区盐碱的土壤导致作物生长受到抑制，减产减收，农牧民种植成本不断增加，收益越来越低。三是沙化草原修复问题。内蒙古自治区科尔沁沙地是我国面积最大、人口密度最高的沙地，是全国土地沙化最为严重、生态环境非常脆弱的地区之一，据中国科学院沙漠研究所监测，20世纪50年代末期，科尔沁草原沙化面积为20%，80年代末期发展到77.6%。

自2014年以来，蒙草集团开始对内蒙古可修复的退化草原、城镇废弃地、矿山，用遥感和地面结合的办法进行本底调查，整合数十年来影响生态环境的核心指标数据及诸多生态学、草业科学的科研成果，开发出大型GIS基础平台，开展草原生态产业大数据的信息收储、调查研究、实验示范等工作，储备生态修复大数据，并广泛应用于生态修复，成效显著。

大数据产生综合修复方案。2016年，蒙草集团结合应用遥感、地理信息系统、物联网、云计算等技术，把内蒙古118万平方公里的生态数据汇成一张网，在多家科研院所以及高校的共同协作下，建立了"草原生态产业大数据平台"，收录了比如"水土气、人草畜、微生物"等多项基础数据，对数据集进行存储、管理和分析处理，进行生态分区、植物配置、修复技术等工作，在此基础上指导生态环境修复。实践证明，草原生态大数据平台，具有整个生态系统的高度和立体的行业思维广度，产生的综合修复方案，科学有效。

大数据支撑精准施策。通过生态大数据平台，可查询内蒙古自治区范围内任意位置的水、气、土、人、草、畜的数据，包括土壤、水文、土地退化情况、植被生长习性、植物适宜性、混播比例、种植方案等情况。阿拉善荒漠地区的气候、水资源、土壤及地理构造等生态本底数据的收集和整理，为该地荒漠化治理和研究奠定了坚实基础；通过大数据产生的巴彦淖尔的改良方案，"治盐先治水"，通过暗管排盐将地下水位控制在 1.5 米以下，有效控制土壤返盐，改良不同程度盐碱地 5 万亩，为该地区打造绿色有机品牌、建设美丽乡村贡献了一份力量；利用生态产业大数据信息平台，选用沙蒿、沙打旺、沙米等耐干旱、抗风蚀沙埋、生长快和自然繁殖力强的几种乡土植物配比组合后进行飞播治理科尔沁沙地，提高了草地生产力、草地生物多样性和土壤肥力，显著提高了植被覆盖力度，建设区域及周边地区生态环境明显改善。通过历史数据，结合当前数据，可了解植被与环境整体变化状况，通过对植物、气候、土壤、水资源等数据的积累和分析，大数据平台可以给生态修复类型与技术方法、草种生产与应用等提供科学的指导数据。

大数据催生草原特色经济。蒙草的修复实践证明，广袤浩瀚的沙地、荒漠半荒漠地区同样可以打造出潜力巨大的沙产业。有的地区搞草原生态修复，没有按照因地制宜、适地适草的原则，没有科学选择适生乡土植物，盲目引进外来草种，维护成本高，成活率和保存率低，投入产出性价比不高。要科学地保护和修复某一区域的草原生态，就必须掌握该区域的一系列生态数据，精准施策。

基于种质资源研究及生态产业大数据平台支持，蒙草集团利用科技力量，建立数据和规模达到国内领先水平的乡土植物种质资源库，依托

"生态修复和种业科技"的核心技术，蒙草打造了现代草业，打造"草原修复、种植、收购、进口、加工、仓储、物流、交易"全产业链运作，进行优质天然牧草、人工牧草的规模化生产经营，保障草产品稳定供给和品质安全，支持"生态修复、生态牧场、现代草业"的发展。蒙草还积极研究培育兼具药用功能、经济价值的生态修复用种，如沙棘、向日葵等。在生态修复的同时，带动种植业发展，在内蒙古阿拉善、通辽，以及西藏、云南等地实现农牧民增产增收。

———■ 盐碱地改良（图片来源：蒙草官网）

　　蒙草集团基于生态大数据，提炼出生态修复的基本模式，建立一套生态环境保护与生态修复管理措施，提升大数据技术手段在生态环境现状、生态治理模式、生态环境修复和评价体系中的应用水平，整理出生态修复流水线，推广应用至全国其他省域，为全国生态文明建设和改革提供科学依据，为内蒙古自治区、市、县等各级政府部门和企业、科研院所、高校和农牧民等社会用户提供综合空间信息服务，构建以生态质量改善为核心的专业化、精细化的管理体系，并推动实现大数据成果的市场化转变。

执笔：蒋尔宜

主要参考文献

［1］王召明：《草原区域荒漠化防治与产业融合发展的探索》，《草原与草业》2017年第1期。

［2］樊俊梅、邢旗：《生态大数据在草原生态修复中的应用》，2017年中国草学会年会论文。

［3］《用大数据构建草原生态保护系统》，《中国信息化周报》2018年3月12日。

［4］高俊刚：《蒙草"种质资源＋大数据"体系精准治理荒漠化》，《内蒙古林业》2019年第8期。

（三）生物多样性保护

1. 外来物种入侵的防护——法制建设与制度体系建设多措并举

外来物种入侵，是指一定地域范围内原本不存在的某些物种，经人类有意或者无意引入后，在自然条件下建立种群并对本地性质相异的生态系统造成不良影响或者对生物多样性构成威胁的现象。外来物种入侵对本土的生态安全产生极大威胁，对生物多样性、生物安全和国民经济产生很大的负面影响。据统计，外来入侵物种对我国农林牧渔业造成的经济损失，每年超过百亿元。

我国一直重视外来物种入侵防治工作。自2003年起，原国家环保总局和中国科学院先后公布了4批外来入侵物种名单，陆续就紫茎泽兰、凤眼莲、蔗扁蛾、美国白蛾、非洲大蜗牛、福寿螺、牛蛙等 71 种常见的外来入侵物种的形态特征、地理分布、入侵危害以及控制方法进行了详细的整理和分析。尽管如此，我国面临的外来物种入侵形势仍不容乐观。为此，国家采取了一系列应对措施以加强外来入侵物种监管和防治。

在法律法规体系方面，我国涉及与外来物种入侵管理和监督相关的法律包括野生动物保护法、环境保护法、进出境动植物检疫法、动物防疫法、种子法、畜牧法等。在行政法规层面，制定并实施了《进出境动植物检疫法实施条例》《森林病虫害防治条例》《植物检疫条例》《濒危野生动植物进出口管理条例》等，这些行政法规主要基于检验检疫制度来对外来入侵物种进行监管。此外，我国还制定了一些与外来物种入侵相关的部门规章和规范性文件。2021 年 1 月 20 日，农业农村部、自然资源部、生态环境部、海关总署、国家林草局印发《关于印发进一步加强外来物种入侵防控工作方案》，提出通过遏增量、清存量，强化制度建设、引种管理、监测预警、防控灭除、科技支撑、责任落实，不断健全防控体系。进一步提升了我国对外来物种入侵综合防控能力。

依托于这些立法，我国目前实施的外来物种入侵专门制度主要包括检验检疫制度、名录制度、引种许可制度等。其中，检验检疫制度要求输入植物、动物产品、植物种子、种苗及其他繁殖材料必须事先提出申请，办理检疫审批手续。目前涉及外来入侵物种管理的名录包括进境植物检疫禁止进境物名录，进境植物检疫性有害生物名录，禁止携带、邮寄进境的动植物及其产品名录，《水产苗种管理办法》也对进口水产苗种的种类实行名录分类管理，Ⅰ类为禁止进口名录，Ⅱ类和Ⅲ类为限制进口名录。引种许可制度主要包括野生动物外来物种引进许可和水产苗种引进许可两方面。这些制度在外来物种入侵防治管理中发挥了很大作用。

在制度体系建设方面，我国自 2009 年开始持续努力推进外来入侵物种防控体系建设。从六大方面着手，建立外来生物入侵监管和防控体系。一是充分认识外来入侵物种防治的艰巨性、复杂性和长期性，完善"统一监管、分工负责"的管理机制，积极履行联合国《生物多样性公约》；二是推进外来入侵物种管理法律法规、行政管理和执法监督三大体系建设；三是着力推进外来物种调查，掌握外来入侵物种的动态；四是加强对外来入侵物种的监测、预警和防控能力建设；五是加强外来入侵物种监管和防治的国际合作和交流；六是加大宣传、教育和培训力度，提高公众对外来入侵物种的认识。

点 评

外来物种入侵是一系列持久而又复杂的过程，我国外来物种入侵包括了复杂的历史性因素、经济因素以及文化因素，防治外来物种入侵显然是一场持久战，并且需要在不断的探索中前进，其过程注定不会一帆风顺。我国关于外来物种入侵无论是宣传教育还是法律法规等方面还存在着不足之处，正在不断完善和补充。

执笔：高翔

主要参考文献

[1] 于文轩：《防治外来物种入侵　保护生物多样性》，《光明日报》2020年2月22日。

[2] 半月谈：《物种入侵威胁加剧，我国外来物种入侵增长快、牵涉面广》，新华社，2020年8月4日。

2. 久久为功，筑牢生态安全屏障——云南生物多样性保护

云南省特殊的地理位置、多样的地形地貌、复杂的气候条件等自然环境，孕育了极为丰富的生物资源，素有"动植物王国"的美誉，是中国乃至世界的天然基因库，同时也是中国西南乃至东南亚的生态安全屏障。得天独厚的生物多样性是大自然对于云南的馈赠，守护好这个丰富珍贵的美丽家园是云南的责任和义务。多年来，在云南省委、省政府的高度重视高位推动下，在各级各部门和社会各界的共同努力下，云南在生物多样性保护方面开展了深入而卓有成效的探索，多项保护工作走在全国前列。

近年来，云南省不断健全生物多样性保护制度，力求形成健全的生物多样性保护体制机制。2019年，云南省颁布实施了全国第一部生物多样性保护法规——《云南省生物多样性保护条例》，滇池、抚仙湖、洱海、泸沽湖等九大高原湖泊实现了"一湖一条例"，丽江拉市海、昭通大山包等9个保护区实现了"一区一法"。初步建立起多元化生态保护补偿机制，探索实施了野生动物肇事补偿机制。

在深入推进生物多样性调查的同时，深入开展国家重点保护野生动植物资源、畜禽品种遗传资源、极小种群物种及一些重要物种的专项调查，加强生物多样性保护研究。先后建立遗传资源与进化国家重点实验室、国家林草局亚洲象研究中心、云南滇金丝猴研究中心等一批国家级和省部级科研平台。建设云南自然保护区、云南植物标本等一批数据库，为全省生物多样性保护工作形成有力支撑。普洱市景东彝族自治县在全国率先开展生物多样性和生态系统服务功能价值评估试点。通过构建自然保护区为基础、其他保护地为补充的生物多样性保护网络，云南省不断完善自然保护地体系，加强生物多样性就地保护。截至目前，云南省已规划建设了国家公园、自然保护区等11类自然保护地，保护面积约占全省国土面积的14.32%，保护了云南省最有价值的自然生态系统、野生生物及其栖息地。

在行政执法方面，以建立多部门合作的协调机制为着力点，不断加大对生物多样性违法活动的打击力度，对走私、贩运、破坏生物资源等违法活动进行专项整治。建立了生态环境保护行政执法与刑事司法协调联动机制，加大检察机关公益诉讼与生态环境损害赔偿诉讼衔接，形成防范和打击环境违法犯罪活动工作合力。在长期的生物多样性国际交流合作中，云南省建立了与英国、荷兰、挪威、瑞典、西班牙、德国等多个国家和欧盟区域政府间对话交流机制，签署了加强环境保护合作协议；加强与联合国开发计划署、联合国环境规划署、世界自然基金会、保护国际、大自然保护协会等国际组织的合作，积极引进发达国家先进的保护理念、管理模式、技术和资金；在"一带一路"等框架下，积极参与东盟、南盟、大湄公河次区域的生物多样性保护交流合作，促进了云南生物多样性保护事业的全面发展。

努力的结果，使全省生态系统质量稳中向好，森林面积、森林蓄积、森林覆盖率等指标大幅增长，湿地生态系统、草地生态系统不断改善，退化生态系统得到修复，石漠化、水土流失面积逐年减少。全省90%的典型生态系统得到有效保护，一批珍稀濒危物种或濒临灭绝物种重获新生。曾经在滇池灭绝的滇池金钱鲌，通过人工繁育成功，重新引入滇池，种群数量不断扩大，成为生物多样性保护的成功范例。通过划定生态保护红线，生物多样性宝库更加丰富。全省划定生态保护红线面积11.84万平方公里，占全省国土面积的30.9%。其中，生物多样性重要区域划入红线面积6.53万平方公里，占红线面积的55.2%。滇东南、滇南、滇西、滇西北、无量山—哀牢山等生物多样性保护重要区域均划入生态保护红线，构建了云南省"三屏两带"的生态安全格局，系统保护了山水林田湖草生命共同体，生物多样性宝库更加牢固。

截至2019年底，全省湿地总面积61.4万公顷，自然湿地40.5万公顷，人工湿地20.9万公顷，全省有国际重要湿地4处，建设国家湿地公园18处，省级重要湿地31处。已建成自然保护区164处，总面积286.71万公顷，基本形成布局较为合理、类型较为齐全的自然保护区网络体系。全省共有陆生国家保护野生动物236种，占全国的55.6%；国家重点保护植物146种，占全国的47.2%，全省共分布有鱼类13目43科199属629种，全球仅分布于云南的共有255种，鱼类种属居全国第一。

云南省以生态创建工作为抓手，各地优化经济增长、调整产业结构、强化节能减排、加强城乡环境保护，提高了公众环保意识，提升了人居环境质量，生态文明理念日益深入人心。50%的县（市、区）和80%的乡镇（街道）已创建成为省级生态文明县市区和省级生态文明乡镇（街道）。

放眼云岭大地，呵护良好生态环境，建设最美彩云之南，已成为共识和自觉。丰富的生物多样性资源为云南绿色高质量发展奠定了坚实的基础，同时重点抓好加强宣传教育、完善政策、严格执法、坚持走绿色发展之路等几方面工作，大力发展绿色、生态产业成为助推云南乡村振兴、全面建成小康社会的有力抓手。把资源优势转变为经济优势，把"绿水青山"不断转化为"金山银山"，最终实现经济社会与环境保护的协调发展。

执笔：高翔

主要参考文献

[1]《防治外来物种入侵　保护生物多样性》，《云南日报》2020年6月12日。

[2]《云南省生物多样性保护成效显著》，《云南日报》2021年3月13日。

3. "小家园"守护"大熊猫"

生活在国家大熊猫自然保护区之外的野生大熊猫，有一个专有名词，叫零星大熊猫，它们一直都是保护的难点。人们将有野生大熊猫分布的乡镇称为熊猫村，是保护零星大熊猫的重要单元。近些年来，各方组织通过各种途径探索出熊猫村生态保护与社区发展新路子，实现人与自然永续发展，让国家保护地以外的野生大熊猫和8000多种伴生动植物得到更好保护。

第一，矛盾的由来。熊猫村的生态保护与社区发展之间存在着难以协调的矛盾。一方面，放牧、采药、割竹以及打笋、耕作、打猎等各类小规模冲突不断，采矿、水电厂、交通高速公路、高压线等各类大规模冲突仍在持续，野生中国大熊猫的整个自然生态家园正在用我们肉眼甚至所能直接看得到的发展速度逐渐走向破碎化，给野生大熊猫的健康及其生存、繁殖与发展都带来了严峻的安全威胁。另一方面，野生大熊猫及其主要栖息地的多样性保护以及环境资源保护工作项目开始实施以来，作为野生大熊猫最直接的"守护使"，村民们不得不逐渐舍弃使用烧荒、砍伐、打猎等中国传统的农用生计技术手段，进城打工成为熊猫村青年唯一的发展出路，但是伴随着孩子老人留守在家，各类型的社会困难问题接踵而至，需要统筹解决。

第二，探索保护机制。洪雅县是四川各地零星的大熊猫的重要基地，国家林业局第四次大熊猫普调根据统计资料数据显示，洪雅县共有13只野生大熊猫，其中8只野生小熊猫主要生活在位于四川瓦屋山国家级野生森林熊猫自然保护区内，另外5只主要生活在丛林岗及其周边。2017年以来，丛林岗通过对保护地开展本底调查、建立保护制度、进行日常巡护监测、设立保护站等方法，探索建立一个全面的熊猫村，走出一条有效保护大熊猫的新路。

第三，发起公益项目。守护熊猫村团队在经调查研究后，发表了《首次零星熊猫民间调查研究报告》，同时邀请大自然保护协会指导编制了《丛林岗零星熊猫社会公益型自然保护地发展规划（2019—2023）》。团队还通过学习自然保护地科学管理工具与方法，根据当地情况，组建熊猫村生态管护小组，充分调动村民力量开展日常巡护监测。在丛林岗区域安放的10部红外相机，利用科技手段监测保护地里的零星熊猫和其他珍稀野生动物，以实时观测数据为基准，深度识别主要保护对象及其面临的主要威胁。团队还实施"熊猫村"青山修复计划，通过抚育竹林、构筑水坑水塘以及树洞或洞穴等方式，按需改善零星熊猫生活条件，增强零星熊猫采食、饮水、择巢的便捷性，促进野生大熊猫小种群不断发展。为凝聚更多力量保护熊猫村生态，团队还申报了中国生物多样性保护与绿色发展基金会"中华保护地"、四川省林业和草原局"大熊猫保护小区"等命名挂牌，并总结提炼多年观察研究结果，形成学术成果，推向社会，引导社会更多地关注零星熊猫的保护与发展。

第四，实现产业发展。熊猫村将发展"互联网＋"竹林抚育与熊猫村竹笋产业，通过网络众筹、募捐等方式，筹集抚育竹林资金，以支付劳务费形式组织村民抚育竹林，提升竹笋产量，在保障零星熊猫食用量的同时，也增加了村民收入。团队拟开发首个零星熊猫自然教育营地，将其打造成为一个包含自然环保教育、农业科普教育、户外素质教育和乡土文化教育在内的零星熊猫自然教育营地。团队还将搭建熊猫社群，先期主要面向成渝"80 后""90 后"亲子家庭，链接市民和熊猫村村民共学、共食、共育、共玩，探索熊猫村共享生态服务型经济。

保护大熊猫的意义，远远大于大熊猫。保护大熊猫及其栖息地，就像撑开了一把保护伞，不仅保护着大熊猫，还保护了与之共生的其他生灵，如扭角羚、金丝猴、朱鹮、林麝、小熊猫、血雉等，也保护了与数亿人生存息息相关的森林和湿地等生态系统。

执笔：谭诗杨

主要参考文献

［1］WWF 世界自然基金会：《大熊猫不再列为"濒危"，但仍面临严峻生存风险》，2016 年 9 月 5 日。

［2］刘蕾：《社会企业综合价值的实现模式：以幸福银行"熊猫村项目"为例》，《学海》2017 年第 5 期。

4. "麋鹿家园"实现多样价值

麋鹿是世界珍稀动物，属于鹿科，但因为它头脸像马、角像鹿、蹄子像牛、尾像驴，因此得名四不像。1900 年，八国联军攻陷北京，生存于皇家园林的最后几只麋鹿都被抢劫掠到海外，麋鹿从此在我国灭绝。大丰麋鹿国家级自然保护区作为麋鹿赖以生存的家园，实现了麋鹿种群的繁衍，科学研究的进步，自然环境的提升以及经济价值的收获。

第一，麋鹿种群的繁衍。20 世纪 80 年代，世界野生动物基金会和联合国人与自然组织发出倡议，恢复野生种群，让麋鹿回归故里。相关科学专家通过长期的考察，最终认定位于黄海之滨的江苏省大丰市境内东南沿海滩涂最适宜麋鹿的放养。经过紧张筹备，大丰麋鹿国家级自然保护区于 1985 年 10 月正式成立。1986 年 8 月 14 日，由英国无偿赠送的 39 头麋鹿回到祖国，在大丰麋鹿国家级自然保护区放养。经过数十年的发展，麋鹿由原来的 39 头繁衍到 516 头，繁衍状况良好，是世界上第一个也是最大的重返大自然野生麋鹿自然保护区，其野生种群总量、繁殖率和存活率均居世界首位。为恢复麋鹿野性，十年间四次放归共 53 头麋鹿。经过漫长恢复期，野生麋鹿每年递增 13.2%，已经形成了 118 头的野生种群。多年来，其他国家麋鹿数量没有明显的变化，而大丰麋鹿种群数量已增长了 25 倍。截至 2013 年 9 月大丰麋鹿总数达到 2027 头，成为世界麋鹿种群扩大的先锋。为此，麋鹿从"红皮书"中退出，被列为珍稀物种，这是麋鹿保护过程中的又一座里程碑。

第二，科学研究的进步。在麋鹿引种还乡，恢复其野生种群的工作中，保护区不畏艰难，探索出了麋鹿繁衍生息的规律。保护区科研人员在野外步行几万公里，写下观察日记 3000 多篇，收集了 180 多万字的相关资料，扎实的调研、丰厚的素材为研究夯实了基础。科研人员在国内外专业刊物上发表研究论文 65 篇，其中 1 篇被美国国家科学院收藏。撰写世界第一部麋鹿研究专著《中国麋鹿研究》，并撰写科普著作《神鹿回归》，编著科研论文集《麋鹿保护与研究》。已获得科研成果 60 多项，主持或参加科研课题 18 个，其中 5 个课题分别获部、省、市科技进步奖。"麋鹿对光周期适应"，"麋鹿活体取茸"等 4 项成果，填补了世界麋鹿研究史上的空白。

第三，自然环境的提升。大丰保护区已经形成了林、草、水、鹿、鸟共生的生态模式和完整的麋鹿生态系统。曾经被认为是外来生物有害物种的互花米草成为麋鹿喜爱的食品，纳入了保护区的生物循环链。保护区内生物多样性十分丰富，内有 12 种兽类、27 种两栖爬行动物、315 种鸟类、599 种昆虫和 499 种植物等。丹顶鹤、黑嘴鸥、天鹅、白尾海雕、牙獐等 30 多种国家一、二级保护动物，数量亦逐年增加。鸟的种类和数量的增长尤为突出，保护区的自然生态环境不断得到提升，黄海湿地效能充分显现。

第四，经济价值的收获。在经济方面，保护区已经成为滩涂旅游的重要景点，每年的游客达到 30 万人。旅游也带动了周边乡镇的餐饮、旅馆、交通和特色产品的发展，成为附近农民致富的重要依托。而每年一度的大丰麋鹿节，已经成为展示盐城生态形象和生态保护成果、促进招商引资的重要舞台，每次都带来了十多亿元的洽谈成果。

点评

大丰麋鹿国家级自然保护区通过从国外引进麋鹿，让本已灭绝的"四不像"重新活跃在了它的家乡。并且通过保护区的设立，保护麋鹿以及自然生态环境的同时，又创造了经济价值，实现了人与自然和谐相处。

执笔：谭诗杨

主要参考文献

[1] 丁玉华、任义军、温华军：《中国野生麋鹿种群的恢复与保护

研究》，《野生动物学报》2014 年第 2 期。

[2] 丁晶晶、薛欢、朱立峰：《江苏大丰野生麋鹿种群及其栖息地保护》，《野生动物学报》2015 年第 3 期。

[3] 王立波、姜慧、安玉亭：《中国麋鹿种群现状分析及保护对策探讨》，《野生动物学报》2020 年第 8 期。

5. 再度起飞的"吉祥鸟"

朱鹮，又称红鹤、朱鹭，是亚洲东部特有鸟类。在中国民间，因其艳丽的色彩，人们都称朱鹮为吉祥鸟。朱鹮曾经是一种比熊猫还要珍贵的物种，1963 年，一些生物学家首次在中国的甘肃地区见到了野外的朱鹮。但是在 1963 年之后的 20 多年间，再无人见过朱鹮，朱鹮也曾一度被认为灭绝了。直到 1981 年，在陕西洋县秦岭深处发现了全世界仅存的七只朱鹮，秦岭成为朱鹮的"诺亚方舟"。由此，一场拯救朱鹮的行动迅即开启。经过一系列的保护措施，从最开始 7 只朱鹮繁衍至5000 余只。它们飞出洋县，飞越秦岭，飞向全国，飞到海外，种群濒临灭绝的命运得以逆转。

第一，保护区的设立。在 1981 年发现了 7 只野生朱鹮之后，当地政府部门就立即对这 7 只野生朱鹮全方面的保护。1981 年，洋县林业局成立朱鹮保护 4 人工作小组；1983 年，朱鹮保护站设立；三年后，陕西省朱鹮保护观察站成立；2001 年，陕西省朱鹮自然保护区成立；2005 年，保护区升级为国家级自然保护区，管理机构层级逐步提升。

第二，人工繁殖。人工繁育技术对朱鹮种族的延续尤为重要。保护者们双管齐下：就地保护野外种群、人工繁育建立人工种群。中国的研究人员成功解决了这一问题。1989 年，北京动物园首次成功完成人工饲养、人工孵化和人工育雏全过程。1995 年，陕西汉中朱鹮国家级自然保护区也成功完成朱鹮人工繁育。20 世纪 80 年代前，人们对朱鹮的特性知之甚少，为了能让人工繁育的过程尽量模拟朱鹮的野外行为习惯，研究者们做了大量的观察工作。随着朱鹮种群数量的增加，保护者们开始倾向于将人工繁育和自然繁育结合在一起。

第三，野化放飞。当濒危物种数量恢复到一定程度，成为稳定可靠的种源时，就到了该它们回归自然的时刻了，这一过程也被称为"野化放飞"。对于放飞地点的选择，应该远离野生种群，并确保种群之间在短时间内相互独立。对于朱鹮而言，这个距离至少应该超过300公里，以防止人工种群与野生种群间传染疾病，确保人工种群在释放后自我繁衍，种群密度逐步增加。然而为了稳妥起见，朱鹮的第一个放飞地点选择了距洋县只有约100公里，生态环境相似的陕西宁陕县。在放归大自然之前，需要对朱鹮的飞翔能力、觅食能力、抵御天敌的能力和繁殖能力等野外生存能力进行"强化训练"。觅食能力训练是朱鹮野外放飞最重要的部分，除了让朱鹮在模拟自然环境的网笼中自主寻找食物，饲养员们还要让它们提前适应野外更常见的食物——青蛙、蝌蚪、蚂蚱等。在长达一年多的野化训练过程中，朱鹮们不得不慢慢改变"口味"，开始自主寻找食物。在朱鹮投放野外的实验之中，有非常多的朱鹮成功地投放到了野外，并且成功地在野外生存了下来。

点评

保护朱鹮，不只是保护朱鹮这一个物种，更是要改变、保护好生态环境。保护朱鹮的几十年中，洋县的生态环境也在慢慢好转。40年前，洋县政府提出"四不准"，不准在朱鹮活动区狩猎，不准砍伐朱鹮营巢栖息的树木，不准在朱鹮觅食区施用化肥农药，不准在朱鹮繁殖巢区开荒放炮。现在，由"四不准"发展出的部分朱鹮保护举措正成为洋县发展有机农业的基础。2018年，洋县有机产业产值为10.68亿元，占到全县农业总产值的1/5，有机示范区的农民人均纯收入较全县农民人均纯收入高出约1500元。大量有机产品以"朱鹮"冠名品牌，据统计，朱鹮的品牌价值已由2016年的50亿元左右增长至2017年的70亿元。

执笔：谭诗杨

主要参考文献

〔1〕刘荫增：《朱鹮在秦岭的重新发现》，《动物学报》1981年第3期。

〔2〕丁长青、刘冬平：《野生朱鹮保护研究进展》，《生物学通报》2007年第3期。

〔3〕《野生动物保护典范：从7到3000，朱鹮保护之路》，新华网，2019年9月16日。

（四）风险防控

1. 饮用水源保护——北京密云水库

密云水库是首都重要的地表饮用水源地，位于北京市密云区北13公里处，于燕山群山丘陵之中，1960年9月建成运行，总库容43.75亿立方米，最大水深63.5米，最大水面面积188平方公里，密云水库有两大入库河流，分别是白河和潮河。密云水库是亚洲最大的人工湖，有"燕山明珠"之称。60多年来，密云水库累计为京津冀地区供水390多亿立方米，其中向北京市供水近280亿立方米。

2020年8月，在北京密云水库建成60周年之际，习近平总书记给建设和守护密云水库的乡亲们回信，向他们致以诚挚问候和勉励，并提出殷切期望。在信中，习近平总书记指出，我一直惦念着密云水库。当年修建密云水库是为了防洪防涝，现在它作为北京重要的地表饮用水源地、水资源战略储备基地，已成为无价之宝，"希望你们再接再厉、善作善成，继续守护好密云水库，为建设美丽北京作出新的贡献。"

经过60年的发展，密云水库已经不是一个简单的保水供水区域，实际上，随着水库周边生态环境的保护和恢复，整个水库流域已经逐渐成为一个人与自然和谐相处的生态典型。

（1）完善水库管理体制机制。

北京市坚持把生态涵养区建设作为首都生态文明建设的重头戏来抓，落实好生态涵养区生态保护和绿色发展实施意见，完善多元化生态补偿机制，共同建设美丽北京。

密云区担负起主体责任，把保水护水作为头等大事。北京市水务、环保等部门完善区域联防联控联治机制，朝阳区做实结对协作，怀柔区和延庆区做好水库上游水源地保护工作。密云区委、区政府积极落实市政府《进一步加强密云水库水源保护工作的意见》，围绕"保水、富民、强区"工作主题，认真履行保水第一政治责任，像保护眼睛一样保护密云水库，开展了一系列生态治理工作。完善水库管理体制、成立密云水库综合执法大队、河长制、保水网格员、人防技防物防"三位一体"。

进一步完善法律法规制度，发布《进一步加强密云水库水源保护工作的意见》（京政办发〔2014〕37号），规定：一是密云水库库区高程155米以下土地为国有土地，自2015年1月1日起，禁止任何集体、单位或个人在该区域从事粮食种植、林果栽培、畜禽养殖等一切生产经营活动，由相关部门对该区域进行生态修复。二是密云水库库区高程155米范围内高于155米的库中岛，停止一切生产作业活动，依法清理所有承包经营合同，自行拆除违法建设，实施封山育林。三是密云水库一级保护区内禁止设置畜禽养殖场，现有养殖场属违法建设，必须于2014年10月31日前自行关闭，并拆除场内设施设备，现有畜禽自行处置。四是完善密云水库一级保护区内群众生产生活扶持补助政策，制定岗位推荐、技能培训、公益岗位开发等相关政策，支持水库周边镇村发展有机农业，支持引导库区群众转产、转岗、转变生产方式，增加农民收入，促进保水与富民协调发展。

近年来，密云区腾退了10.4万亩库区"押宝地"，拆除了38万平方米违法建设，沿155米高程建设围网实行全封闭管理，155米高程以下国有土地全面退耕禁种，清退一级区内规模养殖场，开展库中岛生态修复工作以及实施小流域综合治理等。

（2）实施全方位立体化管控和保护。

密云区全面落实"上游保水、护林保水、库区保水、依法保水、政策保水"要求，推动执法盲区清零、污染隐患清零、监管盲点清零，构建全面、系统、科学的水源安全保障体系，确保首都水源持续增容、绝对安全。

加强与上游河北张家口、承德地区的协同配合，提高入境水源质量。构建密云水库水源涵养湿地团，在水库上游潮河、白河入库口建设总面积568亩的湿地，推进冯家峪镇白马关河、新城子镇遥桥峪水库、大城子镇清水河等湿地工程建设。实施密云水库一级区污水设施提质改造工程，新建及改建污水管网54公里。

加强生态清洁小流域建设，抓好宜林荒山绿化治理水土流失。全面退出水库二级区内的矿山生产，加强矿山生态修复。巩固禁养、退养成果，防止问题反弹。完善密云水库综合执法机构建设，依法加大对涉水违法行为打击查处力度。全面落实和深化"河长制"，做好河湖环境日常管护，严格水环境质量监测和跨界断面水质评价考核。工业聚集区全部建设污水集中处理和在线监控设施，全面完成非法入河排污口封堵、纳污坑塘综合整治。

定期增殖放流促进"以鱼保水"，从建库以来，密云水产工作者每年春季都会往密云水库投放青、草、鲢、鳙等净水鱼类，让它们在密云水库中充当快乐的"清洁卫士"，维持水库稳定的渔业生态链，有效保障水库水质。

（3）积极稳妥发展生态农业、生态工业、生态旅游业。

作为生态涵养区，在严格保护生态的基础上，密云也积极稳妥发展生态农业、生态工业、生态旅游业等，走出了一条高精尖的发展之路，实现了生态保护与经济发展的双赢。

利用山区特有的小气候，发展特色农业和林下经济，打造"蜂盛蜜匀"、密云鲜鱼等特色农产品品牌。依托山水资源，发展乡村旅游和精品民宿，开发看山、护林、保水等生态公益岗位，促进农民就业增收，巩固脱低成果。推进美丽乡村建设，逐步补齐库区周边基础设施和公共服务短板，让库区群众有更多获得感。

2019 年，密云区生产总值 340.93 亿元，增速达到 6.3%，这意味着党的十八大以来，密云区实现了经济与生态全面、协调发展。

在"绿水青山就是金山银山"的科学论断指引下，密云依托首都的科技创新优势，以高的标准、严的要求和强有力措施保护密云水库，适度发展生态农业、生态工业、生态旅游业，探索出了一条保水富民融合发展之路，实现了"大水缸""后花园"向"聚宝盆"的迈进，特色农业、民俗旅游、红色旅游、蜂产业、水库鱼……越来越多的密云人吃上了"生态饭"，打造出了"绿水青山就是金山银山"的生动案例。

执笔：刘勇刚

主要参考文献

[1] 潘临珠：《北京密云：保护首都生命之水　建设水生态文明城市》，《中国水利杂志》2017 年 12 月 8 日。

[2]《守护绿水青山就是守护金山银山》，《节能与环保》2020 年第 9 期。

[3]《密云水库一甲子，见证"绿水青山就是金山银山"》，《新京报》2020 年 9 月 1 日。

2. 快速响应，联防联控——江苏绘制长江（江苏段）数字化环境风险地图

江苏省认真贯彻落实中央决策部署，把长江经济带"共抓大保护，不搞大开发"作为压倒性任务来抓，以前所未有的决心和力度，坚决打好长江保护修复攻坚战。在环境风险防范方面，为有效提升长江（江苏段）突发环境事件应急响应能力，江苏省生态环境厅组织绘制形成长江江苏段环境风险地图。

为绘制环境风险地图，江苏省生态环境厅主要做了以下工作。

第一，全面排查沿江八市区域范围内的重点环境风险企业、化工园区、危险化学品码头、危险化学品运输船舶等突发环境事件风险源基本信息，并对其突发环境事件风险进行分类评估，为长江（江苏段）突发环境事件应急响应工作提供基础数据支撑。

第二，利用地理信息系统技术，结合沿江八市突发环境事件风险源基础信息排查情况，构建沿江八市突发环境事件综合信息数据库；利用无人机成像技术对长江（江苏段）及两侧 8 千米全区域进行二维建模，并从沿江八市各选取一个位于长江（江苏段）两侧 5 千米范围内的化工园区作为典型化工园区进行三维建模，建设高精度环境风险地图展示系统，实现突发环境事件综合信息的数字化和可视化，为长江（江苏段）突发环境事件应急响应提供决策支持。

第三，建立长江（江苏段）二维水动力水质模型，基于 WebGIS 技术开发长江（江苏段）水环境风险预警模拟业务化应用系统，实现对重点点位污染物浓度变化趋势、峰值浓度轨迹变化趋势的实时模拟分析和动态显示功能，提高长江（江苏段）水环境风险诊断和预警的时效性和业务化应用水平，为长江（江苏段）突发环境事件应急响应提供决策支持。

第四，在前述工作基础上，采集了 24376 个有效数据，建立了 40 个图层。设区市区域环境风险评估覆盖率达 75%，重点环境风险企业"八查八改"现场核查率达 91%，涉危涉重企业、化工园区、水源地应急预案备案率分别达 99%、90% 和 92%，从全流域层面宏观呈现沿江地区环境风险状况，形成了历史突发环境事件库、环境风险数据库、最大可信事件库以及应急处置技术库四个数据库，并以整体二维局部三维的形式展示沿江环境风险状况，形成长江江苏段环境风险地图。

长江江苏段环境风险地图的编制和应用，初步实现了长江（江苏段）"环境风险一键查询与分析""应急响应方案一键推送"及"热点管控区域一键演示"，以及快速化水环境事件风险预警和决策辅助，为江苏省尤其是沿江地区高质量发展提供了有力支撑。

在绘制环境风险地图的基础上，沿江八市建立环境应急联动协作机制，做好信息共享、预警发布、联合应对等工作，有效提升了长江（江苏段）环境风险防控水平。

点 评

环境风险防控是根据已知的理论和过往的实践，预估项目或区域可能存在的环境风险，提出减缓措施和制定应急预案，开展检查督查和应急演练。江苏省绘制长江（江苏段）环境风险地图，是江苏省在近年长江环境风险防控管理实践中，为加强区域联防联控，提高响应效率，摸索总结的措施。该图的特点是全流域一张图，系统化、数字化，能快速判定风险、确定影响范围、敏感目标、选择应急措施，有效提升响应速度、响应效率、响应效果。值得其他区域流域的环境风险防控工作借鉴学习。

执笔：萧敬杰

3. 江苏泰州启动"健康长江泰州行动"，建设长江生态大数据平台

泰州，古称海陵，地处中国华东地区、江苏中部，是扬子江城市群重要组成部分，南濒长江、北邻盐城、东临南通、西接扬州，是承南启北的水陆要津，为苏中门户，自古有"水陆要津，咽喉据郡"之称，是江苏省地级市，长江三角洲中心区 27 城之一，苏中入江达海 5 条航道的交汇处，是沿海与长江"T"型产业带的接合部。

泰州拥有 97.8 千米长江岸线，为深入贯彻落实习近平总书记"共抓大保护、不搞大开发"和"对母亲河做一个大体检""让母亲河永葆生机活力"的重要指示精神，2018 年 4 月，市委常委会会议专题研究长江经济带发展，7 月市委、市政府确立了 20 个长江生态环境整治修复重点项目，总投资 87.5 亿元，主要包括长江岸线整治修复、长江岸线生态修复、长江沿线环保设施三类工程。一揽子计划、一系列行动付诸实施，泰州全市上下以雷霆万钧之势，还江于民、还绿于民，让绿色边染江河两岸。

整治，就要有壮士断腕的决心。2018 年 11 月至 12 月，该市全面排查长江沿岸 2 公里及泰兴经济开发区、泰州高永化工集中区、泰州滨江工业园区等化工园区涉水排口，实行"一企一表、一口一档"。此外，积极组织沿江所有化工生产企业、化工仓储、化工码头及长江干流缓冲区 2 公里内的工业排污企业安装整合视频监控设施，启动大数据平台监控中心建设工作。至 2018 年底，全市长江干流岸线 1 千米范围内化工生产企业基本整治到位，累计减少化工企业 24 家。2019 年，"健康长江泰州行动"大数据平台上线运行，汇集各类信息 7900 多万条，涉及自然资源与规划、交通运输、水利、海事等 18 个部门，初步实现了部门间的数据互通，在长江泰州段构建起了水、陆、空立体式监测监控网。

通过视频监控、监测传感、卫星遥感等科技手段，监控平台已实现对长江沿线排口、工业、农业、航运、码头、岸线、生态、水质八大核心生态要素进行实时监控，再通过大数据分析，自动发布智能预警。目前平台已经建立起红色、橙色、黄色三级预警机制，并明确了预警内容、预警规则、响应级别及处置流程，对长江实行更加精准、有效的管控。例如，有船只进入一级水源保护区，或者码头、工地裸露土未覆盖超 40% 范围，相关部门负责人将收到黄色预警信息，就需要派专人重点关注，随时处理突发情况；国考断面配套自动站日数据超标，相关部门负责人将收到橙色预警信息，5 个工作日内必须处理并进行说明性反馈；工业企业当月日数据超标 5 次以上，市执法局、各区县环境局、各园区环保办都将收到预警信息，当日必须转办，3 个工作日内进行处理，并在一周内进行现场核验上传预警处理过程。

预警处置也是大数据平台发挥积极功效的关键所在，通过有效整合所有数据和视频资源，不仅能及时发现沿江生态环境问题，还可作出精准研判，下达预警处置。平台主动出击、智能发现线索、靶向解决问题，有助于"健康长江泰州行动"相关专项行动建设项目尽早落地，进一步提升入江支流的水质，改善长江生态环境。

泰州市还在建设"健康长江泰州行动指挥中心"，建立跨区域、多部门的联动监管机制，实现长江生态环境管理从被动应付型向主动保障型、从传统经验型向现代高科技型的战略转变。以"健康长江泰州行动"为契机，通过对长江泰州段开展健康大体检，实施长江排口整治等专项行动，建立"健康长江泰州行动"大数据平台，坚持污染防治和生态保护"两手发力"，推进水污染治理、水生态修复、水资源保护"三水共治"，突出工业、农业、生活、航运污染"四源齐控"，深化和谐长江、健康长江、清洁长江、安全长江、优美长江"五江共建"，创新机制体制，强化监督执法，落实各方责任，着力解决各类突出生态环境问题，为打好长江保护修复攻坚战奠定坚实基础。

点 评

"长江流域共抓大保护、不搞大开发"，把修复长江生态环境摆在压倒性位置，不是嘴上说说，而是要长江沿线省市各级各部门拿出实际行动。泰州市的实际成果表明，只要各级政府行动起来，积极推动化工企业搬迁、非法码头整治、航道治理、湿地修复等，把长江经济带建设成为生态更优美、交通更顺畅、经济更协调、市场更统一、机制更科学的黄金经济带是完全可以实现的。

执笔：廖文辉

后　记

　　党的十八大以来，习近平生态文明思想在神州大地广泛传播，"生态兴则文明兴、生态衰则文明衰""绿水青山就是金山银山"的理念不断深入人心，生态文明实践也在全国各地如火如荼地展开。"为什么建设生态文明、建设什么样的生态文明、怎样建设生态文明、谁来建设生态文明"是习近平生态文明思想在实践过程中需要回答和解决的问题。笔者多年从事生态文明建设和生态环境保护管理工作，深感"环境就是民生，青山就是美丽，蓝天也是幸福"。在日常实际工作和专题授课中，阅读了大量关于生态文明理论和实践的文献和资料，看到了各地在生态文明实践中创造的一些成功的经验做法和典型案例，也留意到目前国内对生态文明实践进行系统梳理总结的专著偏少，尤其是通俗易懂、能为广大干部群众传阅和接受的专著较少，同时，基层干部群众又迫切希望有一批可借鉴、可复制、可操作的实践案例供大家学习借鉴，于是产生了编著一部以案例为主体，生动反映和诠释生态文明实践经验专著的想法。此想法得到了山东省委书记、生态环境部原部长李干杰，生态环境部部长黄润秋的充分肯定，也得到了湖南省生态环境厅、湖南省环境保护科学研究院、湖南省生态环境事务中心领导和专家的大力支持和积极响应。

　　2020年底，我开始组织编写人员开始了本案例集编写。首先从生态文化、生态经济、目标责任、生态制度、生态安全等生态文明五大体系确定了总体框架，对每个体系的案例数量进行了大致分配，再明确了先进性、成熟性和操作性协调统一的选取原则，结合我多年的学习研究，推荐和确定了140余个典型案例或者案例选取方向，再由编写人员分别进行撰写。初稿形成后，我又组织编写人员进行了多次讨论、研究、修

订，对每一个案例我都进行了认真审阅，按照案例编写质量精选出了 110
个案例。考虑到案例的覆盖面，对案例集又进行了一些调整，确保全国
每个省区市至少有 1 个案例。作为向建党 100 周年献礼成果，对案例集再
次进行了进一步的筛选和精简，最终确定了 100 个典型案例。

本案例集由六章构成：其中绪论主要阐述生态文明思想的发展历程
及其核心要义，主要参与编写人员为令狐兴兵；第一章为生态文化方面
的案例，主要参与编写人员为黄亮斌；第二章从产业生态化、生态产业
化的角度对生态经济体系进行了案例分析，主要编写人员为令狐兴兵、
刘洁、刘勇刚、勒伟青、刘晶晶等；第三章从蓝天碧水净土保卫战和固
体废物污染防治、矿山污染防控、农村环境整治等方面对生态文明目标
责任体系典型案例进行了阐述，主要编写人员为赵媛媛、付广义、周理
程、齐新征、戴欣、李二平、姜芊红、钟振宇、万勇、彭小丽等；第四
章从生态文明治理体系和治理能力现代化的角度对生态文明制度体系建
设案例进行了梳理，主要编写人员为胡韬、张伏中、范翘、苏艳蓉、钱
文涛等；第五章从生态系统保护、生态保护与修复、生物多样性保护、
环境风险防控等角度，以生态系统良性循环和环境风险有效防控为重点
对生态安全典型案例进行了分析，主要编写人员为赵桂芳、廖文辉、陈
才丽、杨媚、蒋尔宣、高翔、谭诗杨、肖敬杰等。每个案例一般按主要
做法、基本经验、取得成效、点评和资料来源的体例予以介绍，有的案
例是由执笔人自己亲自撰写，有的案例是由执笔人收集相关资料进行编
写。罗岳平、曾桂华、熊如意、潘海婷、彭晓成等同志参与了书稿的审
定工作。蔡青同志负责书稿编写工作调度与统稿。邓立佳、刘群、王芳
柏、刘翔、黄凤莲、唐宇、文涛、吴小平、向仁军、钟智等同志对本书
成稿、出版给予了一定的帮助和支持，在此一并表示感谢！

由于时间关系，未能与书中图片有关作者取得联系，如涉及版权问
题请联系作者。

远山碧

2021 年 8 月于星城长沙